U0384183

国家自然科学基金项目
“海计算模式下的物联网时空语义信息感知与建模(61561055)”资助出版

语义物联网

袁凌云　王　敏　王兴超　甘健侯　著

科 学 出 版 社
北　京

内 容 简 介

本书从项目团队当前正在开展的主要研究方向出发，介绍了语义物联网研究领域中的关键技术和研究成果。从语义物联网主要研究和解决的问题以及面临的挑战展开，重点讨论物联网前端资源描述和建模、物联网感知数据描述和处理、物联网感知数据自动语义标注、物联网语义事件处理、物联网时空语义建模等方面的关键技术和方法，并对语义物联网在教育领域及其他信息化领域的应用研究进行了探索，为广大读者进行系统学习和深入研究提供参考。

本书可作为高等院校物联网工程专业课程教材，以及计算机、网络工程等专业的选修教材或参考书。物联网技术研究与开发人员也可通过本书进一步了解语义物联网技术。

图书在版编目（CIP）数据

语义物联网 / 袁凌云等著. —北京：科学出版社，2019.11

ISBN 978-7-03-062843-5

Ⅰ. ①语… Ⅱ. ①袁… Ⅲ. ①互联网络－应用 ②智能技术－应用 Ⅳ. ①TP393.4 ②TP18

中国版本图书馆 CIP 数据核字（2019）第 240165 号

责任编辑：闫 悦 / 责任校对：樊雅琼

责任印制：吴兆东 / 封面设计：迷底书装

科学出版社出版

北京东黄城根北街 16 号

邮政编码：100717

http://www.sciencep.com

北京中石油彩色印刷有限责任公司 印刷

科学出版社发行 各地新华书店经销

*

2019 年 11 月第 一 版 开本：720×1 000 1/16

2020 年 3 月第二次印刷 印张：17

字数：328 000

定价：108.00 元

（如有印装质量问题，我社负责调换）

前　言

作为新一代网络技术的物联网，因其实现万物互联通信与智能传感所带来的不可估量的信息交换价值、应用价值及经济价值，而迅速在新兴信息技术领域获得强烈关注与广泛应用，被称为是继计算机、互联网之后世界信息产业的第三次浪潮。国家层面连续出台《物联网“十二五”发展规划》《物联网“十三五”发展规划》，着力推动物联网的跨界融合、集成创新和规模化发展。

物联网中数以万计功能各异、形式多样的物联网设备被按照特定的网络协议部署入网，现实物理世界与互联网相连，彼此间进行持续的信息交换和通信，产生大量数据，为物联网应用服务提供丰富的信息资源。与此同时，前端感知设备获取的物联网原始数据本身所具有的海量性、不确定性及异构性大大增加了物联网资源之间协同交互、数据融合及分析推理的复杂度，同时也为数据资源的跨域共享及重用带来了极大的困难与局限性，这使得物联网的应用发展陷入数据孤岛化同数据协同交互需求日益急切的两难矛盾之中。如何屏蔽数据间的异构性和孤立性，更好地理解不同设备所产生的数据信息含义，挖掘出各类数据的深层价值，从而提高数据利用率，满足复杂多变的上层应用需求，是物联网数据处理领域亟待解决的重要问题。

而早有研究和应用的语义技术被看作是解决异构系统集成和协作问题的关键技术，将其应用于解决物联网的资源异构、协同交互等问题是必然趋势。语义技术与物联网的高度结合便产生了“语义物联网”。语义物联网关注语义技术对物联网各个层面问题的解决，如前端资源的描述、接入与发现、协同与交互，感知数据的统一描述与表示，服务的构建与发现等。

目前，有不少研究团队致力于该领域的研究，如 W3C 发布的语义传感器网络本体、OGC 发布的传感器观测服务等，国内如大连海事大学、北京邮电大学等也有比较深入的研究。作者所在团队近几年一直从事语义物联网的研究，有一定的研究积累。基于此，我们撰写了此书，希望将语义物联网从描写物联网的大量书籍中跳脱出来，自成体系，就此专题展开研究和讨论，给需要了解这一专题的学者一个更清晰和准确的信息定位。

本书以语义物联网为主题，围绕语义物联网研究的核心问题展开，主要内容包括物联网前端资源的语义化描述与建模、物联网感知数据自动语义标注、基于时空语义的物联网感知数据描述与处理、物联网语义事件处理等方面，以及语义物联网在教育信息化领域或其他信息化领域的应用研究。

本书在撰写过程中得到研究团队的通力协作，团队的研究生李蓉、许冬冬、朱明丽、葛桂丽、高友胜、李聪、韩黎晶、周满满等做了大量工作。韩黎晶重点参与了第 4 章撰写；许冬冬重点参与了第 5 章撰写；朱明丽重点参与了第 6 章撰写，李聪和周满满重点参与了第 7 章撰写，在此对他们表示感谢。同时，在撰写过程中，作者查阅了大量同行公开的研究资料，在此也特别提出感谢。

本书从筹备至今，断断续续经历了好几年，我们不断地收集资料、不断地在多方面进行研究，经历了多次的修改和更新，才有了现在这个版本。即便如此，由于物联网技术的飞速发展和作者知识的局限性，书中难免存在不足，希望读者提出宝贵意见，这是促进我们进步和提升的源泉。

袁凌云

2019 年 5 月于昆明

目　录

第 1 章　语义物联网概述

物联网中前端网元的有效管理是实现高效感知的基础，感知信息的统一表示是实现前端智能交互的前提，而这两大问题的解决都可从语义技术入手，因为语义技术被看作是解决异构系统集成和协作问题的关键技术。Brock[1]指出物联网(internet of things，IOT)实质上应该称为语义物联网(semantic web of things，SWOT)，揭示了语义和物联网的高度结合性，之后又有学者相继提出了语义物联网的概念。物联网是物理世界与信息世界无缝连接的桥梁，前端感知设备不仅要能反映物理世界的变化，同时应能提供信息的上下文感知和推理能力，感知设备之间还应具备协同通信能力，语义描述和标记技术是实现上述功能的重要参考。实质上，语义技术可以应用于物联网各个层次。随着物联网研究的深入，语义技术用于解决物联网的相关问题也成为多个学科领域的研究热点。

1.1　物联网概述

物联网，其原始含义是物与物相连接的网络，是一个基于互联网、传统电信网等信息载体，让所有能够独立寻址的物理对象实现互联互通的网络。它具有对象设备化、自治终端互联化和普适服务智能化等重要特征。物联网作为新一代网络技术，被誉为是继计算机、互联网之后的第三次信息浪潮，受到各界的广泛推崇，并逐渐被应用于医疗健康、智能交通、物流运输、供应链管理等领域。

1.1.1　物联网的起源与发展

对于物联网，有一个更为广泛的定义，是指通过射频识别(radio frequency identification，RFID)、红外感应器、全球定位系统、激光扫描器等信息传感设备，按约定的协议，把任何物品与互联网相连接，进行信息交换和通信，以实现智能化识别、定位、跟踪、监控和管理的一种网络[2]。通俗来讲，物联网是物与物之间的信息连通。

1990 年，美国麻省理工学院 Kevin Ash-ton 教授首次提出物联网的概念，提出将 RFID 与互联网相结合，从而可以实现在任何地点、任何时间，对任何物品进行标识和管理。1995 年，比尔·盖茨在《未来之路》一书中也提到物联网，只是当时受限于无线网络、硬件及传感设备的发展，并未引起广泛重视。随着技术不断进步，国际电信联盟于 2005 年正式提出物联网概念，全面透彻地分析了物联网的可用技术和潜在挑战等内容。

2009 年 1 月，IBM 首席执行官彭明盛在与美国总统奥巴马参加的美国工商界领袖“圆桌会议”上，提出了“智慧地球”的概念。“智慧地球”就是把感应器嵌入和装备到电网、铁路、桥梁、隧道、公路、建筑、供水系统、大坝、油气管道等各种物体中，并且被普遍连接，形成所谓的“物联网”，并通过超级计算机和云计算等与现有的互联网整合起来，实现人类社会与物理系统的整合。

2009 年 6 月，欧盟制定了《欧洲物联网行动计划》。该计划涵盖了物联网架构、硬件、软件与算法、标识技术、通信技术、网络技术、网络发现、数据与信号处理技术、知识发现与搜索引擎技术、关系网络管理技术、电能存储技术、安全与隐私保护技术、标准化等关键技术，对物联网未来发展以及重点研究领域给出了明确的路线图。

2010 年，欧盟确立了 2011 至 2012 年间信息与通信技术(information and communication technology，ICT)领域需要优先发展的项目，并对有关未来互联网的研究指出将加强云计算、服务型互联网、先进软件工程等相关协调与支持活动。

1.1.2 物联网的特征

物联网的功能主要体现在全面感知、可靠传递、智能处理。

(1)全面感知，即利用 RFID、传感器、二维码等感知设备随时随地获取物体的信息。

(2)可靠传递，即通过各种电信网络与互联网的融合，将物体的信息及时准确地传递出去。

(3)智能处理，即利用云计算、模式识别等各种智能计算技术对海量的数据和信息进行分析和处理，对物体实施智能化控制。

从传感信息本身来看，物联网具备以下特征。

(1)多源性。在物联网中会存在难以计数的传感器，每一个传感器都是一个信息源。

(2)异构性。传感器有不同的类别，不同的传感器所捕获、传递的信息内容和格式会存在差异。

(3)实时性。传感器按照一定的频率周期性地采集环境信息，每一次新的采集就会得到新的数据。

从传感信息的组织管理角度来看，物联网具备如下特征。

(1)海量性。物联网上的传感器难以计数，每个传感器定时采集信息，不断积累形成海量信息。

(2) 完整性。不同的应用可能会使用传感器采集到的部分信息，存储的时候必须保证信息的完整性，以适应不同的应用需求。

(3) 易用性。信息量规模的扩大导致信息的维护、查找、使用的困难也迅速增加，因此要求物联网具备易用性，以方便用户从海量的信息中查找需要的信息。

从传感信息使用角度来看，物联网具备多角度过滤和分析特征。对海量的传感信息进行过滤和分析，是有效利用这些信息的关键，面对不同的应用要求要从不同的角度进行过滤和分析。

从应用角度来看，物联网具备领域性、多样化特征。物联网应用通常具有领域性，几乎社会生活的各个领域都有物联网应用需求。

1.1.3　物联网的体系架构

物联网的价值在于让物体也拥有了“智慧”，从而实现人与物、物与物之间的沟通，物联网的特征在于感知、互联和智能的叠加。物联网是物物相连的网络，各种物联网的应用依赖于物联网自动连接形成的信息交互网络而完成。物联网系统也可以比拟为一个虚拟的“人”，有类似眼睛和耳朵的感知系统，有信息传输的神经系统，有信息综合处理分析和管理的大脑系统，还有类似手脚去影响外界的执行应用系统。根据信息的生成、传输、处理和应用，可将物联网分为感知识别层、网络传输层、管理支撑层和综合应用层，其体系架构如图 1-1 所示。

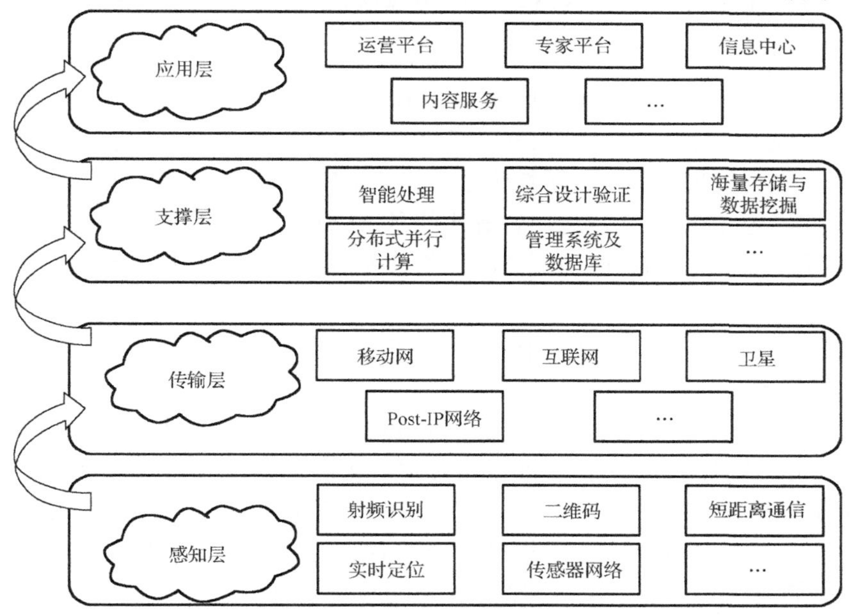

图 1-1　物联网体系架构

在各层之间，信息并非单向传递，而是存在密切的交互和控制等，所传递的信息多种多样，这其中关键是物品信息，包括在特定应用系统范围内能唯一标识物品的识别码和物品的静态与动态信息等[3]。

1) 感知识别层

物联网感知识别层解决的是人类世界和物理世界的数据获取问题，包括各类物理量、标识、音频、视频数据。感知识别层处于四层架构的最底层，是物联网发展和应用的基础，具有物联网全面感知的核心能力。作为物联网的最基本一层，具有十分重要的作用。

感知识别层一般包括数据采集和数据短距离传输两部分，即首先通过传感器、RFID 等设备采集外部物理世界数据，通过蓝牙、红外、ZigBee、工业现场总线等短距离有线或无线传输技术进行协同工作或者传递数据到网关设备。在某些情况下，如只传递物品识别码时，可以只包括数据短距离传输这一部分。

感知识别层所需的关键技术包括检测技术、中低速无线或有线短距离传输技术等。具体来说，感知识别层综合了传感器技术、嵌入式计算技术、无线通信技术、分布式信息处理技术等，能通过各种集成化微型传感器的协作实时监测、感知和采集各种环境或监测对象信息。通过嵌入式系统对信息进行处理，并通过随机自组织无线通信网络以多跳中继方式将所感知的信息传送到接入层的基站节点和接入网关，最终到达用户终端，从而实现物联网真正的物物互联。

2) 网络传输层

物联网的网络传输层是在现有网络基础上建立起来的，它与目前主流的移动通信网、国际互联网、企业内部网及各类专用网等网络一样，主要承担着数据传输的功能。在物联网中，要求网络传输层能够把感知识别层感知到的数据无障碍、高可靠、高安全性地进行传送，它解决的是感知识别层所获得的数据在一定范围内，尤其是远距离传输的问题。同时，物联网网络传输层承担着比现有网络更大的数据量和更高的服务质量要求，所以现有网络尚不能满足物联网的需求，这就意味着物联网需要对现有网络进行融合和扩展，利用新技术以实现更加广泛和高效的互联功能。

由于物联网网络接入层是建立在 Internet 和移动通信网等现有网络基础上，除具有目前已经比较成熟的如远距离有线、无线通信技术外，为实现“物物相连”的需求，物联网网络层将综合使用 IPv6、3G/4G/5G、Wi-Fi 等通信技术，实现有线与无线的结合、宽带与窄带的结合、感知网与通信网的结合。同时，网络层中的感知数据管理与处理技术是实现以数据为中心的物联网核心技术的关键。

3) 管理支撑层

管理支撑层位于感知识别层和网络传输层之上及综合应用层之下。该层对感知识别的信息进行动态汇集、存储、分解、合并、数据分析、数据挖掘等智能处理，并为应用层提供物理世界所对应的动态呈现等，其中主要包括数据库技术、云计算技术、智能信息处理技术、智能软件技术、语义网技术等。

4) 综合应用层

综合应用层是物联网发展的驱动力和目的。该层的主要功能是把感知和传输过来的信息进行分析和处理，做出正确的控制和决策，实现智能化的管理、应用和服务。这一层解决的是信息处理和人机交互界面等问题。

综合应用层将网络层传输来的数据通过各类信息系统进行处理，并通过各种设备与人进行交互。这一层可按形态直观地划分为两个子层：一个是应用程序层，另一个是终端设备层。应用程序子层进行数据处理，完成跨行业、跨应用、跨系统之间的信息协同、共享、互通的功能。终端设备层主要提供人机交互界面，物联网的人机交互界面已远远超出现在人与计算机交互的概念，而是泛指与应用程序相连的各种设备与人的反馈。

1.1.4　物联网的关键技术

物联网的关键技术主要涉及信息感知与处理、短距离无线通信、广域网通信系统、云计算、数据融合与挖掘、安全、标准、协议等。下面简要介绍物联网的几个关键技术。

1) 射频识别技术

射频识别(radio frequency identification，RFID)是一种非接触的自动识别技术，利用射频信号及其空间耦合传输特性，实现对静态或移动物体的自动识别。

RFID 技术具有全天候、识别穿透能力强、无接触磨损、可同时实现对多个物品的自动识别等诸多特点，将这一技术应用到物联网领域，使其与互联网、通信技术相结合，可实现全球范围内物品的跟踪与信息的共享，在物联网“识别”信息和近距离通信的层面中，起着至关重要的作用。此外，产品电子代码(electronic product code，EPC)采用 RFID 电子标签技术作为载体，大大推动了物联网的发展和应用。RFID 系统的体系结构如图 1-2 所示。

2) 无线传感器网络技术

传感器技术是一门涉及物理学、化学、生物学、材料科学、电子学以及通信与网络技术等多学科交叉的高新技术，而其中的传感器是一种物理装置，能够探测、感受外界的各种物理量(如光、热、湿度)、化学量(如烟雾、气体等)、生物量，以及未定义的自然参量等。传感器是物联网信息采集的基础，是摄取信息的关键器件，物联网就是利用这些传感器对周围的环境或物体进行监测，达到对外“感知”的目的，作为信息传输和信息处理并最终提供控制或服务的基础。

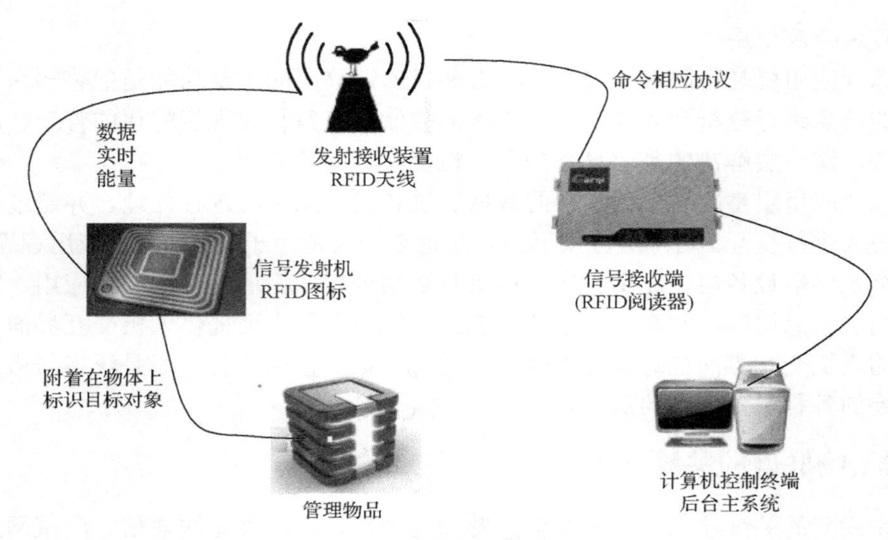

图 1-2　RFID 系统体系结构

传感器技术与无线网络技术相结合形成的无线传感器网络，综合传感器技术、纳米技术、分布式信息处理技术、无线通信技术等，使嵌入到任何物体的微型传感器相互协作，实现对监测区域的实时监测和信息采集，形成一种集感知、传输、处理于一体的终端末梢网络。无线传感器网络的体系结构如图 1-3 所示，一个传感器网络主要由三个部分组成，即传感器节点、汇聚节点以及管理节点[4]。大量传感器节点被随机部署到监测区域内部或附近，并通过自组织单跳或多跳的路由方式构成网络，传感器节点根据预先设定好的路由协议将采集到的数据信息传送给汇聚节点，然后汇聚节点通过卫星或者互联网将收集到的数据传回管理节点，并且用户可以通过管理节点对数据进行分析。与此同时，用户可以通过管理节点对传感器网络进行配置和管理以及发布监测任务[5]。

由于传感器网络具有自适应性、易部署性和低成本等特点，在军事传感和跟踪、健康监测、危险环境下的数据采集、栖息地监测和其他领域工程等方面具有广泛的应用前景[6-9]。例如，在一个智慧农场里，可以通过无线传感器网络节点获得农业大棚内有价值的相关信息，包括温度、湿度和二氧化碳浓度等，通过无线传感器网络将获取到的信息传输到控制中心，实现对农作物生长环境的感知、分析和决策[10]。再如，无线传感器网络被应用到医疗中，用于监测患者的身体健康状况等[11]。

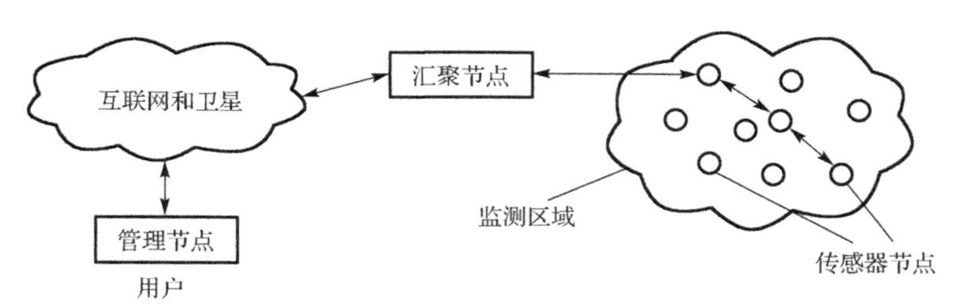

图 1-3　无线传感器网络体系结构图

3) 云计算技术

云计算[12](cloud computing)是分布式处理(distributed computing)、并行处理(parallel computing)和网格计算(grid computing)的发展。云计算通过大量的分布式计算机而非本地计算机，或远程服务器来实现，这使得用户能够将资源切换到需要的应用上，根据需求访问计算机和存储系统。云计算技术是处理大规模数据的一种技术，通过这项技术，网络服务提供者可以在数秒之内，达成处理数以千万计甚至亿计的信息，达到和超级计算机同样强大效能的网络服务。

云计算包括基础设施即服务(infrastructure-as-a-service，IaaS)、平台即服务(platform-as-a-service，PaaS)和软件即服务(software-as-a-service，SaaS)。IaaS指消费者通过 Internet 可以从完善的计算机基础设施获得服务，如硬件服务器租用。PaaS指将软件研发的平台作为一种服务，以 SaaS 的模式提交给用户。因此，PaaS 也是 SaaS 模式的一种应用。但是，PaaS 的出现可以加快 SaaS 的发展，尤其是加快 SaaS 应用的开发速度，如软件的个性化定制开发。SaaS则是一种通过 Internet 提供软件的模式，用户无需购买软件，而是向提供商租用基于 Web 的软件，来管理企业经营活动，如阳光云服务器租用。其基本架构如图 1-4 所示。

物联网就是利用云计算技术实现其自身的应用。首先，物联网的感知层产生大量的数据，这些数据通过无线传感网、宽带互联网向某些存储和处理设施汇聚，使用云计算来承载这些任务具有非常显著的优势。其次，物联网依赖云计算设施对物联网的数据进行处理、分析、挖掘，可以更加迅速、准确、智能地对物理世界进行管理和控制，使人类可以更加及时、精细地管理物质世界，大幅提高资源利用率和社会生产力水平，实现“智慧化”的状态。云计算凭借其强大的处理能力、存储能力和极高的性价比，成为物联网最有效的后台支撑平台。

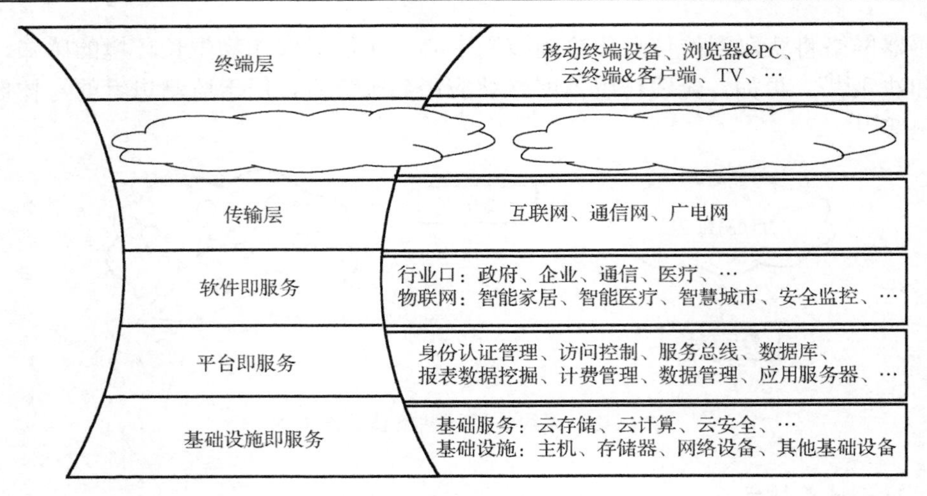

图 1-4　云计算服务架构

4)人工智能技术

物联网的目标是实现一个智慧化的世界，它不仅仅感知世界，关键在于影响世界，智能化地控制世界。物联网根据具体应用，结合人工智能等技术，可以实现智能控制和决策。

人工智能(artificial intelligence，AI)是计算机学科的一个分支，又称机器智能，是研究如何利用计算机来表示和执行人类的智能活动，以模拟人脑所从事的推理、学习、思考和规划等思维活动，并解决需要人类的智力才能处理的复杂问题，如医疗诊断、管理决策等。人工智能一般有两种不同的方式：一种是采用传统的编程技术，使系统呈现智能的效果，而不考虑所用方法是否与人或动物机体所用的方法相同，这种方法叫工程学方法(engineering approach)；另一种是模拟法(modeling approach)，它不仅要看效果，还要求实现方法也和人类或生物机体所用的方法相同或类似[13]。

人工智能目前在计算机领域内得到了愈加广泛的重视，掀起了新一轮的人工智能研究热潮，并在机器人、控制系统、仿真系统等领域得到广泛的应用。尤其在智能控制领域，系统复杂性的增强以及测量的不准确性及系统动力学的不确定性，使得传统的控制理论与方法显得无能为力。智能控制得益于物联网、人工智能、自动控制理论等多学科的发展，进入一个快速发展的阶段，其中物联网与人工智能的结合是促进智能化控制的必然技术趋势。

5)中间件技术

中间件是一种位于数据感知设施和后台应用软件之间的应用系统软件。中间件具有两个关键特征：①为系统应用提供平台服务；②需要连接到网络操作系统，并且保持运行工作状态。物联网中间件是物联网应用的共性需求(如感知、互联互通和智能等层面)与信息处理技术的聚合及技术提升。

中间件为物联网应用提供一系列计算和数据处理功能，主要任务是对感知系统采集的数据进行捕获、过滤、汇聚、计算、数据校对、解调、数据传送、数据存储和任务管理，减少从感知系统向应用系统中心传送的数据量。同时，中间件还可提供与其他支撑软件系统进行互操作等功能。

物联网中间件系统包含读写器接口、事件管理器、应用程序接口、目标信息服务和对象名解析服务等功能模块。①读写器接口。物联网中间件必须优先为各种形式的读写器提供集成功能。协议处理器确保中间件能够通过各种网络通信方案连接到 RFID 读写器。②事件管理器。事件管理器用来对读写器接口的 RFID 数据进行过滤、汇聚和排序操作，并通告数据与外部系统相关联的内容。③应用程序接口。应用程序接口是应用程序控制读写器的一种接口，此外，需要中间件能够支持各种标准的协议，同时还要屏蔽前端的复杂性，尤其是前端硬件的复杂性。④目标信息服务。目标信息服务由目标存储库和服务引擎组成。目标存储库用于存储与标签物品有关的信息并使之能用于以后的查询，服务引擎为目标存储库管理提供信息接口。⑤对象名解析服务。对象名解析服务(object name service，ONS)是一种目录服务，类似于互联网中的域名解析服务(domain name system，DNS)，主要是将每个物品的唯一编码，与目标信息服务中的网络定位地址进行匹配，通过信息管理服务器解析出标签代码的具体信息[14]。

1.2　语义技术概述

语义可以简单地看作是数据所对应的现实世界中的事物所代表的含义，以及这些含义之间的关系，是数据在某个领域上的解释和逻辑表示。语义具有领域性特征，不属于任何领域的语义是不存在的。而语义异构则是指对同一事物在解释上存在差异，也就体现为同一事物在不同领域中理解的不同。对于计算机科学来说，语义一般是指用户对于那些用来描述现实世界的计算机表示的解释，也就是用户用来联系计算机表示和现实世界的途径。

每一种技术的发展都是为了能够在实践中应用，语义技术也是如此。随着广大研究机构、研究人员和企业界的参与，语义技术在很多领域得到了发展与应用。随着物联网技术的深入应用，对数据的语义化要求越来越高，将语义技术应用于物联网数据处理过程正成为一个热点问题。

1.2.1 语义网

互联网之父蒂姆·伯纳斯-李(Tim Berners-Lee)于 1998 年提出了语义网(semantic web)的概念[15]，并在《科学美国人》杂志上发表了论文 *The Semantic Web*[16]，从而开启了对语义网的研究。语义网被称为是下一代互联网，即 Web3.0 的发展方向。Web 已经成为人们获取信息的主要渠道，深刻地影响着人类生活的方方面面，人们可在 Web 上浏览国内外新闻、网上交易、搜索信息等。然而，目前我们正在使用的 Web 是面向人而不是面向机器的，换言之，很多繁琐的过程都需要用户参与。面对海量的网页数据，人们准确全面、快速便捷地获取到有价值信息的难度越来越大。语义网是一种使用可以被计算机理解的方式描述事物的网络，它的基本思想就是让机器或者设备能够自动识别和理解万维网上的内容，自动化地处理、集成来自不同数据源的数据，使得 Web 信息获取更为智能便捷[17]。

语义网的概念一经提出，就引起了各界的广泛关注。在此之后，学者们在语义网的理论和应用上都取得了令人瞩目的成绩。XML 和 RDF 技术理论和应用都已经很成熟，并已经成为标准；本体的研究也已经取得一系列的成果，同时也出现了许多实验性的本体应用和很多语义技术应用，开发了许多应用工具，推出了技术的推荐标准。

构建语义网，首先要解决的问题就是建立合理的信息层次结构，使网络信息资源结构化、有序化。Berners-Lee 在 XML 2000 大会上提出语义网概念的同时就对语义网体系结构提出了初步设想，也就是“Semantic Web Stack”结构[18]。该体系结构模型共分为八层，从底层到高层分别为：UNICODE 和 URI、XML、RDF、Ontology、Rules、Logic、Proof、Trust，自下而上各层功能逐渐增强。第一层是 UNICODE 和 URI，该层是整个语义 Web 的基础，其中，UNICODE 处理资源的编码，URI 负责标识资源。第二层是 XML+NS+XML Schema，用于表示数据的内容和结构。第三层是 RDF+RDF Schema，用于描述 Web 上的资源及其类型。第四层是 Ontology 层，用于描述各种资源之间的关系。第五层到第八层是在下面四层基础上进行的逻辑推理操作。该体系结构模型中核心层为 XML、RDF、Ontology，这三层用于表示 Web 信息的语义。进一步讲，就是模型基于 XML 和 RDF/RDFS，并在此之上构建本体和逻辑推理规则，以完成基于语义的知识表示和推理，以便为计算机所理解和处理。从 Stack 中可以看到，要实现语义网，网络信息资源的组织方式必须满足结构中的下面四层条件才有可能。

在 W3C 提出本体语言——OWL(web ontology language)之后，随着语义网研究重点向规则层的转移，研究者对语义网体系结构进行了调整，即 Multi-Stack 结构。其最为明显的变化是 OWL 在体系结构中的出现，而本体以下的 XML 和 RDF 层基本没有变化。这表明，XML 层和 RDF 层的技术已经成熟，当前的研究重点在本体层。

1.2.2　本体技术

在语义网的构建中，知识表示、知识本体和智能主体是其不可分割的重要组成部分。其中，知识本体是整个网络设计的中心。由于本体(ontology)在语义网中扮演非常重要的角色，因此开展对本体的应用研究在语义网实现中具有重要意义。

应用于计算机领域的本体从概念上说是个实体，就是把现实世界中的某个领域抽象为一组概念及概念之间的关系。从本质上理解，本体就是许多主体共同协定的对特定领域共享理解的表示。开发本体的目的是使人类、计算机能够对知识实现共享和重用，方便地进行知识的交互和协作。

语义网实现的重要基础就是本体，本体是共享概念模型的形式化规范说明。一般认为，一个本体其实就是关于某一领域概念的一套规则的清晰描述。它包含概念以及每个概念的属性，同时还有属性的限制条件。一个完整的本体还要包括一系列与概念相关的实例，这些实例组成了知识库。因此本体通过显式的表达领域知识中概念的精确含义以及概念之间的关系，使计算机具备了理解知识的能力。构建本体不仅需要完备的领域知识，还需要合适的本体表示语言以及良好的本体构建方法。

1) 本体表示语言

本体表示语言为本体的构建提供建模元语，为本体从自然语言的表示格式转化成为机器可读的逻辑表达格式提供标引工具；为本体在不同系统之间的导入和输出提供标准的机读格式。利用机器可读的形式化表示语言表示本体，可以直接被计算机存储、加工、利用，在不同的系统之间进行互操作。本体表示语言以描述逻辑为基础，拥有完备的表示能力，为精确表达概念及其关系提供保证。

2) 本体构建方法

本体构建方法指导开发人员根据所需的要求和基本步骤来构建本体，即怎样获取知识和对知识进行抽象和提炼，最后以计算机可以理解的方式表达出来。本体构建方法直接决定了本体对知识的表示和逻辑推理能力。出于对各学科领域知识的差异和对工程实践的不同考虑，构建本体的过程也各不相同。目前尚没有一套标准的本体构建方法。一般认为，Gruber 提出的 5 条规则较有影响。

①明确性和客观性：本体用自然语言对术语给出明确、客观的语义定义。

②完整性：所给出的定义是完整的，能表达特定术语的含义。

③一致性：知识推理产生的结论与术语本身的含义不产生矛盾。

④可扩展性：向本体中添加通用或专用的术语时，通常不需要修改已有的内容。

⑤最少约束：对待建模对象应该尽可能少的列出限定约束条件。

本体的开发应该是相对稳定的，独立于具体的应用。对本体的研究和开发目前已经涉及多个领域，如企业本体、医学概念本体、电子商务供应链本体等。其中，比较著名的企业本体研究工作包括多伦多大学的 TOVE（Toronto virtual enterprise）研究项目和英国爱丁堡大学人工智能应用研究所的 Enterprise 项目。多伦多大学企业集成实验室采用Gruninger & Fox的“评价法”（又称TOVE）构造本体，而爱丁堡大学人工智能研究所采用 Mike Uschold & King 的“骨架”法构造本体。

1.2.3 XML

可扩展的标识语言（extensible markup language，XML）是一种元标注语言，是用于定义其他特定领域有关语义的、结构化的标记语言，这些标记语言将文档分成许多部件并对这些部件加以标识。XML 文档定义方式包括 DTD（document type definition）和 XML Schema 两种。DTD 定义了文档的整体结构以及文档的语法，应用广泛并有丰富的工具支持。XML Schema 用于定义管理信息等更强大、更丰富的特征。XML 能够更精确地声明内容，方便跨越多种平台的更有意义的搜索结果。它提供了一种描述结构数据的格式，简化了网络中数据交换和表示，使得代码、数据和表示分离，并作为数据交换的标准格式，因此它常被称为智能数据文档。

XML 用来传送及携带数据信息，并不用来表现或展示数据，HTML 语言则用来表现数据，所以 XML 主要用来说明数据是什么，并且携带数据信息。XML 与 Access、Oracle 和 SQL Server 等数据库不同，数据库提供了更强有力的数据存储和分析能力，如数据索引、排序、查找、相关一致性等，XML 仅仅是存储数据。事实上 XML 与其他数据表现形式最大的不同是，它极其简单。XML 的简单使其易于在任何应用程序中读写数据，这使 XML 很快成为数据交换的唯一公共语言，虽然不同的应用软件也支持其他的数据交换格式，但不久之后它们都将支持 XML，这就意味着程序可以更容易的与 Windows、Mac OS、Linux 以及其他平台下产生的信息结合，然后可以很容易加载 XML 数据到程序中并分析它，并以 XML 格式输出结果。

1.2.4　RDF 技术

在 XML 文档中，数据是通过标签以一种有意义和自描述的方式来表示的，而且标签的意义体现了人们的共识。但 XML 只能表示数据的语法，而无法表示形式化的语义。因此，为了使语义网自动理解 Web 内容，需要在 XML 的基础上开发一种新的语言，通过它计算机可以理解 Web 上所提供的信息，这就是资源描述框架(resource description framework，RDF)。

RDF 提供了一个通用的数据模型以支持对 Web 资源的描述。其基本思想是：被描述的资源具有一些特性，而这些特性各有其值；特性值既可以是文字也可以是其他资源；如果特性值是资源，该特性也可以看成是两个资源之间的关系；对资源的描述就是对资源的特性以及值进行声明。根据这种思想建立的 RDF 数据模型由以下四种基本对象类型组成。

(1) 资源。在 Web 上以 URI 标识的所有事物都可以称为资源。任何事物都可以有一个唯一的 URI 引用，URI 引用的扩展性允许用来表示任何实体。

(2) 文字。字符串或数据类型的值。RDF 没有自己的数据类型定义机制，而是允许使用独立定义的数据类型，如使用 XML Schema 中定义的数据类型。

(3) 特性。特性用来描述资源的特征、属性或关系。每个特性都有一个特定的意义，可定义它的许可值、描述的资源类型，以及和其他特性之间的关系。在 RDF 中，特性是资源的一个子集，因此，一个特性也可以用另外一个特性描述，甚至可以被自身描述。

(4) 声明。一个特定的资源加上特性及特性值就是一个 RDF 声明。RDF 声明表示为三元组形式，即由主语、谓语、宾语三部分组成。主语指的是需要描述的对象，谓语用来描述主语和宾语之间的关系。用带有节点和有向边的图来表示 RDF 模型的三元组结构就得到 RDF 图。一个 RDF 图中，每个三元组表示为节点-边-节点之间的连接，当中的节点可能是主语也可能是宾语，而谓语只能是边，边的方向总是由主语指向宾语。RDF 图中，节点存在两种类型：资源和文字。文字用方节点来表示，它是具体的数据值，可以是数字或者字符串，不能作为陈述的主语，只能作为宾语；资源用椭圆节点表示，它可以用来表示任何事物，既可以是主语也可以作为宾语。

XML 和 RDF 的目标不同，在语义网的实现过程中扮演的角色也不一样。XML 的目的在于提供一个易用的语法对计算机交换的一切数据编码，并用 XML Schema 来表示数据的结构，这使得 XML 成为语义网络的一种基本语言，很多应用包括 RDF 都使用 XML 作为实现的语法，但 XML 并没有提供任何关于数据的解释。RDF 是一个描述元数据的模型，并给出了数据的一些解释。RDF 在语义表达和交换上比 XML 有优势，它使用的“对象-特性-特性值”结构提供了固有的语义单元，领域模型可以在 RDF 中自然地标识。

RDF 和 XML 相互补充，XML 描述了数据的结构，RDF 提供数据的语义；RDF 是一个元数据模型，依赖 XML 来编码并传输这种元数据。XML 语法对 RDF 而言只是一种可选的语法，可以选择标识 RDF 模型的替代方法。即使现在的 XML 语法改变或消失，RDF 模型仍然可以使用。

1.2.5 OWL 技术

OWL(web ontology language)是 W3C 提出的一种本体描述语言，它作为语义互联网中本体描述语言的标准[19]，源自于 DAML+OIL，保持了 DAML+OIL 的框架和大多数语法和语义特征，同时针对不同的应用范围做了扩充和限制，形成三个表达能力递减的子语言[20]。

(1) OWL FULL。OWL FULL 提供最丰富的表达能力和最大的 RDF 语法自由度，支持 OWL 的全部语法结构，但是没有可计算保证，也就是说 OWL FULL 基本上不可能完全支持计算机自动推理。

(2) OWL DL。OWL DL 的主要目的是用于逻辑描述。OWL DL 处于 OWL FULL 和 OWL Lite 之间，兼顾表达能力和可计算性。OWL DL 支持所有的 OWL 语法结构，但是在 OWL FULL 基础上加强了语义约束，能够提供计算的完备性和可判断性。

(3) OWL Lite。OWL Lite 提供最小的表达能力和最强的语义约束。

这三种子语言组成了 OWL 语义的全部，OWL 语言是在 RDF 语言之上某种程度的扩展和增强，也就是说，OWL 的描述是符合 RDF 语言规范的，其 XML 模式是由 RDF 定义的。OWL 的作用是表达词汇表中词条的含义以及词条关系本体[21]。OWL 设计的最终目的是为了提供一种可以用于各种应用的语义，这些应用需要理解内容，从而代替只是人类易读的形式来表达内容。本体语言栈如图 1-5 所示。

下面，对 OWL 的表达格式进行简单分析[22]。

```
<?xml version="1.0"?>
<rdf:RDF
    xmlns="http://www.w3.org/TR/2004/REC-owl-guide-20040210/
        wine#"
```

```
xmlns:vin="http://www.w3.org/TR/2004/REC-owl-guide-20040210/
    wine#"
xml:base="http://www.w3.org/TR/2004/REC-owl-guide-
    20040210/wine#"
xmlns:food="http://www.w3.org/TR/2004/REC-owl-guide-
    20040210/food#"
xmlns:owl="http://www.w3.org/2002/07/owl#"
xmlns:rdf="http://www.w3.org/1999/02/22-rdf-syntax-ns#"
xmlns:rdfs="http://www.w3.org/2000/01/rdf-schema#"
xmlns:xsd="http://www.w3.org/2001/XMLSchema#">
```

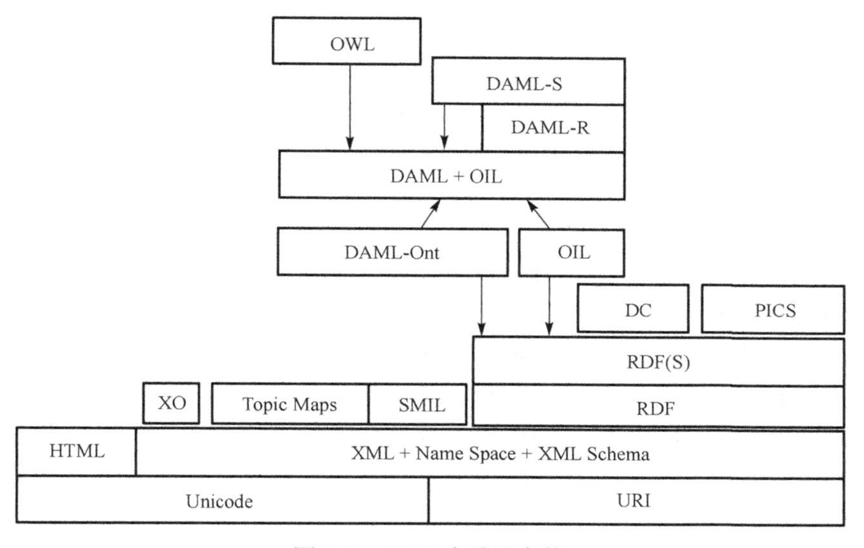

图 1-5　OWL 本体语言栈

以上即为 OWL 的说明格式，第一行是 XML 的声明，其后为事物出自的命名空间。第一个声明指定了缺省命名空间，即表明所有无前缀的限定名都出自当前本体。第二个声明为当前本体指定了前缀 vin。第三个声明为当前文档指定了基准 URI(base URI)。第四个声明指出食物(food)将用前缀 food 来标识。第五个命名空间声明指出，在当前文档中，前缀为 owl 的元素应被理解是对出自 http://www.w3.org/2002/07/owl#中的事物的引用。OWL 要依赖 RDF、RDFS 以及 XML Schema 数据类型中的构词。在本文档中，rdf 前缀表明事物出自命名空间 http://www.w3.org/1999/02/22-rdf-syntax-ns#。接下来的两个命名空间声明分别为 RDF Schema 和 XML Schema 数据类型指定前缀 rdfs 和 xsd。

1.3 语义物联网的提出

1.3.1 互联网、语义网、物联网的关系

互联网始于美国军方的 APARNET，指的是具有“地址”的计算机终端按照共同的规则或协议连接起来的全球性信息网络，进而实现了无时空限制的人与人之间的信息交流与资源共享[23]。互联网的承载网(即 IP 网)是一种分组数据网，TCP(UDP)协议用于进程复用。目前，TCP/IP 是连接不同物理网络形成互联网的协议体系，在此协议体系下，网络主要包括网络接口层、互联网层(网际层)、传输层和应用层。

语义网的核心是通过万维网上的文档添加能够被计算机理解的语义元数据，从而使整个互联网成为一个通用的信息交换媒介。语义网作为万维网的扩展和延伸，主要包括 XML、RDF 和本体(ontology)三大关键技术。语义网可以说是未来的万维网，是下一代的互联网。

物联网是物物相连的互联网，其重要基础和核心是互联网，通过各种有线、无线网络与互联网融合。它是在互联网基础上延伸、扩展的网络，是一种建立在互联网上的泛在网络，是一种使全球能够共享物的信息的互联网应用，即一个基于互联网的物的信息的集合。本身开放的、分布式的物联网使得位于不同位置的信息提供主体均能独立地将物的信息上载到互联网。

互联网是物联网的基础，互联网应用在本质上是一种信息集合，其中的信息不仅可以静态地存储于互联网的各个应用端上，还可以动态地传输于互联网的各个应用端之间。语义网、物联网都是互联网的发展方向，语义网偏向从技术的角度出发，而物联网偏向从应用的角度出发。

1.3.2 物联网的语义需求

物联网被称为是实现物理世界与信息世界无缝连接的桥梁，但物联网感知的数据往往不能满足信息世界的需求。高级应用程序和服务所需要的往往不是信息，而是具有明确语义的知识，因此，物联网需要语义技术的支撑。物联网的数据处理和信息服务架构如图 1-6 所示，可简要的划分为四个层次，即感知层、数据资源网络层、数据处理层、服务与应用层。

图 1-6 的左侧为信息感知和服务模型，右侧为每层对感知数据的处理和转换过程。在该架构中，语义技术可作用于各个层次。最底层是感知层，直接面向物理世界，感知和获取大量物理对象的数据，是属于未经处理的原始感知数据，在

该层上，可通过语义技术实现物理实体的构建和感知设备的描述等，以完成感知设备的自动搜索、发现和接入。数据资源网络层负责从各种形式的原始数据中产生具有语义的结构化数据，以便机器可理解和互操作。数据处理层完成知识的构建和语义推理，服务层产生相应的信息服务和决策支持。下面分别描述物联网的语义需求。

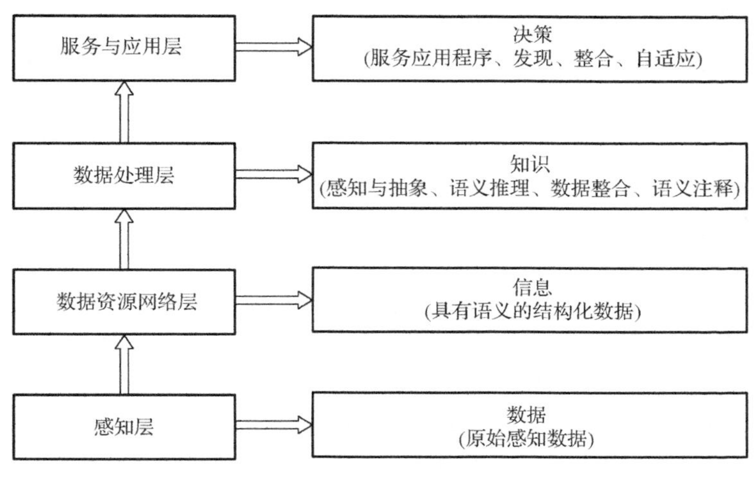

图 1-6　物联网语义信息服务架构

(1) 物联网数据集成。

物联网的数据通常来源于物理感知设备，用于标识物理世界实体的一种现象或属性。这些数据可以与其他数据相结合以描述相应环境，也可以集成到现有的应用程序数据处理链中支持情境感知。无论哪种情况，最为重要的是异构数据的无缝集成或将某类型数据集成到其他网络和物理世界的数据中[24]。语义描述便能实现数据的集成，并能驱动资源的协同和互操作。不过物联网不同语义描述模型之间的映射仍然需要其他现有领域知识的支撑。

(2) 物联网语义协同。

语义协同意味着不同的用户可以明确的访问和理解数据，物联网中的物品不仅需要相互交换数据，还需要与互联网上的用户进行数据交互。因此，提供机器或软件 Agent 能够处理和理解的具有明确语义的数据描述是实现物联网信息通信和交互的关键。而数据的语义标注可以提供机器可理解的数据描述模式，如该数据代表什么意义、来源于何处、由谁提供、相关属性，以及与其对应环境的关系等。

(3) 物联网数据的提取和访问。

物联网数据的提取方式与真实世界数据的表示和管理方式密切相关。目前的研究主要集中于对传感器网络观察测量数据的描述，最为著名的是开放地理空间信息联盟(Open Geospatial Consortium，OGC)提出的OGC2模型[25]。最近W3C也开发了SSN本体，SSN本体提供了大量的传感器资源和传感器观测数据描述框架[26,27]。语义描述使得物联网数据可以用不同的抽象水平描述其特征，再通过语义查询语句实现提取和访问[28]。物联网的数据访问可在底层通过相应的编程语言和操作系统实现(如感知层和网络层)。不过，感知网络和设备的异构性使得访问整个网络数据变得困难。面向服务架构(service-oriented architecture，SOA)给该问题提供了新的思路。“传感服务化”的理念拓展了通过标准服务技术访问传感器数据的方式，如最近由De等提出的物联网资源公开服务的语义描述模型[29]。

(4)资源/服务的搜索和发现。

在物联网中资源作为一个设备或实体，可以提供数据或执行驱动，服务是利用其相应资源提供功能的软件实体。搜索和发现是物联网最重要的功能之一，用于定位资源或服务。采用语义对物联网的资源和服务进行标注，处理和分析标注数据，是实现资源服务以及物理世界不同属性功能实体搜索的基本前提。不过，由于物联网的动态性，能源和资源受限，搜索问题(如资源的发送请求)或是补偿机制(如没有可用电源或网络问题造成资源无法使用)等都需要考虑能量效率问题。

(5)语义推理。

语义Web中的知识表示结构允许经过逻辑推理，实现从现有的公理和规则中推导出新的信息和知识。语义推理在物联网领域仍然不失为一个重要工具，在资源发现、数据抽象和知识提取方面都有重要作用。现有的推理算法通常都是依赖于可执行推理机，所以物联网开发人员不用太关注推理过程本身的复杂性，可以更好地使用语义推理实现相关功能。

1.3.3 语义技术与物联网的结合

从某种意义上说，物联网是将互联网扩展到相互连接的物理对象和设备，实现物物相连和全面感知。该技术一经提出便受到学术界、工业界和一些标准化机构(如无线通信、语义网、信息学等)的高度关注和支持，将会被广泛应用于智能家居、电子医疗、智能交通、运输物流、环境监测和精细农业等领域[30]。但目前真正能很好应用物联网技术的行业却很少，导致这一局面的原因之一便是前端信息感知的异构性、海量性等极大地增加了物联网信息传输和处理的难度，阻碍了复杂物联网系统之间的信息协同、交互和共享。

信息感知是物联网最基本的功能，但通过无线传感器网络等手段获取的原始感知信息具有显著的不确定性和高度的冗余性[31]。信息的不确定性来源于不统一性、不一致性、不准确性、不连续性和不完整性等。其中，异构性即不统一性尤为突出，主要体现在感知数据常常具备不同性质、不同类型、不同表达形式和不同内容等，使得其难以处理、整合和描述。这是由物联网系统本身的异构性造成的，如异构的前端感知设备、标准、数据格式、协议等，特别是前端感知设备存在多样性和高度异构性(如 RFID、传感器网络、红外等)，且离散性和移动性强。

如何实现前端感知设备的自动部署、自动发现和异构接入是物联网实现信息全面感知的重要前提。此外，物联网前端感知设备的形态和数目正日趋增长。据预测，至 2020 年，将有 500 亿的设备连接到 Internet[32]。如何实现不同应用场景中海量设备的互联、协同感知和通信是信息感知过程亟须解决的又一问题。海量设备的增长将导致海量数据的产生，海量数据中必然存在大量的冗余。大量冗余信息对资源受限的感知网络在信息传输、存储和处理等方面提出了极大的挑战。大多数应用场景中，信息感知的目的是获取一些事件或语义信息，而不是所有的感知数据。如何从海量数据中提取具有语义的信息或可操作的知识以实现良好的信息服务是物联网应用的最终目的。海量数据解决方案和云平台为处理分析物联网泛滥的数据提供了基础设施和方法，但是仍需要更有效的方法来组织、描述、共享、理解物联网数据，使其转变为可用知识。

针对上述问题的解决，日趋成熟的语义技术提供了新的解决思路。语义技术被看作解决异构系统集成和协作问题的关键技术。Brock[1]指出，物联网实质上应该称为 SWOT(semantic web of things)。黄映辉和李冠宇[33-35]就物联网本身，从语义角度给出了比较详尽的解释和理解，指出物联网的语义就是“与物的信息相关的互联网”，并给出了“语义物联网”的抽象表示和模型。Buckley[36]针对语义技术对 IOT 的影响做了非常透彻的分析，指出物联网是物理世界与信息世界无缝连接的桥梁，前端感知设备不仅要能反映物理世界的变化，同时应能提供信息的上下文感知和推理能力。感知设备之间应具备协同通信能力，这就要求对感知设备实现命名、寻址、自动搜索和发现等功能，语义描述和标记技术是实现上述功能的重要参考。前端感知设备获取的数据往往针对物理世界中的某个实体的某一属性，单一的数据很多时候并不具有实际意义，数据之间往往存在某些固有的语义关联性，如时空关联性、属性关联性和物理连接关系等。所有原始数据在缺省状态下都具有时间、空间和设备戳(default time，space and device stamp)，用于表示在特定时间、特定地点在特定设备上收集的信息[37]。语义描述和语义协同技术是实现数据语义挖掘和多模态数据集成、物与物之间或物与用户之间信息交互和共享的有效方法[24]。

语义技术的应用将能提高物联网资源、信息模型、数据提供者和消费者之间的协同能力，并有利于数据的获取和集成、资源的发现、语义推理和知识提取等[38]。

随着物联网研究的深入，语义技术应用于解决物联网的相关问题也成为多个学科领域的研究热点。

1.4　语义物联网研究现状

1.4.1　物联网前端感知设备描述和建模

物联网的前端感知设备存在多样性和高度异构性，离散性和移动性强，且面临数量快速增长的趋势，如何实现前端感知设备的自动搜索、发现和异构接入是物联网能否得以很好应用的关键所在。Lassila 和 Adler[39]针对普适计算环境中的设备提出了一个叫作“Semantic Gadgets”的设备描述框架。此后，Lassila[40,41]又讨论了语义技术在移动和普适计算中的可能应用，主要关注普适计算中的协同问题。袁振[42]提出了 ScudDevice 普适设备协同语义服务基础框架，将 SOA 架构扩展至设备层，对普适设备进行语义化描述，实现普适设备服务化。IBM 提出了面向服务的设备框架(service-oriented device architecture，SODA)[43]，其目标是为前端物理设备提供一个高层的抽象，以服务为基础构建起物理世界与信息世界的桥梁。杨坤[44]构建了面向物联网的语义服务总线，使用服务的方式封装不同的设备功能，并用语义描述不同的服务。SENSEI 项目[45,46]开发了无线传感器网络全局服务接口框架，该模型的核心概念是资源，模型中将所有的传感器、执行器和处理器等建模为资源。这些资源由一系列关键词描述，利用本体技术描述资源的位置、类型、功能等。Calder 等构建的 CESN(coastal environmental sensing networks)本体[47]旨在通过对传感器设备及推理规则的定义，实现观测数据的推理，该本体目前仅有10个传感器概念和6个实例，难以实现具体应用。Herzog 等构建的 A3ME 本体[48,49]主要是对传感器及其特性进行建模，为传感器网络中的数据提供上下文信息，以实现异构传感器网络中传感器资源的发现。Rueda 等构建的 MMI 本体[50]则主要是对海洋设备、传感器和取样器等概念的描述，旨在通过语义提高异构设备间的互操作性，支持传感器数据在异构设备间的共享。Bermudez 等为海洋观测构建的 OOSTethys 本体[51]主要是对传感器系统、传感器组件和观测过程的描述，旨在为 Web 服务的安装、集成和更新提供一套标准。Neuhaus 等构建的 CSIRO 通用本体[52,53]通过对传感器及组件的信息建模，利用语义实现传感器的自动分类。Witt 等为智能软件代理构建的 SWAMO 本体[54]通过对物理设备、过程和任务的知识建模，支持智能软件代理对传感器设备的访问，实现传感器的智能服务。Preece 等构建的 ISTAR 本体[55,56]通过对传感器和传感器系统的知识建模，使传感器系统理解传感器数据语义，以实现传感器系统自动任务分派以及传感器的自动部署和配置。W3C 语义传感网(semantic sensor network，SSN)孵化器工作组[26,27]采用比较高层的概念模型对感知设备及其性能、平台及其他相关属性进行本体化描述，不过 SSN 本体对感知设备、观察和测量数据及平台方面的描述并不能直接扩展到物联网领域其他组件的描述和标记中。

目前，主要采取的方法是将物联网前端设备映射为资源、构建为服务，研究中很少考虑到物联网系统的易变性、动态性，以及资源受限等特征所导致的影响，没有提供对资源和数据的实时动态语义描述和连续语义处理。

1.4.2　物联网感知数据描述和处理

物理世界的物体数量庞大、形式多样，不断运动变化，分布在不同地点，且易受外界环境影响，导致物联网通过各种感知设备获取的数据具有海量、异构、高维、冗余、时空相关等特点，如何对数据进行统一的描述和管理，是物联网实现信息共享首先要解决的问题。Toma 等[57]首先指出了语义技术将在解决物联网信息表示、存储、查询和组织等问题的过程中充当着重要角色。在该方面具有代表性的研究是由开放地理空间信息联盟组织提出的语义传感器网络(semantic sensor web，SSW)[25]概念。SSW 主要针对传感器网络之间缺乏相应的集成和通信而导致的海量数据流孤立存在、数据之间没有关联性这一问题，采用“空间、时间、主题”三元语义元数据去解析感知数据。为了弥补 OGC Web 引擎的不足，Moodley 等[58]提出了 SWAP 框架，该方法基于 Agent 和工作流技术，致力于解决大规模传感器网络的协同和互操作问题。文献[59]针对传感器网络产生的海量异构数据，主要从传感数据描述和信息共享方面展开研究，提出了传感器网络语义 Web 架构(semantic web architecture for sensor networks，SWASN)，用于处理传感数据。文献[60]主要集中在感知设备层，提出了从多模态传感器测量数据中获取高层关系的逻辑推理。文献[61]针对某些比较大型的传感网络平台，如地球观测卫星和宇宙飞船等，利用语义 Web 技术实现多模态感知数据的互操作。Liu 等[62]提出了开放式传感器富信息系统的概念，采用通用本体表示异构传感器数据，以便对这些数据进行相关的推理。Lewis 等[63]面向“传感器对谷物生长条件和种子存储仓库条件的监控”这一具体应用项目，提出了基于本体的感知数据管理方法，并采用 OWL 和 RDF 描述和存储数据。Noguchi 等[64]提出了在网络中间件中自动生成和连接的传感器数据处理编程组件，其中数据采用 RDF 语言描述。文献[65]提出了基于本体和 RDF 的传感器数据表示和标记方法，用统一的格式描述异构传感器数据。文献[66]提出了传感器网络数据封装本体的自动产生方法，以更好地实现传感器网络数据集成，目前该方法只能应用于某些比较简单的场景。文献[67]针对网络异构性和用户需求多样性问题，提出了感知数据语义用户接口 SenSUI，利用语义和本体捕获感知数据，并提供相关的上下文信息。文献[68]提出了一个基于语义 Web 的流数据表示、索引和查询系统，该系统结合了 RDF 词汇表和语义注释，用以描述流数据之间的时序关系。Janowicz 等[69]开发了一个基于感知数据的通用本体设计模式。文献[70]针对传感器网络应用环境改变需要重新配置服务的问题，提出了基于语义的即插即用传感器网络服务自配置方法。

时空数据是地理信息系统 GIS 中常提的一个概念，目前在 GIS 中已经提出了很多建立时空数据模型的方法和技术，很好地解决了时空数据的描述，比较著名的如 NASA 的 SWEET 本体[71]。SemSerGrid4Env 项目[72]基于传感器网格结构，提出了传感器 Web 服务本体模型，其服务接口遵循 ISO19110 标准。在感知数据标注方面，引用了 NASA SWEET 本体中的时空元数据概念。Wang 等[73]提出了基于扩展 ER 模型的 RFID 时空数据模型，用于处理 RFID 信息在时间和位置上的动态关系。Lim 等[74]提出了基于轨迹查询的 RFID 时空数据缩影方案。臧传真等[75]提出了面向智能物件的复杂事件处理，从事件处理角度分析了 RFID 时空数据的时空关系。李斌等[76]提出与 GIS、GPS 相结合，面向信息融合的 RFID 时空数据处理方法，以解决 RFID 的准确定位问题。这些研究解决了一定的时间和位置的动态关联，但是对于时间和空间没有统一的定义，在一定程度上存在歧义和不一致性。针对此问题，本书作者提出了基于本体和扩展 ER 模型的 RFID 时空语义数据处理模型[77]，并将该模型拓展到物联网数据管理中，构建了基于语义的物联网时空数据处理模型[78]。

目前，利用语义技术进行物联网感知数据处理主要是基于领域本体构建，或者通用本体设计，并采用 RDF、OWL 或其他语言描述数据。

1.4.3　物联网感知数据语义标注

语义标注可以描述物联网的资源、服务及相关流程等。但描述 IOT 数据的核心模型中的领域知识往往没有直接相关性，再者，物联网不同的资源之间也需要相互关联。要使不同领域间互通，并能对物联网数据进行有效的推理，获取相关领域知识以及其他相关实体和数据的语义描述是必不可少的。

目前的研究趋势是从感知数据流中产生链接数据。链接数据方式主要包括：为每个物件分配一个唯一的 URI 去标注、通过 HTTP 的 URI 进行标注和访问、利用 RDF 信息进行标注和 URI 之间的相互链接等方式。主要做法是通过将基于传感器的数据转换成 RDF 数据并通过使用传感器相关 URI 使其可通过 HTTP 协议访问[79,80]。较为成熟的链接传感器数据发布平台是 Sense2Web[81]，它通过 SPARQL 终端来发布链接数据并使其他 Web 应用可访问该数据。Sense2Web 支持对传感器描述数据、观测数据和度量数据的发布。该平台使用两种方法来链接数据：一种是用公开可用的资源链接，另一种是将注释数据作为链接数据。Patni 等[82]在其研究中构建了两个实际的 RDF 数据集，即 Linked Sensor Data 和 Linked Observation Data，分别用于描述链接传感器数据和链接观测数据，总的三元组数量已经超过 10 亿。其观测值来源于犹他大学气象学系的一个研究项目 Mesowest，从 2002 年开始收集气象数据，平均每个气象站有约 5 种传感器，用以监测温度、能见度、沉淀现象、压力、风速、湿度等。GeoNames 气象站还包含了位置信息，如纬度、经度和海拔等。Roure[80]等提出了一种采用 REST 架构的 API 数据链接方式，允许同时支持 Web 客户端和 OGC GML 客户端。该平台使用 URI，并以链接数据的形式提供语义标注。Phuoc[83]提出的 SensorMasher，也是采用链接数据的方式将传感器数据发布到 Web 上，并允许用户使用语义标注描述传感器数据，然后利用这些语义标注发现不同的资源。

虽然 RDF 是现在的主要方式，但实际上 RDF 数据比较适合表示主题元数据，并不能直接表示传感器获取的具有时间和空间性的数据。因此，传感器数据发布过程中，如何将传感器数据转换成 RDF 数据是关键所在。关于这一问题，W3C 总结了目前存在的 3 种与 OGC 标准相兼容的语义标注机制。

(1) 基于 XLink 的方法。

将 xlink：href 映射成 rdf: resource(OGC 所使用的地理标识语言 GML 具有类似于 RDF 的结构)，这种方式存在的问题是在 OGC 内部存在多种对 XLink 的解释方法。

(2) 基于 RDFa 的方法。

RDFa 标准提供了针对语义标注的形式化语法和解释，但目前主要在 XHTML 领域中使用。

(3) 从 XML 元素值和属性中抽取语义。

SWE 标准中的某些元素中可能含有 RDF 资源的 URI，但它们并未使用 XLink。

1.4.4 物联网服务构建和提供

目前，已有一些研究机构和学者正致力于物联网服务语义描述和提供方面的研究，不过多数都是基于现有的 Web 服务语义描述框架进行语义扩展，以适应物联网服务的时空约束、作业区域约束等特征。文献[29]对服务添加了位置和可用时间的描述。Bimschas 等[84]提出了基于语义 Web 的物联网服务提供方法，其关键思想在于让实体以机器可读的模式提供其类型、属性、服务等的自描述，并基于语义搜索引擎技术提供服务。文献[85]基于 SSN 本体来表示 IOT 资源和服务。文献[86]将 SOA 概念延伸到前端感知设备，提出了基于 Web 服务的发现和按需提供机制。Wang 等[87]提出了一个基于 SOA 的 IOT 通信中间件，利用该方法屏蔽物联网的异构性带来的影响和差异。欧盟的第七框架计划组织的 IOT.est 项目组，提交了《物联网服务的语义描述框架》报告[88]，给出了物联网服务描述框架，该框架重用了 OWL-S 样式，利用语义描述本体对 IOT 服务进行定义。Katasonov 等[89]提出了基于语义的物联网中间件概念，采用语义技术实现异构网络的协同，并采用语义 Agent 技术实现复杂系统的自治，不过该研究主要针对工业控制领域。文献[90]提出了一个基于仿生场景的物联网服务实体模型。文献[91，92]针对物联网前端异构通信设备之间的通信问题，提出了 IDRA 体系架构，用于驱动异构资源受限目标对象之间的连接。Zhang 等[93]提出了基于 REST 架构的物联网信息服务模式，采用 REST Web 服务将 HTTP 和 Web 服务连接起来，基于 URL 方式返回服务。文献[94]针对传感器网络应用环境改变需要重新配置服务的问题，提出了基于语义的即插即用传感器网络服务自配置方法。李力行等[95]引入环境实体的概念，并提出了基于时间自动机的物联网服务提供框架。环境实体用于描述物理世界中各物体的属性和行为，并用时间自动机网络刻画服务的组合及其与环境实体的交互，不过该研究主要关注前端感知设备层的语义描述和抽象。Pathan 等[96]提出了一个基于发布/订阅的传感器网络服务自配置模型，该模型为一个三层结构，包括传感器网络物理设备层、应用相关网络及系统服务层、自配置传感器网络服务层，用于自动识别物理环境的改变，并触发相关的传感器网络服务自配置机制。文献[97]构建了一种基于语义的物联网服务平台架构体系，扩展服务源从注册中心发布的服务到泛在环境中的服务。同时，提出了一个三层物联网服务本体模型，结合本体和 OWL-S，为服务平台提供必要的语义支撑。

相对于 Web 服务，物联网服务通常依赖于环境，且具有动态性，所以需要对物联网服务进行细化的描述，要能反映出服务的上下文属性。同时，物联网服务往往也是在资源受限环境下进行操作，要求服务描述简洁、轻量。所以对物联网的服务描述要求比较高，还应进一步探索。

1.4.5 物联网数据存储和查询

物联网数据往往是分散的，而且数据量庞大，其感知设备资源受限，自身的存储和处理能力偏弱，常见的数据存储方式是构建分布式数据库。

MIT 计算机科学实验室提出了分布式查询协议 Chord，通过为每一数据分配一个关键字，并将关键字映射到相应的节点来实现数据定位[98]。Huebsch 等[99]构建了一个通用的关系查询处理器 PIER，以 P2P 为架构，使用 Internet 上的数千个节点构建而成，用于大规模分布式感知数据流的连续查询。Phuoc 等[100]构建的 SSW 系统中，先将传感器产生的数据流进行存储，再在其数据管理系统之上由 SensorMasher[83]层来完成数据融合和语义标注。系统中采用了流数据管理系统

DSMS[101]管理和维护数据。DSMS 解决了流数据存储时存在的多重、连续、快速、时变等问题。在处理 RDF 数据存储时，采用的主要方法是利用传统的关系数据库存储数据，然后再将其转换成 RDF 数据，如 D2R[102]，或是将 RDF 数据直接用关系数据库存储，如 3Store[103]。但使用传统的关系数据库存储 RDF 数据会造成大表，对大表的存储和查询都比较困难。常见的做法是开发专用的 RDF 数据库，如 Sesame、Jena、Kowari、3Store 和 RDFStore[104,105]。

目前，较为常见的对传感器数据流进行查询的方法大多基于 DSMS 构建，如 TelegraphCQ 采用窗口查询的方式进行流查询[106]。Matwani 等[101]改进了 DSMS，使其支持描述式查询语言，并采用近似给出结果的方法进一步缓解高数据流和查询工作的负担。Borealis[107]沿用了 Auroa[108]的流查询内核和 Medusa[109]的分布式处理功能，进一步满足流处理应用需求。

对 RDF 数据进行查询所使用的语言主要是基于 SPARQL，并对其进行相应的扩展而得。如 stSPARQL 和 stRDF 是扩展 SQARQL 查询语言和 RDF 的时空维度表示，以实现感知数据的查询，时空维度的添加主要是为了表达感知数据的时空相关性特征[73]。连续 SPARQL（C-SPARQL）[110]和流 SPARQL[111]是对 SPARQL 的又一扩展，用于支撑传感器网络流数据的连续查询。事件处理 SPARQL（EP-SPARQL）[112]通过对数据流的推理来处理复杂事件，是专门为实时复杂事件检测而设计的。

目前，语义 Web 研究中开发了许多查询工具，部分也可以用于物联网资源和数据的查询、浏览和推理等。但是，大部分物联网数据具有互联网数据没有的特点和需求，必须要以相应的方式进行处理。例如，物联网常常产生巨大的数据流，需要采用连续和实时的处理方法，其方法既要能够处理大型数据吞吐量，同时还要能够执行相应的语义推理。此外，还需要满足对具有连续语义的观测数据进行处理和交互的要求，物联网系统要能够连续地更新其知识[113]，这是物联网数据查询面临的一大挑战。

1.5　语义物联网面临的挑战和研究方向

虽然物联网号称能赋予物品智能，实现任何时间任何地点任何物品的连接和智能交互，而实际上物联网数据的多样性、异构性和时空相关性等使得物理层面互通的事物无法在语义层面相连。同时，要能够实现不同领域间数据的描述及无缝访问，通用的框架模型也是不可或缺的。但目前还没有统一的方法可以从物理设备获取有用的信息并从大量感知数据中提炼出知识，尤其当数据质量取决于多方面因素时，如传感设备、环境变量和数据源等。

物联网相对于其他研究领域的另一个特点就是高动态性。物联网需要有效的办法及时处理大量数据，并对环境中的事件和现象做出实时地响应。此外，物联网中的信息安全隐私问题也是不容忽视的，这些都成为语义技术应用到物联网中需要进一步解决的问题。

1.5.1 数据和资源的实时动态语义描述

物理世界的数据往往具有瞬时性，且随时空变化而变化，具有时空关联性，虽然语义技术和语义标注能帮助描述数据的含义，还可以通过描述不同网络和资源的属性来提供数据，但物联网应用环境呈现很强的动态性和易变性，终端网络常常面临动态自组织和更新，要求对数据和资源的描述也应该是动态和自动更新的。除此之外，物联网系统中资源往往是受限的，如物联网系统中的能量、内存、容量等会随着部署时间而变化，如何描述和标记这一特征，目前的研究甚少考虑。同时，动态性和复杂性问题对物联网很多方面都有着重要影响，例如，数据资源的访问服务，语义描述的维护，数据分析、挖掘和采集等。因此，未来对物联网资源自适应问题进行研究时，需要重点考虑语义事件处理分析和连续语义数据处理等问题。

若要对大量实体、设备和知识工程相关的数据进行描述，就必须创建语义标注框架和领域知识模型。物联网数据所表述的是现实世界中的不同现象，所以对数据的语义描述需要和物理世界资源实体的领域知识关联起来。在一些应用中，如开放链接数据可作为领域知识，用于描述时空方面的数据，但是这种公众建构的知识库容易出现错误和不一致性问题。还有一些应用程序开发维护自身领域知识，但又忽视重用性和互用性。另一个重要问题就是描述粒度，若能用更精确的术语和概念描述语义，则领域知识将能得到更广泛的应用。此外，就是大规模分布式语义数据的维护问题，近年来一些研究中引入语义 Web 的方法来存储、处理、推理、查询分布式环境下的大规模语义数据，但对于自动(或半自动)注释资源、搜索分析关联语义、创建物联网链接数据、探索分析不同资源之间的关系等问题仍没有得到很好解决。如何创建新的工具和 API 来注释观测数据，构建语义库来访问查询感知数据和资源描述，也是扩展物联网的关键所在。

1.5.2 基于语义描述的数据质量和可靠性检测

物联网数据由不同的传感装置提供，这些数据是容易出错的。对于该问题，不同的语义描述模型具有不同的解决办法，如 W3C SSN 本体提供了一种描述数据质量的方法。然而，观测值的质量是随时变化的，如环境改变、设备故障或设备中的设置有错误，都可能会造成物联网数据质量的改变。

对物联网数据质量相关属性的可靠语义描述，可以帮助检测过滤设备的异常错误数据，并可根据不同的质量要求获取相应的处理数据。此外，当数据由不同资源提供时，真实性是关键问题。可信赖的资源是指能够识别资源来源、具有可靠性和准确性、可以对资源和提供者质量和真实性进行语义描述的。虽然语义可以描述真实性和可靠性的相关属性，但仍需要一个真实性模型来实现反馈核查，这将成为语义物联网研究的一个重要分支。

1.5.3　分布式数据存储、查询及语义服务

针对物联网的大数据及其语义描述，如何有效地存储和处理数据成为一个关键的问题，尤其针对大规模动态物联网时，该问题更加明显。

对于物联网来说，关键在于存储库的设计和实现。该存储库不仅要能从大规模分布式动态环境中发布和获取语义知识，还要能够提供有效的搜索发现机制。在某些应用中，需要更加有效的信息搜索、索引、查询、访问机制，如利用分布在各个库中的语义数据进行信息挖掘与分析，从不同数据流中实时查询整合信息，从海量资源中找到需要的信息等。目前的云计算技术可以较好地解决这些问题，但是维护处理数据还需要其他可扩展和更有效的方法。

物联网服务的概念就是让相应资源发挥其功能，被称为物联网面向服务计算。这种类型的服务被称为“物理设备上的服务”[86]。物联网中的资源是移动的、不可靠的、能力受限的，所以物联网服务不同于传统的 Web 服务。物联网服务可以结合其他服务应用程序组成复杂的情境感知服务。在服务组合过程中，自适应是需要考虑的问题。物联网服务计算需要研究如何自主动态地合成服务，这样在情境改变时就可以重新配置，提供自适应的服务。另一个关键问题是创建轻量级的服务描述，以便在资源受限的环境中使用语义服务。

1.5.4　基于语义的物联网安全和隐私实现

物联网数据可描述个人健康信息、城市环境，甚至国家相关机密信息，如何提供安全数据保密机制是物联网的关键问题。在进行物联网数据交互和共享时，语义可以规定核查的措施和要求，并提供机器可理解的安全隐私需求的描述。由于不同的用户可以利用互联网共享数据，因此，适当的访问控制机制也是很有必要的。例如，谁可以使用数据，数据的哪一部分可以使用，何时何地可以使用等。物联网技术进一步的发展必须建立在良好的安全隐私基础上。同时，研究过程中还需要考虑资源受限环境条件下的安全隐私如何实现。

1.6 本章小结

语义技术可应用于物联网各个层次，如给物联网的不同层次添加语义可以确保不同来源的数据能被不同用户访问；对观测数据进行语义描述可以促使自主集成领域知识和网络资源；对资源和组件进行语义标注可以实现更有效的发现和管理；对物联网高层的服务和接口进行语义描述能够发现并提供服务等。

本章指出了语义技术与物联网结合的必然性，以及语义技术在物联网中的应用和发展状态；分析了物联网各个层次的语义需求；总结了目前语义技术应用于物联网的研究成果和实例，主要从物联网资源描述和建模、感知数据描述和处理、感知数据语义标注、服务构建和提供以及数据存储和查询等方面进行概述性总结，并指出语义技术应用于物联网仍需解决的问题和进一步的研究方向。

虽然语义技术对物联网已经做出了一定的贡献，但其应用价值和前景还远不止于此，我们将继续探索语义技术对物联网更多问题的解决，探索语义物联网的未来。

参考文献

[1] Brock D, Schuster E. On the semantic web of things[C]//Proceedings of Semantic Days, 2006: 26-27.

[2] 刘云浩. 物联网导论[M]. 北京：科学出版社, 2010.

[3] 罗汉江. 物联网应用技术导论[M]. 大连：东软电子出版社, 2013.

[4] 雷雨能. 无线传感器网络资源管理与调度[D]. 成都：电子科技大学, 2009.

[5] 罗雯雯. 无线传感器网络自主移动节点定位技术研究[D]. 杭州：浙江理工大学, 2013.

[6] Keskin M E. A column generation heuristic for optimal wireless sensor network design with mobile sinks[J]. European Journal of Operational Research, 2016, 260(1):291-304.

[7] Akyildiz I F, Su W, Sankarasubramaniam Y, et al. Wireless sensor networks: A survey[J]. Computer Networks, 2002, 38(4): 393-422.

[8] Gao T, Greenspan D, Welsh M, et al. Vital signs monitoring and patient tracking over a wireless network[C]//2005 IEEE Engineering in Medicine and Biology 27th Annual Conference. IEEE, 2006: 102-105.

[9] Rasheed A, Mahapatra R N. The three-tier security scheme in wireless sensor networks with mobile sinks[J]. IEEE Transactions on Parallel & Distributed Systems, 2010, 23(5):958-965.

[10] 陈兴，翟林鹏. 智慧农场信息化应用研究[J]. 农业网络信息, 2014, (1): 11-13.

[11] Boukerche A, Ren Y. A secure mobile healthcare system using trust-based multicast scheme[J]. IEEE Journal on Selected Areas in Communications, 2009, 27(4):387-399.

[12] 云计算的概念和内涵[EB/OL]. [2014-6-1]. https://www. docin. com/p-1545564389. html.

[13] 钱钢. 硅谷简史：通往人工智能之路[M]. 北京：机械工业出版社, 2018: 7.

[14] 王清. 移动电子商务平台中物联网中间件技术的应用[J]. 数字技术与应用，2019, 37(01):43-45.

[15] 田春虎. 国内语义 Web 研究综述[J]. 情报学报, 2005, 24(2): 243-249.

[16] Berners-Lee T, Hendler J, Lassila O. The semantic web[J]. Scientific American, 2001, 284, (5): 34-43.

[17] Berners-Lee T, Hendler J. Publishing on the semantic web[J]. Nature, 2001, 410 (6832): 1023-1024.

[18] Berners-Lee. Semantic web on XML[EB/OL]. [2000-12-6]. https://www.w3.org/2000/Talks/1206-xml2k-tbl/Overview.html.

[19] 邓连瑾. 基于 OWL 的本体整合技术的研究[D]. 天津：天津理工大学, 2008.

[20] 张颜. 基于本体的 web 服务匹配机制的研究与实现[D]. 沈阳：东北大学, 2008.

[21] 王镲瑕. 基于本体的语义 Web 服务匹配算法研究[D]. 济南：济南大学, 2010.

[22] 夏秋香. 基于 OWL 的本体整合系统关键技术的研究[D]. 天津：天津理工大学，2012.

[23] 葛淑英, 郑潇萌. 物联网与互联网的比较分析[J]. 商, 2012, (21): 135.

[24] Sheth A. Computing for human experience: Semantics empowered cyberphysical, social and ubiquitous computing beyond the web[C]//Proceedings of the Move Federated Conferences and Workshops, Crete, Greece, October, 2011: 17-21.

[25] Sheth A, Henson C, Satya S S. Semantic sensor web[J]. Internet Computing, 2008, 12(4): 78-83.

[26] Lefort L, Henson C, Taylor K. Semantic sensor network XG final report[R]. Cambridge: W3C Incubator Group Report, 2011.

[27] Compton M, Barnaghi P, Bermudez L, et al. The SSN ontology of the W3C semantic sensor network incubator group[J]. Journal of Web Semantics, 2012, 17: 25-32.

[28] Corcho O, García-Castro R. Five challenges for the semantic sensor web[J]. Semantic Web Journal, 2010, 1(1, 2): 121-125.

[29] De S, Barnaghi P, Bauer M, et al. Service modelling for the internet of things[C]//2011 Federated Conference on Computer Science and Information Systems (FedCSIS). IEEE, 2011: 949-955.

[30] Kranenburg R, Anzelmo E, Bassi A, et al. The internet of things[C]//Proceedings of the 1st Berlin Symposium on Internet and Society: Exploring the Digital Future, 2011: 1-57.

[31] 胡永利, 孙艳丰, 尹宝才. 物联网信息感知与交互技术[J]. 计算机学报, 2012, 35(6): 1147-1163.

[32] Evans D. The internet of things: How the next evolution of the internet is changing everything[J]. CISCO White Paper, 2011:1-11.

[33] 黄映辉, 李冠宇. 语义物联网: 物联网内在矛盾之对策[J]. 计算机应用研究, 2010, 27(11): 4087-4090.

[34] 黄映辉, 李冠宇. 物联网: 标志性特征与模型描述[J]. 计算机科学, 2011, 38 (10A): 4-6.

[35] 黄映辉, 李冠宇. 物联网: 语义、性质与归类[J]. 计算机科学, 2011, 38(1): 31-33.

[36] Buckley J. From FRID to the internet of things: Pervasive networked system[J]. European Union Directorate for Networks and Communication Technologies, 2006:1-32.

[37] 范伟, 李晓明. 物联网数据特性对建模和挖掘的挑战[J]. 中国计算机学会通讯, 2010, 6(9): 38-43.

[38] Selvage M, Wolfson D, Zurek B, et al. Achieve semantic interoperability in a SOA, patterns and best practices[R]. Almond: IBM report, 2006.

[39] Lassila O, Adler M. Semantic Gadgets: Ubiquitous Computing Meets the Semantic Web[M]// Spinning the Semantic Web. Cambridge: MIT Press, 2003: 363-376.

[40] Lassila O. Applying semantic web in mobile and ubiquitous computing: Will policy-awareness help?[C]//Proceedings of Semantic Web Policy Workshop, the 4th International Semantic Web Conference, Galway, Ireland, 2005: 6-11.

[41] Lassila O. Using the semantic web in mobile and ubiquitous computing[C]//Proceedings of 1st IFIP Conference on Industrial Applications of Semantic Web, Boston: Springer, 2005: 19-25.

[42] 袁振. ScudDevice: 普适设备协同语义服务基础框架[D]. 杭州: 浙江大学, 2011.

[43] Deugd S, Carroll R, Kelly K, et al. SODA: Service oriented device architecture[J]. IEEE Pervasive Computing, 2006, 5(3): 94-96.

[44] 杨坤. 面向物联网的语义服务总线[D]. 杭州: 浙江大学, 2011.

[45] Presser M, Barnaghi P M, Eurich M, et al. The SENSEI project: Integrating the physical world with the digital world of the network of the future[J]. IEEE Communications Magazine, 2009, 47(4): 1-4.

[46] Villalonga C. D2.5 adaptive and scalable context composition and processing[J]. Public SENSEI Deliverable, 2010.

[47] Calder M, Morris R A, Peri F. Machine reasoning about anomalous sensor data[J]. Ecological Informatics, 2010, 5(1): 9-18.

[48] Herzog A, Jacobi D, Buchmann A. A3ME-an agent-based middleware approach for mixed mode environments[C]//Proceedings of the 2nd International Conference on Mobile

Ubiquitous Computing, Systems, Services and Technologies, Valencia, 2008: 191-196.

[49] Herzog A, Buchmann A. Predefined classification for mixed mode environments[J]. Behavioral Ecology, 2009, 13 (1) : 134-141.

[50] Rueda C, Bermudez L, Fredderick s J. The MMI ontology registry and repository: A portal for marine metadata interoperability[J]. OCEANS, 2009: 1-6.

[51] Bermudez L, Delory E, Reilly T. Ocean observing systems demystified[J]. OCEANS, 2009: 1-7.

[52] Compton M, Neuhaus H, Tran K N. Reasoning about sensors and compositions[C]// Proceedings of the 2nd International Semantic Sensor Networks Workshop, 2009: 33-48.

[53] Neuhaus H, Compton M. The semantic sensor network ontology: A generic language to describe sensor assets[C]//Proceedings of the 12th International Conference on Geographic Information Science, 2009: 121-136.

[54] Witt K J, Stanley J, Smithbauer D, et al. Enabling sensor webs by utilizing SWAMO for autonomous operations[C]//Proceedings of the 8th NASA Earth Science Technology Conference, 2008: 263-270.

[55] Gomez M, Preece A, Jonson M. An ontology-centric approach to sensor mission assignment[C]//Proceedings of the 16th International Conference on Knowledge Engineering and Knowledge Management, Berlin: Springer, 2008: 347-363.

[56] Preece A , Gomez M , Mel G D , et al. Matching sensors to missions using a knowledge-based approach[C]//Proceedings of SPIE-the International Society for Optical Engineering, 2008: 6981: 1-12.

[57] Toma I, Simperl E, Hench G. A joint roadmap for semantic technologies and the internet of things[C]//Proceedings of the Third STI Roadmapping Workshop, Crete, Greece, 2009: 1-5.

[58] Moodley D, Simonis I. A new architecture for the sensor web: The SWAP framework[C]// Proceedings of the 5th International Semantic Web Conference, 2006:1-17.

[59] Huang V, Javed M K. Semantic sensor information description and processing[C]// Proceedings of the Second International Conference on Sensor Technologies and Applications, 2008: 456-461.

[60] Imai M, Hirota Y, Satake S, et al. Semantic connection between everyday objects and a sensor network[J]. Lecture Notes in Computer Science, 2006, 4273: 5-9.

[61] Bermudez L, Graybeal J, Arko R. A marine platforms ontology: Experiences and lessons[C]//Proceedings of the ISWC 2006 Workshop on Semantic Sensor Networks, Athens GA, USA, 2006.

[62] Liu J, Zhao F. Towards semantic services for sensor-rich information systems[C]//Proceedings of the 2nd International Conference on Broadband Networks, IEEE, 2005: 967-974.

[63] Lewis M, Cameron D, Xie S, et al. ES3N: A semantic approach to data management in sensor networks[C]//Semantic Sensor Networks Workshop, 2006.

[64] Noguchi H, Mori T, Sato T. Automatic generation and connection of program components based on RDF sensor description in network middleware[C]//2006 IEEE/RSJ International Conference on Intelligent Robots and Systems. IEEE, 2006: 2008-2014.

[65] Su X, Riekki J. Bridging the gap between semantic web and networked sensors: A position paper[C]// Proceedings of the 3rd International Workshop on Semantic Sensor Networks, 2010.

[66] Sequeda J F, Corcho O, Gómez-Pérez A. Generating data wrapping ontologies from sensor networks: A case study short paper[C]//Proceedings of the 2nd International Conference on Semantic Sensor Networks-Volume 522, 2009: 122-134.

[67] Bell D, Heravi B R, Lycett M. Sensory semantic user interfaces(SenSUI): Position paper[C]//Proceedings of the International Workshop on Semantic Sensor Networks, 2009: 96-109.

[68] Rodriguez A, McGrath R, Liu Y, et al. Semantic management of streaming data[C]//Proceedings of the 2nd International Conference on Semantic Sensor Networks-Volume 522, 2009: 80-95.

[69] Janowicz K, Compton M. The stimulus-sensor-observation ontology design pattern and its integration into the semantic sensor network ontology[J]. Sensors Peterborough NH, 2010: 7-11.

[70] Compton M, Henson C, Lefort L, et al. A survey of the semantic specification of sensors[C]//Proceedings of Semantic Sensor Networks 2009, 2009: 17-32.

[71] Raskin R. Guide to SWEET ontologies[R]. Pasadena: NASA/Jet Propulsion Lab, 2006.

[72] Kyzirakos K, Koubarakis M, KaoudI Z. Data models and languages for registries in semsorGrid4Env. deliverable D3[R]. European: Semsorgrid4env.eu, 2009.

[73] Wang F, Liu S, Liu P. A temporal RFID data model for querying physical objects[J]. Pervasive and Mobile Computing, 2010, 6(3): 382-397.

[74] Lim D, Hong B, Cho D. The self-relocating index scheme for telematics GIS[C]//International Workshop on Web and Wireless Geographical Information Systems, Berlin: Springer, 2005: 93-103.

[75] 臧传真，范玉顺. 基于智能物件的制造企业信息系统研究[J]. 计算机集成制造系统，2007, 13(1): 49-56.

[76] 李斌，李文峰. 智能物流中面向 RFID 的信息融合研究[J]. 电子科技大学学报，2007, 36(6): 1329-1332.

[77] Yuan L, Wang X, Gan J. A Semantic-based spatio-temporal data model for internet of things[J]. Journal of Convergence Information Technology, 2013, 8(6).

[78] Yuan L, Wang X. Study on lOT spatio-temporal data description model based on semantics[C]//Proceedings of the 2013 International Conference on Control Engineering and Communication Technology, 2013: 759-764.

[79] Sequeda J F , Corcho O . Linked stream data: A position paper[C]// International Conference on Semantic Sensor Networks, 2009.

[80] Roure D C D , Martinez K , Sadler J D , et al. Linked sensor data: RESTfully serving RDF and GML[C]// International Conference on Semantic Sensor Networks, 2009.

[81] Barnaghi P, Presser M, Moessner K. Publishing linked sensor data[C]//CEUR Workshop Proceedings: Proceedings of the 3rd International Workshop on Semantic Sensor Networks (SSN), Organised in Conjunction with the International Semantic Web Conference, 2010:668.

[82] Patni H, Sahoo S S, Henson C, et al. Provenance aware linked sensor data[C]//Proceedings of the 2nd Workshop on Trust and Privacy on the Social and Semantic Web, 2010.

[83] Phuoc D L. SensorMasher: Publishing and building mashup of sensor data[C]//Proceedings of the 5th International Conference on Semantic Systems, 2009.

[84] Bimschas D, Hasemann H, Hauswirth M, et al. Semantic-service provisioning for the internet of things[J]. Electronic Communications of the EASST, 2011: 37.

[85] Cassar G. Ontology-based service description and discovery[C]//Proceedings of the Symposium on the Convergence of Telecommunications, Networking and Broadcasting (PGNET2010), 2010.

[86] Guinard D, Trifa V, Karnouskos S, et al. Interacting with the SOA-based internet of things: Discovery, query, selection, and on-demand provisioning of web services[J]. IEEE Transactions on Services Computing, 2010, 3(3): 223-235.

[87] Wang Z L , Yang Y , Wang L , et al. A SOA based IOT communication middleware[C]// International Conference on Mechatronic Science, Electric Engineering & Computer. IEEE, 2011.

[88] Wang W, De S, Lehmann A. Semantic description framework for IoT services[R]. EC FP7 Project IoT. est Report, 2012.

[89] Katasonov A, Kaykova O, Khriyenko O, et al. Smart semantic middleware for the internet of things[J]. Icinco-Icso, 2008, 8: 169-178.

[90] Zakriti A, Guennoun Z. Service entities model for the internet of things: A bio-inspired collaborative approach[C]//2011 International Conference on Multimedia Computing and Systems. IEEE, 2011: 1-5.

[91] De Poorter E, Moerman I, Demeester P. Enabling direct connectivity between heterogeneous objects in the internet of things through a network-service-oriented architecture[J]. EURASIP Journal on Wireless Communications and Networking, 2011,（1）: 61.

[92] De Poorter E, Troubleyn E, Moerman I, et al. IDRA: A flexible system architecture for next generation wireless sensor networks[J]. Wireless Networks, 2011, 17(6): 1423-1440.

[93] Zhang X, Wen Z, Wu Y, et al. The implementation and application of the internet of things platform based on the REST architecture[C]//2011 International Conference on Business Management and Electronic Information. IEEE, 2011, 2: 43-45.

[94] Compton M , Henson C A , Neuhaus H , et al. A Survey of the semantic specification of sensors[C]// International Conference on Semantic Sensor Networks, 2009.

[95] 李力行，金芝，李戈. 基于时间自动机的物联网服务建模和验证[J]. 计算机学报，2011, 34(8): 1365-1377.

[96] Pathan M, Taylor K, Compton M. Semantics-based plug-and-play configuration of sensor network services[J]. SSN, 2010, 10: 17-32.

[97] 贾冰. 基于语义的物联网服务架构及关键算法研究[D]. 长春: 吉林大学, 2013.

[98] Stoica I, Morris R, Karger D, et al. Chord: A scalable peer-to-peer lookup service for internet applications[J]. ACM SIGCOMM Computer Communication Review, 2001, 31(4): 149-160.

[99] Huebsch R, Chun B N, Hellerstein J M, et al. The architecture of PIER: An internet-scale query processor[C]//Proceedings of the 2nd Biennial Conference on Innovative Data Systems Research（CIDR'05）, VLDB Endowment, 2005: 28-43.

[100] Phuoc D L, Hauswirt M. Linked open data in sensor data mashups[C]//Proceedings of the 2nd International Workshop on Semantic Sensor Networks（SSN09）, 2009: 1-16.

[101] Motwani R, Widom J, Arasu A, et al. Query processing, resource management, and approximation in a data stream management systems[C]//Proceedings of the Conference on Innovative Data Systems Research（CIDR'2003）, VLDB Endowment, 2003.

[102] Bizer C. D2R MAP-database to RDF mapping language and processer[EB/OL]. [2019-10-29]. http://wifo5-03. informatik. uni-mannheim. de/bizer/d2rmap/D2Rmap. htm.

[103] Reggiori A, van Gulik D W, Bjelogrlic Z. Indexing and retrieving semantic web resources: The RDF store model[C]//Proceedings of SWAD-Europe Workshop on Semantic Web Storage and Retrieval, 2003:13-14.

[104] Owens A. Semantic storage: Overview and assessment[EB/OL]. [2019-10-29]. https://www. researchgate. net/publication/39993687_Semantic_Storage_Overview_and_Assessment?ev=auth_pub.

[105] Lee R. Scalability report on triple store application[R]. Cambridge: Massachusetts Institute of Technology, 2004.

[106] Chandrasekaran S, Cooper O, Deshpande A, et al. TelegraphCQ: Continuous dataflow processing for an uncertain world[C]//Proceedings of the Conference on Innovative Data Systems Research (CIDR'2003), VLDB Endowment, 2003.

[107] Abadi D J, Ahmad Y, Balazinska M, et al. The design of the borealis stream processing engine[C]//Proceedings of the 2nd Biennial Conference on Innovative Data Systems Research (CIDR'05), VLDB Endowment, 2005: 277-289.

[108] Carney D, Cetintemel U, Cherniack M, et al. Monitoring streams: A new class of data management applications[C]//Proceedings of the 28th International Conference on Very Large Data Bases (VLDB'2002), VLDB Endowment, 2002: 215-226.

[109] Sbz S Z, Zdonik S, Stonebraker M, et al. The aurora and medusa projects[C]//IEEE Data Engineering Bulletin, 2003.

[110] Barbieri D F, Braga D, Ceri S, et al. C-SPARQL: SPARQL for continuous querying[C]// Proceedings of 18th International Conference on World Wide Web-WWW'09, 2009: 1061-1062.

[111] Bolles A, Grawunder M, Jacobi J. Streaming SPARQL-extending SPARQL to process data streams[C]//Proceedings of European Semantic Web Conference, Berlin: Springer, 2008: 448-462.

[112] Anicic D, Fodor P, Rudolph S. EP-SPARQL: A unified language for event processing and stream reasoning[C]//Proceedings of the 20th International Conference on World Wide Web. ACM, 2011: 635-644.

[113] Sheth A, Thomas C, Mehra P. Continuous semantics to analyze real-time data[J]. IEEE Internet Computing, 2010, 14(6): 84-89.

第 2 章　物联网信息感知与处理关键技术

信息感知作为物联网的基本功能，是物联网信息“全面感知”的手段，但前端信息感知的海量、异构及语义不确定性等导致用户无法准确提取和抽象出有意义的数据、挖掘出数据间隐含的内在关系、快速找到所需的数据，这些问题极大地阻碍了复杂物联网系统之间的信息协同、交互和共享。因此，如何对原始感知数据进行描述和处理，提取抽象的语义信息是实现物联网数据高效查询和处理需要解决的重点问题。

本章从物联网感知数据的特点入手，研究了物联网信息感知的预处理技术，并分析了物联网信息感知面临的问题和挑战，最后重点研究了针对这些问题和挑战所提出的关键技术，包括语义建模、语义标注、语义关联、数据存储和查询的基本方法和研究现状。

2.1　物联网信息感知

2.1.1　物联网信息感知概述

信息感知是物联网的基本功能，但通过无线传感器网络等手段获取的原始感知信息具有显著的不确定性和高度的冗余性。信息的不确定性主要表现在[1]：①不统一性，不同性质、不同类型的感知信息的形式和内容均不统一；②不一致性，时空映射失真造成的信息时空关系不一致；③不准确性，传感器采样和量化方式不同造成的信息精度差异；④不连续性，网络传输不稳定造成的信息断续；⑤不全面性，传感器感知域的局限性导致获取的信息不全面；⑥不完整性，网络和环境的动态变化造成的信息缺失。感知信息的冗余来源于数据的时空相关性，而大量冗余信息对资源受限的感知网络在信息传输、存储和处理以及能量供给方面提出了极大的挑战。

2.1.2　物联网信息感知预处理技术

信息感知为物联网应用提供了信息来源，是物联网应用的基础。信息感知最基本的形式是数据收集，即节点将感知数据通过网络传输到汇聚节点。但由于在原始感知数据中往往存在异常值、缺失值，因此在数据收集时要对原始感知数据进行数据清洗，并对缺失值进行估计[1]。信息感知的目的是获取用户感兴趣的信息，大多数情况下不需要收集所有感知数据，况且将所有数据传输到汇聚节点会造成网络负载过大，因此在满足应用需求的条件下采用数据压缩、数据聚集和数据融合等网内数据处理技术，可以实现高效的信息感知。

1) 数据收集技术

数据收集是感知数据从感知节点汇集到汇聚节点的过程。数据收集关注数据的可靠传输，要求数据在传输过程中没有损失。针对不同的应用，数据收集具有不同的目标约束，包括可靠性、高效性、网络延迟和网络吞吐量等[1]。

数据的可靠传输是数据收集的关键问题，其目的是保证数据从感知节点可靠地传输到汇聚节点。能耗约束和能量均衡是数据收集实现高效性需要重点考虑和解决的问题。为了实现能量有效的数据传输，研究者基于多路径和重传方法，提出了许多改进的数据传输方法，例如，利用协同自动重传请求(cooperative automatic repeat-request，CARQ)将协同通信技术与自动重传请求(automatic repeat-request，ARQ)技术相结合，既能增加分集增益又能提高数据传输的可靠性[2]；基于时间片的思想通过合理调度避免冲突[3]，或者将多路径和重传两种方法结合[4]，从而实现能量有效的可靠传输。对于实时性要求高的应用，网络延迟是数据收集需要重点考虑的因素。为了减少节点能耗，网络一般要采用节点休眠机制，但如果休眠机制设计不合理则会带来严重的休眠延迟和更多的网络能耗。为了解决休眠延迟和节点能耗的问题，研究者提出各种不同的休眠调度机制，如异步休眠调度方法[5-7]、基于节点位置的休眠调度算法[8]，这些方法减小休眠延迟同时节约节点等待能耗。数据收集中多对一的数据传输模式以及媒体访问控制(media access control，MAC)层的载波侦听多路访问控制机制(carrier sense multiple access，CSMA)很容易产生漏斗效应，即在汇聚节点附近通信冲突和数据丢失现象严重，从而导致网络吞吐量降低。针对这种网络负载不平衡问题，需要采用新的 MAC 控制机制。

2) 数据清洗技术

由于网络状态的变化和环境因素的影响，通过数据收集实际获取的感知数据往往包含大量异常、错误和噪声数据，因此需要对获取的感知数据进行清洗和离群值判断，去除脏数据，得到一致、有效的感知信息。对于缺失的数据还要进行有效估计，以获得完整的感知数据。根据感知数据的变化规律和时空相关性，一般采用概率统计、近邻分析和分类识别等方法，在感知节点、整个网络或局部网络中实现数据清洗[9,10]。

另一个与数据清洗密切相关的问题是感知数据的缺失值问题。如果将缺失值看作异常值，则利用数据清洗方法也能实现缺失值的识别和剔除。但在要求数据完整性的应用场合，则需要对缺失值进行有效估计。如文献[11]针对无线传感器中环境监测数据的缺失，提出了一种基于改进的克里金法的无线传感器插值估计算法。

3) 数据压缩技术

对于较大规模的感知网络，将感知数据全部汇集到汇聚节点会产生非常大的数据传输量。由于数据具有时空相关性，因此采用数据压缩方法能有效减少感知数据中大量的冗余信息。然而由于感知节点在运算、存储和能量方面的限制，传统的数据压缩方法往往不能直接应用。因此，针对物联网应用的特点，研究者提出了许多适合感知网络的数据压缩方法，包括简单数据压缩[12-14]、基于变换的数据压缩[4,15]、分布式数据压缩[16-18]等。

4) 数据聚集技术

信息感知的目的是获取一些事件信息或语义信息，而不是所有的感知数据。因此，多数情况下不需要将所有感知数据传输到汇聚节点，而只需传输观测者感兴趣的信息。

数据聚集(data aggregation)就是通过某种聚集函数对感知数据进行处理，传输少量数据和信息到汇聚节点，以减少网络传输量。数据聚集的关键是针对不同的应用需求和数据特点设计适合的聚集函数。

数据聚集能够大幅减少数据传输量，节省网络能耗与存储开销，从而延长网络生存期。但数据聚集操作丢失了感知数据大量的结构信息，尤其是一些有重要价值的局部细节信息[19]。对于要求保持数据完整性和连续性的物联网感知应用数据聚集并不适用，如针对突发和异常事件的检测，数据聚集损失的局部细节信息可能会导致事件检测的失败。

5) 数据融合技术

数据融合(data fusion)是对多源异构数据进行综合处理获取确定性信息的过程。在物联网感知网络中，对感知数据进行融合处理，只将少量有意义的信息传输到汇聚节点，可以有效减少数据传输量。按照数据处理的层次，数据融合可分为数据级融合、特征级融合和决策级融合。对于物联网应用，数据级融合主要根据数据的时空相关性去除冗余信息[20]，而特征级和决策级的融合往往与具体的应用目标密切相关[21]。

数据融合能有效减少数据传输量，降低数据传输冲突，减轻网络拥塞，提高通信效率。因此，数据融合已成为物联网信息感知的关键技术和研究热点。

6) 基于压缩感知理论的数据感知方法

压缩感知是近年来发展迅速的信息获取理论。根据压缩感知理论，对于可压缩的信号，即使采用远低于 Nyquist 标准的数据采样方式，仍能够精确重构原始信号[22,23]。因此，将压缩感知理论应用于物联网的信息感知，有可能获得显著的数据压缩效果。现有研究表明，压缩感知理论在物联网信息感知方面具有很大的应用前景[24,25]，但如何根据物联网信息感知和交互的特点，在考虑节点运算负担、网络能耗平衡和信道噪声等因素的情况下建立压缩感知模型，包括观测矩阵的设计、稀疏基的构造和高效的优化算法等，是需要深入研究和探索的问题。

7) 基于低秩重构的数据感知方法

从信号稀疏表示的角度看，低秩矩阵填充理论是压缩感知理论的扩展，即对于具有低秩特性的高维矩阵，可以通过某个稀疏矩阵对其精确填充或重构[26]。由于物联网感知网络所采集的数据具有时空相关性，如果将全部或部分节点在一时段内采集的数据看作一个高维矩阵，则该矩阵具有低秩特性。因此，通过低秩矩阵填充可以实现从少量的稀疏观测数据重构全局的感知数据。目前这方面已经有了初步的研究工作，文献[27,28]采用低秩矩阵填充理论实现了无线传感器网络的数据收集，但这些工作没有考虑网络节点的位置关系和能量均衡等问题，而且对于低秩重构优化求解的分布式高效算法也缺乏探讨。

2.1.3　物联网信息感知面临的问题和挑战

与物联网信息全面感知和物物互联的应用目标相比，现有的信息感知和信息交互技术还不能满足许多实际应用的需求，因此物联网技术的广泛深入应用还面临许多问题和挑战。

1) 大规模网络的信息感知与交互

目前大规模无线感知网络的应用需求非常迫切，在智能交通、环境监测、现代农业等领域，无不要求持续的大范围的信息感知和信息交互，这也与物联网普遍互联和全面感知的特性相一致。但受实际应用环境的影响和网络资源的限制，现有的物联网无线感知网络的规模一般都比较小，节点数目大多在几十个到几百个，而且网络节点可以支持的感知功能也比较单一，往往局限于有限的几种标量信息。而现有研究工作大多针对较小规模的网络展开，对网络的行为特性往往也做出了一些假设和限制。对于大规模无线感知网络，许多研究工作仅停留在理论分析和模拟仿真的层面上[29]。因此，针对大规模无线感知网络应用，需要深入研究信息感知和信息交互所涉及的能量有效、负载均衡、网络延迟和吞吐量等问题，并通过实际网络验证理论研究的结论。

2) 多媒体感知网络的信息交互

目前大部分无线感知网络获取监测目标的标量数据，如环境监测的温度、湿度、光强等，这种标量数据提供的信息含量较少，应用灵活性差，限制了系统的监测能力。而多媒体感知网络采集环境的视频、声音、图像等信息，通过自然直观、内容丰富的视听媒体实现更为准确全面的信息感知。但复杂高维的多媒体信息对感知网络的数据传输、处理和存储以及能量供给提出了全新的挑战[1]。因此，对于多媒体感知网络应用，首先要研究能承载海量多媒体信息的新型网络系统及其网络技术，包括多媒体网络节点的软硬件设计、网络覆盖控制、网络拓扑组织、网络路由维护、高效可靠的数据传输、媒体信息安全等。其次，需要研究多媒体网络有效的信息处理技术，针对分辨率、编码格式、帧率等差异较大的多媒体信息，研究数据存储、数据压缩、数据融合、特征提取和对象识别等多种信息智能处理技术。最后，需要研究和解决多媒体感知网络的信息交互问题，与传统的网络视频监控系统不同，视频感知网络不是将采集的数据传输到数据中心集中处理，而是采用复杂的分布式网内处理技术，通过节点间的协同完成信息交互。因此，多媒体感知网络的信息交互是多媒体信息分布式协同处理的新课题[26]，但目前这方面的研究才刚刚起步，有大量的技术难题亟待解决，如多源异构多媒体信息的同步、异质网络节点的交互协同、基于多媒体信息的分布式事件检测等问题。

2.2　物联网感知数据语义建模

2.2.1　物联网感知数据语义模型概述

1) 语义数据模型的定义

传统的数据模型如层次模型、网状模型和关系模型基本上都是面向记录的模型。这些模型的发展都受到了原始文件系统的影响和推动，如关系数据库管理系统中的元组对应于文件的记录。

随着建模技术的不断发展，人们要求能提供更多更灵活的面向用户的建模方法，并且要求不受实现结构的限制，这也是语义数据模型研究者早期的主要目标。语义数据模型能提供一种“自然”的机制(相当于以用户或者系统设计者的观点)来说明数据库的设计(能被概念设计或全局设计所代替)，同时比传统模型能更准确地表示数据及数据间的关系。

语义数据模型是语义与数据模型的有机结合，语义通常是指实体和实体信息的联系方式，它能帮助我们在不同的抽象层次上更好的理解系统；数据模型通常由三部分构成：数据结构、数据操作和完整性规则。语义数据模型是以用户操作为核心进行数据建模，注重描述数据及其之间的语义[30]。

2) 语义数据模型的特点

从已有的研究工作中，可以获得以下关于语义数据模型的认识[30]。

(1) 语义数据模型所关心的是用户对数据的理解和数据库技术的支持两个方面。相应地，一个语义数据模型由模拟现实世界的静态结构和模拟其上各种操作的动态模型部件组成。

(2) 语义数据模型除了描述对象及其间的联系和动态外，必须支持数据抽象。语义模型所提供的各种各样的数据抽象工具使得终端用户或程序员能在更高层次上操纵数据。同时，一些抽象工具也用于动态模拟。可以看出，语义数据模型是一种在更高抽象层次上的模型，从数据库应用角度考虑，它可以在现有关系数据库基础上进行开发来实现。

为了满足上述要求，语义数据模型提供了一整套描述和模拟工具或模型部件，下面给出其中较为重要的部分[30]。

(1) 对象或实体及联系。模拟真实世界实体或数据库环境中相对独立的操作。有时也用它来表达真实世界实体之间的关系。对象或实体由属性加以描述。

(2) 数据抽象机制。主要包括分类、聚合、联合、概括和派生等。

(3) 约束的说明。由于语义模型支持下的操作将不在人的干预下进行，因此语义模型中必须包含有关于对数据的操作，如插入/删除操作等的约束。

2.2.2 语义建模和本体开发

在物联网领域，本体具有很多用途，包括对感知器与感知网络、物联网资源和服务、智能物体的描述等。

早期在 OGC 模型[30]中定义的通用接口和描述物联网相关数据的工作由传感器网络实施小组(sensor web enablement，SWE)完成，OGC 定义的主要规格为[31]：观察和测量(observation and measurement，O&M)，它是对来自传感器的实时的和存档的观察与测量值进行编码的 XML 模式和标准模型；传感器模型语言(SensorML)[32]，这是一个基于 XML 模式描述与传感器观测相关的传感器系统和过程的一个标准模型；传感器观测服务(sensor observation service，SOS)，这是一个用于请求、过滤和检索观测值和传感器系统信息的标准 Web 服务接口；传感器规划服务(sensor planning service，SPS)，这是一个标准的 Web 服务接口，同时充当客户与传感器收集管理环境之间的中介；PUCK 协议，它定义了如何检索 SensorML 描述和其他信息，还能启用对传感器设备的自动安装、配置和操作；

SWE 通用数据模型，用于在节点之间交换传感器相关的数据；SWE 服务模型，定义用于交叉 SWE 服务的数据类型。

OGC 提供的模型和接口为在异构环境中处理传感器数据定义了一个标准框架。SWE 中基本的表示模型是以 XML 方式进行的编码，在语义互操作和定义不同元素之间的关联方面具有很大的局限性。

目前在使用本体构建传感器数据表示模型方面已经做了很多工作，OntoSensor[33]通过摘录部分 SensorML 描述同时扩展 IEEE SUMO[34]构建了一个基于本体的传感器描述性规范模型，但它并没有提供一个用于观察和测量数据的描述模型。文献[35]为面向服务的传感器数据和网络提出了一种基于本体的模型，但该模型没有指定如何表示和解释复杂的传感器数据。文献[36]开发的 SensorData 本体的建立是基于 O&M 和通过 OGC SWE 定义的 SensorML 规范[37]。文献[38]旨在建立以观测过程为中心的观测资源语义描述模型，实现这些异构多源的观测资源的管理，为观测资源的语义注册提供保障。

W3C 语义传感器网络孵化小组[39]已经开发了一个描述感知器和感知器网络资源的本体，被称为 SSN 本体。该本体提供了一个高层次的模式来描述传感器设备、经营和管理、观察和测量数据，同时处理相关的传感器属性。为了对感知器产生的观察和测量数据进行建模，SSN 本体可以与其他本体一起使用，SSN 也被作为领域本体开发各种智能物体本体。

CSIRO 传感器本体[40]是 W3C 的 SSN 本体的前身，它依据传感器基础(平台、维度、标度和访问机制)和操作规范(操作、过程和结果)提供了一个语义传感器描述。传感器测量的概念不是本体的一部分。此外，与 SSN 本体相似，CSIRO 本地也不包括领域知识的概念、测量单位、位置等。因此，需要更多的建模概念将传感器描述与传感器测量值及观察到的物联网领域的实体相关联。传感器的观测和测量已经在 SemSOS O&M-OWL 本体中进行了建模[41]。建模的关键概念是监测、过程、特征(现实世界实体的抽象)和现象(一个特征可以观察或测量的属性)。

然而，物联网领域不仅仅是局限于感知器和感知网络，还包括物理世界的对象(如“事物”)，这些对象的特点、空间、时间属性、提供数据的资源以及它们相关的服务都需要被建模。物联网数据的自主集成以及业务流程资源要求执行的请求是机器可以处理的描述。在物联网中，一个实体代表一个事物，是人类与/或软件引擎交互的主要焦点。这种交互通过硬件组件，即一个“装置”，变成可能，它允许实体通过中间交互成为数字世界的一部分。实际提供实体信息或启动控制装置的软件组件被称为“资源”。最后，“服务”具有标准化接口并通过访问托管资源以公开设备的功能。业务流程可以通过许多方法和技术进行建模，最通用的语义标注标准有业务流程建模符号(business process modeling notation，BPMN)[42]、扩展的事件驱动过程链(extended event driven process chain，eEPC)[43]和统一建模语言(unified modeling language，UML)[44]。通过使用语义注释的资源为业务流程建模，需要考虑物联网环境的动态性。

物联网领域开发的本体具有很多用途，包括对感知器、感知网络、物联网资源和服务、智能物体等的描述。一般来说，为了在业务应用和服务中实现物联网数据的自主和无缝集成，在物联网领域不同资源的语义描述是一个关键的任务。上述个人和机构都在一直努力解决这个问题。在“事物”层、设备和网络层(如W3C SSN 本体)、服务层(如语义传感器观察服务(semantic sensor observation service，SemSOS))，以及交互和业务流程层(如物联网感知业务流程建模)需要提供语义描述和标注，通过物联网领域不同的提供者和用户启用数据自动处理和解释。

2.2.3　物联网感知数据语义模型

关于物联网时空信息描述和建模方面，目前尚未见成形的研究和成果。现有的研究仅针对单一的 RFID 应用，而且仍处于起步阶段，研究成果较少。

然而，阅读器的观测值是原始数据，并不能提供明确的语义含义。它们必须在集成到应用程序前转换为用自己的数据模型正确表示的语义数据。因此，将物理世界转换为其对应的虚拟世界，即 RFID 数据建模，成为管理 RFID 数据和支持业务应用的第一步。RFID 应用的多样性以及 RFID 数据的独特性对 RFID 数据建模构成新的挑战[45]。

第一个挑战是 RFID 应用的多样性。①标记的多样性。EPCglobal[46]定义了五类标签，从只读到读写。②阅读器的流动性。阅读器要么安装在固定位置，让阅读标签在阅读器的阅读范围内，要么四处移动并通过靠近标签来阅读它们。③实体表示。标签可以被附着到对象上，充当对象的代理，除标签外，手持或可穿戴的阅读器也可以与对象进行联系。这些多样性使 RFID 应用更加广泛，使其难以概括成一个统一的数据模型。

第二个挑战是独特的 RFID 数据的特征。①RFID 数据在本质上是暂时的。RFID 应用动态生成观测值，这些观测值可能包含状态的改变，如位置的变化和控制的改变。②RFID 数据具有隐含的语义，必须在数据模型中被推断和明确地表示。RFID 标签(甚至阅读器)可以作为现实世界对象的代理，这些标签的活动/运动代表了应用逻辑。

RFID 数据建模方面比较典型的研究如文献[47-51]，这些研究解决了一定的时间和位置的动态关联，但是对于时间和空间没有统一的定义，在一定程度上存在歧义和不一致性。

开放地理空间信息联盟针对传感器网络之间缺乏相应的集成和通信而导致的海量数据孤立存在、数据之间没有关联性这一问题，提出了语义传感器(semantic sensor web，SSW)概念[25]，采用“空间、时间、主题”三维语义元数据去解析感知数据。关于传感器数据的时间、空间和主题语义，目前 SWE 仅做了简单的概念性描述(如用空间坐标和时间戳去标注)，但并不能表示更抽象或更复杂的概念及关系(如时间段、具体领域概念或空间区域位置等)[30]。关于 RFID 和传感器网络语义数据处理，目前仅针对相对单一的 RFID 或传感器网络应用，而物联网数据则更加多元化、异构化、复杂化，上述方法并不能完全实现物联网时空数据的描述和表达。

目前，语义和本体技术应用于物联网方面的研究主要集中在传感器描述和感知数据建模方面。SENSEI 项目[52]开发了无线传感器网络全局服务接口框架，该模型中的核心概念是资源，模型中将所有的传感器、执行器和处理器等建模为资源。这些资源由一系列关键词描述，利用本体技术描述资源的位置、类型、功能等。OntoSensor 结合了 SensorML 和 IEEE SUMO 所提出的方法，构建了基于本体的传感器描述模型，但该研究没有给出传感器观察和测量数据描述模型。Sensor Data Ontology[36]则是专门针对传感器观察和测量数据的描述而开发的本体模型。此外，W3C 语义传感器网络(semantic sensor network，SSN)孵化小组已经研究了如何利用本体描述传感器网络，即采用比较高层的概念模型对感知设备及其性能、平台及其他相关属性进行本体化描述。不过 SSN 本体并没有包含对感知数据的兴趣特征、测量单元、领域知识等的建模，而且 SSN 本体对感知设备、观察和测量数据及平台方面的描述并不能直接扩展到物联网领域其他组件的描述和标记中。CSIRO 传感器本体作为 SSN 本体的前身，最大的缺点是没有提供对感知数据的描述，自然也就没有对感知数据的领域知识、测量单元、位置等的描述，而 SemSOS 和 O&M-OWL 本体[41]解决了该问题。SemsorGrid4Env 项目[53]基于传感器网格结构，提出了传感器 Web 服务本体模型，其服务接口遵循 ISO19110 标准，在感知数据标注方面，引用了 NASA SWEET 本体[54]中的时空元数据概念，而且引用了 SSN 中的属性和兴趣特征以描述感知数据。SemsorGrid4Env 比较适合于描述自然现象中的传感器服务。若要描述物联网中具备更为复杂特性的“物”，上述方法显然是不足的，还需开发更为通用的描述模型，而且上述研究主要关注的是传感器网络本体的建立及感知数据的描述和表示，对于信息的时空特性研究甚少。

2.3　物联网感知数据语义标注

如果将本体看作简化了的知识库，那么从本体的角度来看，添加实例，即进行语义标注，可视为丰富本体的过程。如果站在语义 Web 的角度来看，语义标注便是语义信息的发布过程：用户依据一定的本体，为页面添加语义信息。Hendler 指出[55]：实现语义 Web 的关键是使得一般 Web 用户能够创作机器可读的 Web 内容。语义标注应作为通常的计算机应用的一个副产品。

2.3.1　语义标注概述

语义标注是解决物联网异构行之有效的技术，它为设备所获取到的数据资源提供结构一致且明确的语义描述，有利于物联网实体设备之间更好地理解彼此所产生的数据信息含义，从而提高数据的利用率。在物联网领域使用语义标注，为描述物联网资源和数据提供了机器可读和机器可以解释的元数据。一个需要考虑的关键问题是机器可以解释的数据不一定是机器可以理解的数据。

语义 Web 技术包括定义明确的标准、描述框架(如 RDF、OWL、SPARQL 等)，以及各种用于创建、管理、查询和访问语义数据的开源和商业工具。然而，这并不能消除信息分析和智能方法的关键作用，它们可以处理和解释数据同时创建有意义的抽象。语义标注可以促进设计更有效的机制来充分利用和集成物联网数据，但数据的自主和无缝的集成仍需要有效地推理和处理机制。要实现语义 Web 服务，关键要创建机器可以理解的 Web 服务语义标记，同时还需要开发代理技术，利用这种语义标记来支持自动化的 Web 服务组合和互操作。开发标记和代理技术的关键推动因素是 Web 服务语义标注的自动化，包括自动 Web 服务发现、执行以及组合与互操作等，通过语义标记和代理技术实现对感知数据的自动语义标注。但对于目前的网络，上述三个任务没有一个是可以完全实现的，主要是因为缺乏内容的标记和一个合适的标记语言。学术界关于 Web 服务发现的研究产生于代理媒介的研究，如百灵鸟系统[56]，它提出了一个标注代理功能的表示方法[57]。

Suparana 等在 SENSEI 项目和 SSN 本体模型的基础上构建了物联网实体模型、资源模型和服务模型，这些模型不仅支持物联网领域不同部件之间的关联，还提供一种语义标注框架。语义标注可以把模型数据表示成关联数据，也可以和 Web 上现有的数据，尤其是关联的开放数据进行关联[29]。

手动和自动标注以及关联过程也是处理详细的语义模型的一个重要问题。语义标注由谁提供，每个组件的数据如何与物联网领域的其他数据和资源以及网络世界的现有数据(即 Web 数据)进行关联，这是物联网感知数据语义标注需要解决的问题。文献[58]提出了一种中间件解决方案，使用预定义的模板模型为已知类型的感知器提供语义标注。类似的方法也可用于物联网领域已知类型的资源、实体和服务。资源间的关联规则也支持线下的推理过程，该过程分析、注释同时发现基于不同方面的不同实体、资源和服务之间的关系，如位置、类型和域的属性等。

2.3.2 物联网语义标注语言

1) 可扩展标记语言

XML是W3C组织于1998年推出的一种用于数据描述的元标记语言标准。作为标准通用标识语言(standard generalized markup language，SGML)的一个简化子集，它结合了SGML丰富的功能和HTML的简单易用，同时具有可扩展性、自描述性、开放性、互操作性、可支持多国语言等特点，因而得到了广泛的支持与应用[59]。

对于作为物联网数据交换标准的格式来说，XML具有以下显著优点。

(1) 可定义行业或领域标记语言。XML可以用DTD或者Schema来定义，一份遵循DTD或者Schema定义的XML文档才是有效的。因此，XML可以针对不同的应用建立相关的标准语言，如化学标记语言(chemical markup language，CML)、数学标记语言(mathematical markup language，MathML)、语音标识语言(voice extensible markup language，VoiceXML)等，包括目前物联网中很多已经存在的标准都是基于XML定义的。

(2) 具有结构化的通用数据格式。XML使用树形目录结构形式，可以自行定义文字标签并指定元素间的关系，同时它也是W3C公开的一种数据格式，没有版权的使用限制，因而十分适合作为不同应用程序之间的信息交换格式。

(3) 可提供整套方案。XML拥有一整套技术体系，如可扩展样式表语言XSL、数据查询技术XQuery、文档对象模型DOM等。

由于XML具有诸多的优点，因此，XML成为许多应用领域的首选信息表示格式。同样，XML也非常适合于物联网中的信息传输，同时，它还可使得各种物联网终端能够和当前的互联网实现很好的对接。因此，物联网的数据交换标准应该是一种基于XML的标记语言，而且，从目前已经存在的数据交换标准来看，也确实如此。然而，XML具有一定的语义局限性，它具有语义表达能力，却没有语义透明性，它允许用户在文档中加入任意的结构，而无需说明具体含义，但其缺乏数据表达式与相应概念之间的统一性。计算机程序不能确定XML标记的预期的解释。例如，计算机程序将无法识别数据<SALARY>和数据<WAGE>具有相同的信息，或在一个Web服务供应商的网站上指定的<DUE-DATE>可能和买方网站上指定的<DUE-DATE>不一样。

2) 物理标记语言

1999年，由麻省理工学院成立的Auto-ID Center在美国统一代码委员会(Uniform Code Council，UCC)的支持下将RFID技术与Internet结合提出了产品电子编码(electronic product code，EPC)的概念，目的在于搭建可以识别现实事物，并且可以识别这个事物的位置这样一个开放性全球网络，这成为后来的 EPC 网络，也就是物联网。物理标记语言(physical marking language，PML)作为 EPC 的组成部分，用于标记物品信息的计算机语言标准，它基于可扩展标记语言 XML 发展而来。PML 通过一种通用的、标准的方法来描述我们所在的物理世界，它具有一个广泛的层次结构。PML 的目标是为物理实体的远程监控和环境监控提供一种简单、通用的描述语言[60]。

现实生活中的产品丰富多样，难以用一个统一的语言来客观地描述每一个物体。然而，自然物体都有着共同的特性，如体积、重量；企业、个人交易时也有着时间、空间上的共性。物理标记语言 PML 是在可扩展标记语言 XML 的基础上扩展而来，被视为描述所有自然物体、过程和环境的统一标准。在 EPC 网络中，所有有关商品的信息都以物理标记语言 PML 来描述，是 EPC 网络信息存储和交换的标准格式。

PML 是一个标准词汇集，主要包含了两个不同的词汇，PML 核及 Savant 扩充。如果需要的话，PML 还能扩展更多的其他词汇。PML 结构如图 2-1 所示。

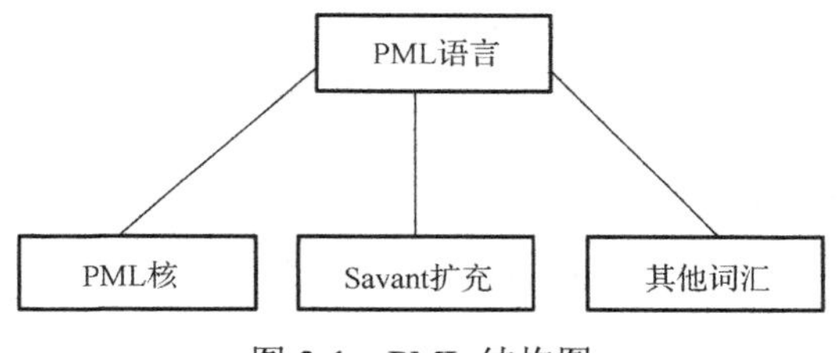

图 2-1　PML 结构图

PML 核是以现有的 XML Schema 语言为基础的。在数据传送之前使用 tags(标签，不同于 RFID 标签)来格式化数据，它是编程语言中的标签概念。同时，PML 应该被所有的 EPC 网络节点(如 ONS、Savant 及 EPC-IS)理解，使得数据传送更流畅、建立系统更容易。Savant 扩充则被用于 Savant 与企业应用程序间的商业通信。

3) 转换器标记语言

对于物联网的迅速发展，数据交换标准已经成为其关键。转换器标记语言(transducer markup language，TML)作为传感器数据传输的一种标准化语言，将对未来的物联网发展起到很重要的作用。

TML 不仅可用于描述从传感器获取的信息，而且可以描述必要的过程信息和理解转换器数据的信息。之所以用 Transducer 比 Sensor 更贴切，是因为 Transducer ML 除了描述从传感器获取的数据外，还需要描述从执行器获取的数据。转换器标记语言不仅要处理静态数据，还需要处理转换器的数据流。转换器标记语言允许将传感器获取的实时信息加入信息流或从信息流中删除。转换器标记语言对于过程信息的描述包括标度、运行环境、设备设置、传感器性能和特征，以及多元组系统中的传感器交互关系和系统行为。此外，转换器标记语言还包含逻辑模型、行为模型、传递函数等处理数据过程的重要信息。转换器标记语言能够确定获取数据的精确时间，因而可以准确知道单个传感器测量某一物理现象的时间，并且清晰地获取潜在或延迟的信息。这就使得确定获取数据点的时间更为精确，同时有助于在数据点和事件之间的插入操作[61]。

2.3.3 物联网语义标注方法

语义标注是根据有关概念集为网页(包括网络上其他格式的资源)及其各个部分标注概念类、概念属性和其他元数据的过程，是语义推理的基础。语义标注的方法目前来说有 3 类[62]。

(1)人工标注。由专门人员确定标注资源适用的概念集、解析资源内容结构、选择元数据元素、建立用 RDF 或 HTML 语言标记的语义数据。这个过程往往在一定编辑器、概念集和标注过程知识库支持下进行，是一个智力密集和劳动密集过程，难以应付浩瀚和不断变化的网络资源。

(2)领域文档类型定义(DTD)和文档模式进行概念映射和标注。由于 SGML/XML 文档的 DTD 或 Schema 详细定义文档内容结构和各内容元素，我们可以建立特定概念和特定 DTD/Shcema 之间的映射关系，从而自动地将 SGML/XML 文档中的 DTD/Shcema 内容元素标记转换为对应的概念元数据标注。但由于 DTD/Shcema 的适用领域及其体系结构往往不协调不兼容，因此难以准确映射，还需要人工进行审查和修改。

(3)利用词汇语义分析进行标注。自动词汇抽取和分析技术已较成熟，可在此基础上建立词汇集合与概念类别之间的映射关系，然后通过自动词汇分析找出文档或文档片断的概念类别，甚至与其他类别的语义关系，利用这些概念类别进行标注。该标注方法最好限制在一定的应用领域和资源类型内，而且需要进行人工审查。

2.4 物联网感知数据语义关联

2.4.1 关联数据概述

关联数据(linked data)的概念由 WWW(world wide web)的发明者，被誉为互

联网之父的 Berners-Lee 于 2006 年在《关联数据笔记》中首次提出，在该文中他提出了发展数据网络的思想，而数据网络的核心和关键则是关联数据[63]。

2007 年 5 月 W3C(world wide web consortium)关联开放数据项目正式启动，其目标是号召人们将现有的数据公布成关联数据，并将不同数据互联起来。关联数据提出的目的是构建一个计算机能理解的具有结构化和富含语义的数据网络，而不仅仅是人能读懂的文档网络，以便在此基础之上构建更智能的应用[64]。

2009 年在 TED 大会上，Berners-Lee 提出关联数据就是一箱箱数据，当通过开放标准关联在一起时，从中可以萌发出很多新事物和新应用[65]。基于现有的研究可知[66-68]，关联数据就是语义网技术的核心和关键，它提供了在语义网中使用 URL 和 RDF 发布、分享、链接各类数据及信息和知识，部署实例数据和类数据，以及将不同的资源进行关联的方法，从而使得人们可以通过 HTTP 协议解释并获取这些数据。它通过建立已有信息的语义标注和实现数据之间的相互关联，进而形成有益于人机理解的语境信息[69]。

Berners-Lee 提出关联数据需要遵循四个方面的基本原则，获得了业界的广泛认同[70]：①使用 URI 作为事物的标识名称；②使用 HTTP URI 让任何人都可以访问这些标识名称；③当有人访问某个标识名称时，通过机器或者人工提供与查阅的 URI 相关的信息(采用 RDF、SPARQL 标准)；④尽可能提供相关的 URI 链接，以使人们可以发现更多的信息。

2.4.2　数据关联方法

1)关联数据的发布方法

关于如何发布关联数据目前还没有指南性的文档，但已有许多不错的参考资料，如《如何在网络上发布关联数据》教程[71]和《部署链接开放数据：方法和软件》[72]。除此之外，还有一些使用 URI 的推荐方法，如 W3C 的工作草案《语义万维网的“酷”URIs》[73]。关联数据发布的关键之处在于积极地使数据单元之间的联系具有一定的语义(属性或关系，即三元组中连接主客体的“谓词”)，它利用 URI 进行对象标识，并通过 HTTP 协议进行揭示和访问。

2)关联数据的发布工具

实际上大量已存在的数据并不满足关联数据的原则，于是关联数据的推动者开发了一系列实用工具，来协助完成传统数据向关联数据转化。常见的关联数据发布工具有以下几种。

(1)实现关系型数据库 RDF 转化的工具。①D2R[74]。利用 D2R 可以将关系型数据库的数据转换为虚拟的RDF数据进行访问。D2R主要包括D2R Server，D2RQ Engine以及D2RQ Mapping语言。一般来讲，数据库的数据规模都比较大，且内容经常发生变化，转换为虚拟的RDF数据空间复杂度会更低，更新内容更加容易，因此D2R的应用更加广泛。②Triplify[75]。Triplify是一种小型的Web应用插件，能将关系型数据库发布成真实的RDF数据。基于重新映射HTTP URI请求，Triplify可以分析查询所返回的数据，能将HTML DOM数据以RDF格式序列化输出，从而揭示出关系数据库中所保存数据的语义结构。Triplify有利于中小型的Web应用参与到语义网中来，因为不需要为建立和维护大规模的语义定义而付出大量的努力，支持开发人员拓展关联数据在Web环境下的应用。

(2) 直接生成RDF数据的工具。①Virtuoso Universal Server[76]。该工具可以经关联数据界面或一个SPARQL端点将数据转化为RDF数据，且可直接存储于Virtuoso中；②SparqPlug[77]。它能从网络上的传统HTML文本(不包括PDF数据)直接抽取关联数据，能将HTML DOM数据以RDF格式序列化输出，并允许用户自定义SPARQL查询。

(3) 其他发布RDF数据的工具。①Pubby[78]。Pubby能拓展支持SPARQL访问的RDF存储功能，它将URI请求转换成潜在RDF数据查询语言SPARQL，还能提供简单HTML浏览调用数据库。②Talis platform[79]。Talis是一款通过HTTP访问，并提供RDF或关联数据存储的软件服务平台。访问权限允许的话，每个Talis平台存储的内容都可以通过一个SPARQL端点和一系列符合关联数据原则的REST API访问。

2.4.3 关联数据的相关应用

自2006年以来，关联数据得到了广泛的认同和快速的发展，至2009年7月RDF三元组已超过47亿个，涉及网络通用本体、大型传媒、商业企业、政府部门、图书馆、学术出版、搜索引擎等众多领域。随着大量关联数据在网络上的发布，越来越多的组织和个人开始加强对关联数据的研究和应用。Michael Hausenblas将关联数据的应用分成四大类[80]：①内容再利用，如市场研究工具BBC's Music Beta；②语义标签，如Faviki、Revyu；③综合提问应答系统，如DBpedia mobile、Semantic CrunchBase Twitter Bot；④事件数据管理系统，如OpenLink's Calendar等。关联数据的应用研究主要集中在多媒体、文献出版物、生命科学、地理科学等领域，其中地理和生命科学应用领域相对广泛。

关联数据方法也被应用到物联网领域，通过提供语义数据并将这些数据链接到其他领域独立的资源，如位置信息和语义标记等。关联数据方法可以使得通过不同模型和本体描述的资源互连，同时将数据关联到现有的领域知识和资源，也使描述更具互操作性。在数据关联过程中，可使用查询语言查找物联网资源的实例，如 SPARQL 语言。

关联感知数据是一个在 Web 上使用关联数据最优方法表示和发布传感器描述与传感器观测的方法。发布传感器数据作为关联数据使得传感器数据发现、访问、查询和解释成为可能。Patni 等针对美国气象站开发了一套包含大约 20000 条描述和 1.6 亿多个传感器观测值的链接数据[81]。源自犹他州大学气象部门的一个项目 MesoWest[82]的数据，已聚集了自 2002 年以来的天气数据。每个气象站平均测量约六类传感器现象，如温度、可见性、降水、压力、风速、湿度等。除了位置属性，如纬度、经度和海拔，还有链接到每个气象站附近的 GeoNames[83]中的一些地点。这个数据集已经与语义上被授权的 SemSOS 成为一个整体，并且已经被用于授权基于指定位置的感知发现查询，而不是经度和纬度坐标，如获取代顿国际机场附近的传感器。

Sense2Web 提供了图形用户界面，通过使用从关联开放数据云获取到的概念(如 DBPedia[84]和 GeoNames)以及其他领域本体，来标注物联网数据(即资源描述，现实世界中的实体和服务)。Sense2Web 也实现了 RESTful 接口，可以直接发布、访问和查询关联的物联网数据。这个平台提供了两种不同的方法来关联数据：第一种方法使用公开可用的关联数据资源作为领域知识来标注资源；第二种方法通过发布带标注的数据作为关联数据资源。

Sense2Web 平台提供了 H2M 和 M2M 两个接口用于发布物联网数据以及将其与现有的网络词汇相关联。平台支持的核心功能是基本的 CRUD 方法，即创建(create)、读取(retrieve)、更新(update)和删除(delete)，用于与物联网实体和资源交互，在这种情况下将转换成创建、读取、更新和删除的物联网概念描述。

以上是关于关联数据原则如何提高对物联网数据的访问、查询、过滤和集成的实例。关联开放数据也可以作为一种主要的知识来源用于注释物联网数据。这不仅促进了现有知识的重用，而且使得设计新颖的物联网资源和服务发现方法成为可能。分析这种关联和语义描述也可以支持不同数据的集成以及来自数据高层抽象的构建，如事件或认知。

2.5　物联网感知数据存储和查询

2.5.1　感知数据存储方法

应用的迅速发展使针对 RFID 技术的研究也随之迅速发展起来。RFID 数据存储和管理技术的研究主要集中在两个领域：电子装置、组件，以及通信技术；存储和管理 RFID 数据的算法、软件架构。下面介绍目前部分 RFID 数据存储和管理技术的研究成果[85]。

1)RFID 中间件

当前许多公司正在开发有效的平台来更好地管理和利用 RFID 数据，通过开发性能良好的中间件来提高存储和查询效率。中间件可放置在企业 RFID 网络的端点上，也可以放置在企业中心服务器，加快数据的采集、存储和查询。中间件可看作是 RFID 系统运作的中枢，独立并介于 RFID 阅读器与后端应用程序之间，能够与多个阅读器及多个后端应用程序连接以减轻构建与维护 RFID 系统的复杂性。除此以外中间件还与其他应用层协同工作，读取数据并将数据送到数据库系统，许多中间件还解决 RFID 系统的数据安全性问题。从企业的角度看，中间件扮演着控制中心的角色，能够提高数据存储、查询和运行效率，并使整个运作流程有着更高的可视性和控制。全球提供 RFID 中间件的供应商包括 IBM、Sun、SAP 等。

2)RFID 位图存储算法

RFID 系统在运行时不断产生大量实时数据，RFID 系统中得到的原始数据一般以(EPC，地点，时间)形式存在。如何确保 RFID 系统有能力处理如此海量的数据并使其得到高效率的利用是 RFID 技术进一步获得发展的关键。

Oracle 公司的研究人员利用位图结构来优化 RFID 数据库[86]。位图数据结构是布尔值的排列，最好的情况下八个排列的元素刚好可以储存到一个字节中，用 EPC_bitmap 的数据结构来实现 Oracle 中 RFID 数据的处理、查询和管理，有效地进行数据维护、转化以及运算。该方法的基本思想是：当需要查询某个物体的信息时，先找到它所属的某个组，这比查找单个物体的效率要高，组的划分是根据物品的某种性质来决定的。EPC_bitmap 代表一组 EPC 的集合，普通的 EPC 代码与 EPC_bitmap 结构的转换方法如图 2-2 所示。Epc_bitmap_segment*i* 是 Epc_bitmap 中的第 *i* 段，Epc_bitmap_segment 用来代表 EPC 码的集合，其中的 EPC 码有共同的前缀。Epc_length 说明商品所用的 EPC 码长度，Epc_suffix_length 是 EPC 码后缀的位数，Epc_prefix 表示共同的前缀，Epc_suffix_start 存放集合中最小的 EPC 后缀，Epc_suffix_end 存放最大的后缀，Epc_suffix _bitmap 存储对集合中 EPC 后缀的位图压缩表示。EPC 集合以产品的某种属性来划分。通过位图数据结构的操作集合对其进行访问和操作。这些操作包括转换、两个 Epc_bitmap 的逻辑运算、成员检测操作、比较操作、维护操作。与普通的 RFID 系统相比，所需的存储空间仅为原来的 1/5 到 1/2。

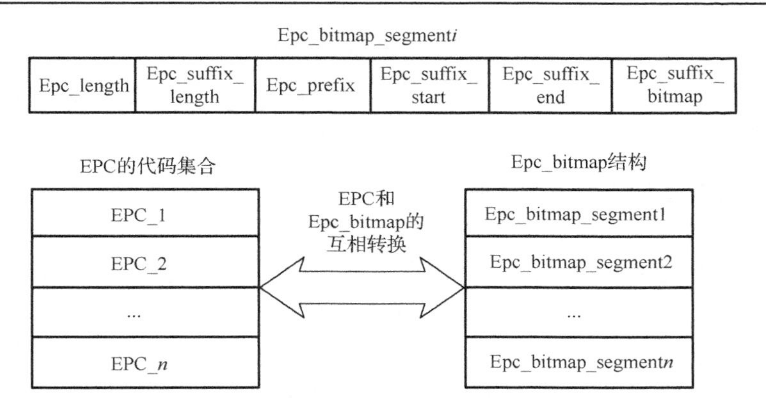

图 2-2　EPC_bitmap 结构

3) RFID-CUBOID 算法

RFID-CUBOID 模型考虑到物品在移动过程中的特点及应用领域的查询要求，提出了路径查询的概念，分离出专门的结构来存储动态路径信息，其他信息另外存储，也强调了对路径信息的存储和计算[87]。该模型主要由 STAY、MAP 和 INFO 三个关键结构组成，用 0 和 1 组成的字符串 GID 来代表运动过程相同的一批物品，如图 2-3 所示。GID 数据最终指向 EPC 代码，物品之前批次的 GID 数据是随后 GID 的前缀。INFO 数据记录了静态属性信息，MAP 结构描述了 GID 数据间的前缀关系，STAY 数据是物品停留时的时间和地点信息。

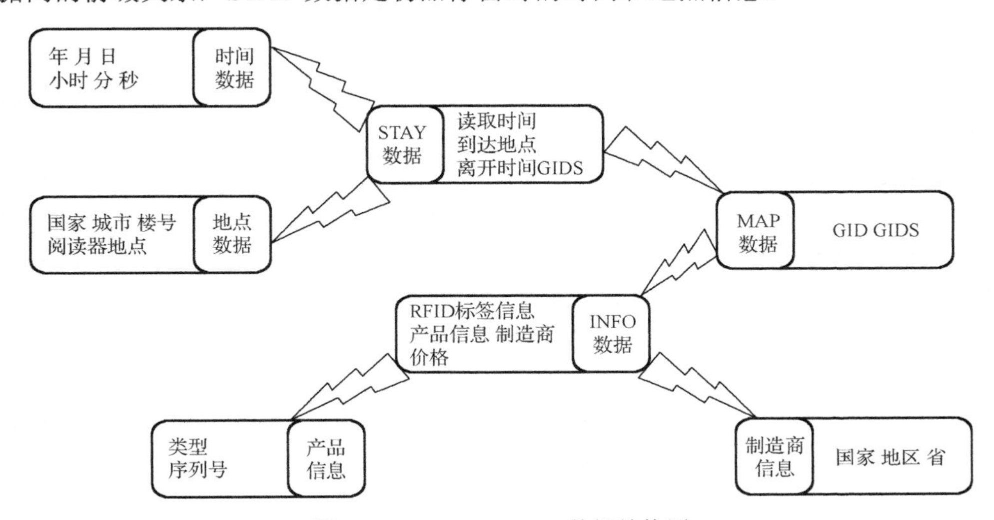

图 2-3　RFID-CUBOID 数据结构图

通常同批次移动的物品数量总是逐渐减少的，GID 和 MAP 结构充分地利用了这样的特点，为数据压缩和查询效率的提高提供了很好的基础。同时这种结构满足了不同用户对静态信息不同抽象层次的需求以及对路径信息的要求，通过对三种结构进行关系查询操作就能准确地获得查询结果。

4) 基于点对点结构的 RFID 系统

基于点对点(peer-to-peer，P2P)结构的方法提出了可追踪性的概念，并将点对点计算和 RFID 技术相结合，在处理查询操作的时候将在本地服务器上进行的本地查询和在 P2P 结构中全部服务器上进行的全局查询结合起来[88]。这种方法将 RFID 查询分为三类：来源与发展查询、归队查询、材料单查询。来源与发展查询获取物品完整的历史信息；归队查询操作能查到物品当前所在的地点，通过在观察事件中找到此物品最后出现的地点，就可知道它停留在哪里；材料单查询完成同物品装配和拆卸有关的查询，通过对有父亲-孩子关系的数据进行递归查询来完成。以上三种查询类型综合起来可以满足大多数可追踪性查询的要求，这些查询要通过不同组织之间的合作来完成，使各组织之间可以充分而安全地共享信息。

2.5.2 感知数据查询方法

为了提取知识同时增强与物联网资源的交互，对语义描述的处理和分析依赖于语义数据的有效查询、分析和处理以及资源之间的关联。目前已经有一些查询语言如 SPARQL、SeRQL 等支持语义网数据查询。用于感知数据查询的语义 Web 技术包括明确定义的标准、描述框架(如 RDF、OWL、SPARQL 等)、开源和商业的工具。

当前语义 Web 查询机制主要基于 SPARQL。物联网数据通常是流的形式且以不同的类型分布于不同的网络，这些数据还具有异构性、分布式和实时性等特点，这些数据的实时性以及数据属性的实时变化，使得物联网的查询机制需要具有处理这些动态性和敏捷性的能力。查询和处理大规模的语义描述也是另一个重要问题。目前已经有成熟的解决方案来处理大规模的语义描述，然而物联网环境的变化要求更高效的查询和处理技术。例如，在物联网系统中，资源可以随着时间的推移出现和消失，数据可以来自于不同的异构资源，为了事件检测需要进行数据流的实时处理。过去，物联网知识和数据工程的工作主要集中在发展物联网数据的基础设施，如发布、查询和访问。因此，很少关注可以被用来处理物联网数据的智能数据处理，可将其集成到现有的业务流程同时创建情景感知。

1) 感知数据查询系统

人们能从阅读器读入的 RFID 数据获得丰富的信息，而 RFID 数据和传统在数据库中存储的数据有很大的不同，这就要求我们能够充分地分析出 RFID 数据的不同，并且提炼出符合实际应用背景的数据。RFID 数据特征如下：①原始数据结构简单；②时态性、动态性和关联性；③丰富的隐含语义；④冗余性、异构性和实时性；⑤流动性、批量性和海量性。

一个好的查询语言可以针对 RFID 数据特征对事件流进行更有效率的查询。在事件流管理系统中，虽然语言的设计和实现仅仅是整个系统中的一个模块，但它作为用户和系统进行语义交换的媒介，很大程度上体现出事件流管理系统的功能、特性和机制。而对于 RFID 事件流的查询一般是对事件流上的数据不断查询，当有时间限制或者条件限制的时候才退出查询。系统中注册若干查询语句，每一个查询语句在运行过程中不断检测，如果设计一个查询语句能够对 RFID 环境给予更好的查询，可以很大地提高查询效率，给予系统更好的优化。下面介绍目前比较典型的感知数据查询系统。

(1) SASE 系统。

SASE 系统[89]是由美国加州大学伯克利分校开发的，SASE 系统提供扩展的事件语言、事件查询处理器和操作优化策略等，实现了 RFID 设备的数据采集和清洗、基本事件生成、复合事件处理、事件归档以及对事件的查询。SASE 是一种复杂事件声明和描述的语言，它结合了过滤、关联和事件转变。SASE 可以用来指定单个或多个事件在时间和属性上的约束规则，以此来查询复杂事件。SASE 同时也是当前复杂事件中运用最多的模式查询定义语言。SASE 的语法规则如下：

```
PATTERN        <Event_expression>
[WHERE         <Qualification>]
[WITHIN        <Sliding_window>]
```

该语言的语义大致阐述如下：PATTERN 子句用于指定和输入流进行匹配的事件模式，Event_expression 表示事件表达式，由基本事件、复杂事件和事件操作符组成；WHERE 子句通过对谓词表达式的逻辑真假值进行判断来过滤事件，Qualification 通常是简单的或参数化的谓词的与或形式的布尔组合，其中的谓词表达式由关系运算符连接属性构成，可以是对某个属性的取值进行判断，也可以是对不同事件的属性进行比较；WITHIN 子句进一步指明针对时间模式的一个滑动窗口，Sliding_window 表示该查询的生命期，即最大生存时间，单位自带，它从复杂事件的第一个输入事件开始计时，直到该时间结束。

(2) Cayuga 系统。

Cayuga[90]是由 Demers 等首次提出的，并将它运用于分发/订阅系统中。Cayuga 系统提出了扩展的查询语言，通过自定义的自动机模型和内部命名方法来高效地检测复合事件，它允许用户采用参数化和集成化方式来表述订阅语句，因此，Cayuga 在很大程度上扩展了分发/订阅系统。Cayuga 查询结构的语法规则如下：

SELECT　< attributes >
FROM　< stream expression >
PUBLISH　< output stream >

SELECT 类似于 SQL 语句中的 select 子句，它标明了输出模式中所包含的属性，使用者可以用 as 结构对属性进行重命名。FROM 子句标明了事件的来源。PUBLISH 是最后的输出形式。Cayuga 还提供了筛选器 FILTER，它能根据需要来对事件进行筛选[91]。

(3) Snoop 系统。

Snoop 系统在数据流查询器的基础上，集成了连续事件查询器，利用规则检测数据流上的复合事件，考虑了高效的增量维护算法。Snoop 是基于主动数据库提出的一套复杂事件管理语言。原子事件或者复杂事件可以通过运算转换成新的复杂事件。通过 Snoop 的相关操作符可以将原子事件组合成复杂事件，也可以将复杂事件组合成复杂事件。Snoop 系统是基于 ECA (event condition actions) 规则的改进。

ECA 规则就是事件-条件-动作规则，是一种将事件触发规则和面向对象、事件驱动结合起来的方法。ECA 规则最早使用在数据库共享领域中，因为其对触发式系统的描述具有简洁和清晰的特征，同时还能够简化规则数量[92]。

一条完整的 ECA 规则可以表述如下[93]：

On　<Event>
If　<Condition>
Do　<Action>

事件的发生会自动触发一个查询机制来检查对应的条件是否满足，这个条件决定系统是否在特定的状态。如果条件得到满足，动作将会执行。ECA 规则可以使程序根据事件发生时的情况，主动判断系统的状态，进而自适应地完成相应的处理和操作。同时，ECA 规则会在规则库中进行统一的存储和管理，增强了规则的模块化、可维护性和重构性。Snoop 就是基于上述 ECA 规则改进而来的，故 Snoop 的语法规则与之类似。

2) 感知数据查询工具

大多数处理一些指定要求的物联网数据的工具被开发，用于支持数据查询同时彻底扩展现有的查询语言的标准功能(如 SPARQL)。stSPARQL 和 stRDF 从时空维度上扩展了 SPARQL 查询语言和 RDF 表示方法以方便传感器数据的查询，这些数据大部分是与时间和地点相关的[94]。连续 SPARQL(即 C-SPARQL)和流 SPARQL 是 SPARQL 查询语言的其他扩展，用于支持数据流上的连续查询[95,96]。事件处理 SPARQL(EP-SPARQL)是对 SPARQL 的一种扩展，它可以处理复杂事件和流推理。它是专为及时发现复合事件流中基于语义推理的简单事件与背景知识而设计的[97]。SPARQL 查询语言可以用于构造查询以探索语义描述。

在语义 Web 研究过程中开发的大多数工具可以用于物联网资源和数据查询、浏览(用于关联的传感器数据)、推理等。然而，大部分的物联网数据处理有自己的特点且需要以特定的方式进行处理。例如，物联网产生大量的流媒体数据，这些数据需要能够处理大型数据吞吐量的、持续的和及时的处理方法，同时执行语义推理。这也能使物联网的系统通过处理和解释与连续更新的事件相关的新的观察结果来持续更新它们的背景知识，这些事件被称为连续语义[98]。

3)感知数据查询技术

传感器网络是以数据为中心的网络，传感器网络应用的最终目的是对目标进行监控并为用户提供有效的信息。一个传感器网络可能包含成千上万个能量严重受限的传感器节点，这些节点产生大量的数据，这些数据往往需要传送到基站或发送到用户做进一步的处理。如何快速有效地获取这些数据，并最大限度地节省数据收集所耗费的能量，尽可能地延长传感器网络的寿命就成为传感器网络研究中的重要课题[99]。许多文献提出了卓有成效的传感器网络数据查询技术，一些数据查询原型系统如 TinyDB、Cougar 等已经开发出来。目前，数据查询已经成为解决传感器网络数据收集的有效技术，并成为传感器网络研究中的一个热点领域，如何有效并快速地进行这些典型的 RFID 数据查询成为物联网中数据查询研究的重中之重[100]。

(1)查询解析。

传统数据库中的查询语言，并不适合在传感器中执行，用户提交的查询进入传感器网络时，需要传感器能够解析和执行查询语言。在无线传感器网络查询语言方面，Jaikaeo 提出了一种 SQTL(sensor querying and tasking language)传感器网络查询语言[101]。Cougar 系统[102]对 SQL 语言稍做修改后提出了声明式(declare)查询语言；在 TinyDB 中，Madden 等介绍了一种获得式查询语言(acquisitional query language)[103]，它们都是类 SQL 的查询语言。斯坦福的研究人员在对连续数据流的查询方法的研究中，提出了一种 CQL(continuous query language)语言[104]，支持对流数据的管理。传感器网络中的数据作为流数据的一种，也适用于这种语言。Hartig 等提出了关联数据查询语言(linked data query language, LDQL)，用于查询 Web 上的关联数据[105]。传感器网络的查询，并不一定需要像传统数据库中那样的规范化的语言，有的只是触发传感器的感知过程，并将结果返回。

(2)查询的优化。

为了快速地执行查询过程和获得查询数据结果，索引技术是非常有效的方法，传感器网络的索引是在最小化利用网络和计算资源的条件下，通过数据聚集和网络链接设计的分布式索引模式。由于传感器网络中大部分是流数据，而且网络的拓扑变化比较大，设计的索引必须能够自适应聚集数据节点的变化以及网络链路发生的变化。如果数据存储在多个数据中心，多个查询可能将涌入一个数据中心，引发该节点成为网络瓶颈，文献[106]提出一种将数据流在本地存储，并且将概要内容路由到其他数据中心的方法，避免泛洪查询整个网络引起网络拥塞的情况。GHT 方法[107]提出了一种基于键/值的分布式索引方法，每个事件赋予一个键，通过这些键可以恢复事件属性，在 GHT 中，利用哈希(Hash)算法将这些键对应到一个节点的地理位置，传感器将获得的数据存储在其周围最近的键节点处。根据这些键对应的地理位置进行查询，路由到这个位置附近的节点，获得查询结果。DIFS[108]在 GHT 的基础上，提出了一种基于四分树的索引方法，在所有的子节点基础上构建一个直方图，但是会带来根节点访问过多的问题，其采用四分树对网络中存储的数据进行分层的组织形式，父节点存储 4 个子节点的信息，以此类推进行存储。Park 等在文献[109]中提出了一种基于最小包围框的空间数据索引方法，将传感器组织成 R 树结构。在每个最小包围框中的传感器有预先聚集的数据集，当执行带有空间范围的查询时，从根节点出发根据最小包围框到达目标传感器，将传感器中聚集的数据发回。和泛洪方法相比，减少了响应时间，节约能量。此外还有支持多维查询的分布式索引结构(distributed index for multidimensional data，DIM)[110]，基于小波变换的 DIMENSION 系统[111]等。文献[112]针对当前用户数据查询方法采用多跳传输、数据查询能量消耗大、查询速度慢等缺点，基于蚁群优化提出无线传感器网络通信中用户数据优化查询方法。通过对网络节点进行分簇来减少用户查询数据的传输跳数；在各个簇首节点设定过滤器值对用户数据过滤，减少冗余数据传输；当所有过滤后的数据查询消息和查询结果都在相同链路上进行时，通信能耗过大，采用蚁群算法来优化通信能耗，通过对链路上的信息素进行调整，使用户数据查询分散到不同的路径上，实现均衡通信能耗的用户数据查询优化。

查询的优化在数据库系统中是研究比较深的问题，但是在传感器网络中，查询的解析和执行不同，优化的着重点也不同，文献[113]提出了结果共享和编码的解决方法，对完成如 Sum、Count 和 Avg 的查询功能需要的网络通信消耗进行了优化，指出最小化通信开销是 NP 问题，同时描述了优化的分布式执行过程，提出了一个在传感器上实现的协议，并验证在不同的查询时进行编码需要的时间和存储空间。文献[114]提出了一种由客户端、传感器和数据过滤/融合服务器的框架，多个用户通过过滤器或者融合器对传感器数据流处理，满足用户提交的查询。文献[115]提出一种将 MAC 协议的设计与基于波纹区域的路由结构整合的方法，从能量消耗的角度优化了查询的执行。

(3) 查询路由的建立。

基于静态的传感器建立查询路由虽然可以达到比较好的效果，但在动态的情况下，由于传感器失效，尤其是靠近根部的节点和簇头更容易因为能量消耗殆尽而死亡，原有的路由将不能使用，需要重新建立路由，但会消耗更多的能量，Avin 在文献[116]中提出了一种随机行走的查询方法，不考虑节点失效，在考虑部分覆盖时间的情况下，查询按照随机的方式在传感器网络中行走，到达满足查询的节点后，发回查询结果，在考虑整体节点失效概率和部分区域节点失效概率情况下，效果较好。与此相关的工作是 Narayanan 在文献[117]中提出的一种主动查询的方法，主动的查询在传感器网络中流动，在每个停留节点上收集 n 跳远的数据，然后该查询随机再向前 n 跳，到下一个停留节点上，继续收集 n 跳远的数据，这种方法适用于非聚集类的查询结果。该文献对这种方法的能量消耗和查询效率进行建模。直接扩散方法[118]提出了一种限制泛洪查询的方法，在查询的路径上建立一个反向的梯度将数据传回，并对梯度的建立和路由的优化提出了解决方法。文献[119]研究和实现了一种跨应用层设计的基于应用层路由表的数据查询路由，基于跨层提高效率的思路，在原有的分层模型上将应用层条件和网络层路由表进行融合处理，设计出一种应用层路由表，使得网络层可以直接使用用户信息，能够提高路由效率。

(4) 查询结果处理。

以数据为中心的传感器网络，对由查询产生的数据结果往往采用数据聚集的方法，然后进行数据传输。由于传感器的感知数据是流数据，对流数据的一些研究方法也可以应用于传感器网络的结果处理，例如，对感知数据流进行推理和预测，可以得到未来时刻的查询数据值。在文献[120]中，对基站上现有的流数据，采用金字塔时间模型维护数据流上不同时刻的聚集值，并利用这些聚集值生成模糊预测系统，通过该预测系统做出近似预测并及时地响应用户的查询，采用这种方法，传感器新感知的数据可以不必立即向 Sink 节点传输，节省了传感器网络节点的能量。文献[121]对传感器的流数据表示和这些表示与数据之间的映射进行了研究，设计了一种有效内核作为距离函数以测量序列数据的相似性，提出了一个超级内核函数融合模式，优化数据与数据之间的匹配。文献[122]对传感器网络的数据在空间上的相关性进行了研究，用统计分析的方法对经验数据进行分析，提出了一个对空间相关性感知的数据模型，并推断了模型的一些参数，这些数据的相关性对数据合成与目标追踪非常有用。

2.6 本章小结

信息感知是物联网的基本功能，但通过无线传感器网络等手段获取的原始感知信息具有显著的不确定性和高度的冗余性，因此需要对原始感知数据进行描述和处理，提取抽象的语义信息，以实现物联网数据高效查询和处理。

本章从物联网感知数据的特点入手，研究了物联网信息感知的预处理技术，包括数据收集、数据清洗、数据压缩、数据融合、数据聚集等，分析了物联网信息感知所面临的问题和挑战。从大规模网络和多媒体感知网络的信息感知与交互的应用需求方面，重点研究了与物联网信息感知与处理相关的关键技术，包括语义建模、语义标注、语义关联以及数据存储和查询等技术的基本方法和研究现状，为后续章节的深入研究奠定了理论基础。

参考文献

[1] 胡永利，孙艳丰，尹宝才. 物联网信息感知与交互技术[J]. 计算机学报，2012，35(06)：1147-1163.

[2] 王海勇. 无线传感器网络数据可靠传输关键技术研究[D]. 南京：南京邮电大学, 2016.

[3] Pister K, Doherty L. TSMP: Time synchronized mesh protocol[C]// Proceedings of IASTED International Symposium Distributed Sensor Networks, 2008: 391-398.

[4] Xu N, Rangwala S, Chintalapudi K K, et al. A wireless sensor network for structural monitoring[C]//Proceedings of the 2nd International Conference on Embedded Networked Sensor Systems. Acm, 2004: 13-24.

[5] Lu G, Krishnamachari B, Raghavendra C S. An adaptive energy-efficient and low-latency MAC for data gathering in wireless sensor networks[C]//Proceedings of 18th International Proceeding on Parallel and Distributed Processing Symposium. IEEE, 2004: 224.

[6] Song W Z, Yuan F, LaHusen R. Time-optimum packet scheduling for many-to-one routing in wireless sensor networks[C]//Proceedings of 2006 IEEE International Conference on Mobile Adhoc and Sensor Systems (MASS). IEEE, 2006: 81-90.

[7] Paradis L, Han Q. TIGRA: Timely sensor data collection using distributed graph coloring[C]//Proceedings of the Sixth Annual IEEE International Conference on Pervasive Computing and Communications. IEEE, 2008: 264-268.

[8] 黄鹏. 基于能耗优化的无线传感器路由协议的研究与改进[D]. 兰州：兰州交通大学，2018.

[9] 赵一凡，卞良，丛昕. 数据清洗方法研究综述[J]. 软件导刊, 2017, 16(12): 222-224.

[10] Ku W S, Chen H, Wang H, et al. A Bayesian inference-based framework for RFID data cleansing[J]. IEEE Transactions on Knowledge and Data Engineering, 2012, 25(10): 2177-2191.

[11] 陈光. 基于改进克里金算法的 WSNs 环境监测方法研究[D]. 南京：南京邮电大学, 2017.

[12] Deligiannakis A, Kotidis Y, Roussopoulos N. Compressing historical information in sensor networks[C]//Proceedings of the 2004 ACM SIGMOD International Conference on Management of Data. ACM, 2004: 527-538.

[13] Lin S, GunoPulos D, Kalogeraki V. A data compression technique for sensor networks with dynamic bandwidth allocation[C]//Proceedings of the 12th International Symposium on Temporal Representation and Reasoning. IEEE, 2005: 186-188.

[14] Marcelloni F, Vecchio M. An efficient lossless compression algorithm for tiny nodes of monitoring wireless sensor networks[J]. The Computer Journal, 2009, 52(8): 969-987.

[15] 郭雷勇. 基于特征向量的物联网大数据压缩算法[J]. 通信技术, 2018, 51(02): 326-330.

[16] Ciancio A, Ortega A. A dynamic programming approach to distortion-energy optimization for distributed wavelet compression with applications to data gathering in wireless sensor networks[C]//Proceedings of the 31st International Conference on Acoustics, Speech, and Signal Processing. IEEE, 2006: 949-952.

[17] Wagner R S, Baraniuk R G, Du S, et al. An architecture for distributed wavelet analysis and processing in sensor networks[C]//Proceedings of the 5th International Conference on Information Processing in Sensor Networks. ACM, 2006: 243-250.

[18] Palangi H, Ward R, Deng L. Convolutional deep stacking networks for distributed compressive sensing[J]. Signal Processing, 2017, 131: 181-189.

[19] 冯强，李治军，冯诚，等. 车联网数据聚集研究综述[J]. 智能计算机与应用，2016, 6(4): 85-87, 90.

[20] 胡向东，李秋实. 基于人工鱼群算法优化神经网络的 WSN 数据融合[J]. 重庆邮电大学学报(自然科学版), 2018, 30(5): 30-35.

[21] Nakamura E F, Loureiro A A F, Frery A C. Information fusion for wireless sensor networks: Methods, models and classifications[J]. ACM Computer Survey, 2007, 39(3): 9.

[22] Candes E J, Wakin M B. An introduction to compressive sampling[J]. IEEE Signal Processing Magazine, 2008, 25(2): 21-30.

[23] Kumar G, Baskaran K, Blessing R E, et al. A Comprehensive Review on the impact of compressed sensing in wireless sensor networks[J]. International Journal on Smart Sensing & Intelligent Systems, 2016, 9(2): 818-844.

[24] 侯明星. 基于压缩感知技术的异构型物联网数据处理[J]. 物联网技术, 2018, 8(11): 60-61, 63.

[25] Haupt J, Bajwa W U, Rabbat M, et al. Compressed sensing for networked data[J]. IEEE Signal Processing Magazine, 2008, 25(2): 92-101.

[26] Recht B, Fazel M, Parrilo P A. Guaranteed minimum-rank solutions of linear matrix equations via nuclear norm minimization[J]. SIAM Review, 2010, 52(3): 471-501.

[27] Cheng J, Jiang H, Ma X, et al. Efficient data collection with sampling in WSNs: Making use of matrix completion techniques[C]//Proceedings of the IEEE Global Communications Conference Exhibition. IEEE, 2010: 1-5.

[28] Yi K, Wan J, Yao L, et al. Partial matrix completion algorithm for efficient data gathering in wireless sensor networks[J]. IEEE Communications Letters, 2015, 19(1): 54-57.

[29] 龙可军. 语义数据模型概述[J]. 科技信息, 2009, (13): 41.

[30] OGC. Sensor web enablement[EB/OL]. [2019-6]. http: //www. opengeospatial.org/standards/swes.

[31] Barnaghi P, Wang W, Henson C, et al. Semantics for the internet of things: Early progress and back to the future[J]. International Journal on Semantic Web and Information Systems, 2012, 8(1): 1-21.

[32] OGC. OpenGIS® sensor model language(SensorML) implementation specification, open geospatial consortium, Inc. [EB/OL]. [2019-6]. http: //www.opengeospatial.org/standards/sensorml.

[33] Russomanno D J, Kothari C, Thomas O. Sensor ontologies: From shallow to deep models[C]//Proceedings of the Thirty-Seventh Southeastern Symposium on System Theory. IEEE, 2005: 107-112.

[34] IEEE. IEEE suggested upper merged ontology(SUMO)[EB/OL]. [2019-06]. http://www.ontologyportal.org/.

[35] Kim J H, Kwon K, Kim D H. Building a service-oriented ontology for wireless sensor networks[C]//Proceedings of the Seventh IEEE/ACIS International Conference on Computer and Information Science. IEEE, 2008: 649-654.

[36] Barnaghi P M, Meissner S, Presser M, et al. Sense and sensability: Semantic data modelling for sensor networks[C]//Proceedings of the ICT Mobile Summit, 2009: 1-9.

[37] Botts M, Percivall G, Reed C, et al. OGC® sensor web enablement: Overview and high level architecture[C]//Proceedings of International Conference on GeoSensor Networks, Berlin: Springer, 2006: 175-190.

[38] 王晓蕾. 地理空间传感网语义建模与推理研究[D]. 武汉: 武汉大学, 2015.

[39] OGC®.W3C SSN incubator group report[EB/OL]. [2019-6]. http: //www.w3.org/2005/Incubator/ssn/wiki/Incubator_Report.

[40] Neuhaus H, Compton M. The semantic sensor network ontology[C]//AGILE Workshop on Challenges in Geospatial Data Harmonisation, Hannover, Germany, 2009: 1-33.

[41] Henson C A, Pschorr J K, Sheth A P, et al. SemSOS: Semantic sensor observation service [C]//Proceedings of the 2009 International Symposium on Collaborative Technologies and Systems. IEEE, MD, 2009: 44-53.

[42] Allweyer T. BPMN 2.0: Introduction to the Standard for Business Process Modeling[M]. Helsinki: BoD–Books on Demand, 2016.

[43] Patschan D, Patschan S, Gobe G G, et al. Uric acid heralds ischemic tissue injury to mobilize endothelial progenitor cells[J]. Journal of the American Society of Nephrology, 2007, 18(5): 1516-1524.

[44] Larman C. Applying UML and Patterns: An Introduction to Object Oriented Analysis and Design and Interative Development[M]. Chennai: Pearson Education India, 2012.

[45] Patni, H, Sahoo S S, Henson C A, et al. Provenance aware linked sensor data[C]//Proceedings of 2010 2nd Workshop on Trust and Privacy on the Social and Semantic Web, Co-located with ESWC, Heraklion, 2010: 1-12.

[46] EPCGlobal[EB/OL]. [2019-6]. https: //www. gs1. org/epcglobal.

[47] Wang F, Liu S, Liu P. A temporal RFID data model for querying physical objects[J]. Pervasive and Mobile Computing, 2010, 6(3): 382-397.

[48] 牛丽娟. RFID 数据模型研究及其系统实现[D]. 大连: 大连海事大学, 2011.

[49] 臧传真, 范玉顺. 基于智能物件的制造企业信息系统研究[J]. 计算机集成制造系统, 2007, 13(1): 49-56.

[50] Wang F, Liu P. Temporal management of RFID data[C]//Proceedings of the 31st International Conference on Very Large Data Bases. VLDB Endowment, 2005: 1128-1139.

[51] 李斌, 李文锋. 智能物流中面向 RFID 的信息融合研究[J]. 电子科技大学学报, 2007, 36(6): 1329-1332.

[52] Presser M, Barnaghi P M, Eurich M, et al. The SENSEI project: Integrating the physical world with the digital world of the network of the future[J]. IEEE Communications Magazine, 2009, 47(4): 1-4.

[53] Garcia-Castro R, Hill C, Corcho O. SemserGrid4Env Deliverable D4.3 v2 sensor network ontology suite [EB/OL]. [2019-6]. http: //www. doc88. com/p-646853378003. html.

[54] Raskin R. Guide to SWEET ontologies[EB/OL]. [2019-10]. https://env.ecs.soton.ac.uk/ontologies/sweet/sweet.jpl.nasa.gov/guide.doc.

[55] Hendler J. Agents and the semantic web[J]. IEEE Intelligent Systems, 2001, 16(2): 30-37.
[56] Sycara K, Klusch M, Widoff S, et al. Dynamic service matchmaking among agents in open information environments[J]. ACM SIGMOD Record, 1999, 28(1): 47-53.
[57] McIlraith A, Son T C, Zeng H. Semantic web services[J]. IEEE Intelligent Systems, 2001, 16(2): 46-53.
[58] Ganz F, Barnaghi P, Carrez F, et al. Context aware management for sensor networks[C]//Proceedings of the Fifth International Conference on Communication System Software and Middleware. ACM, 2011: 1-6.
[59] 管健. 基于 XML 和本体的物联网数据交换标准体系研究[J]. 物联网技术, 2012, (4): 66-70.
[60] 赵广复, 韩文虹. 物联网实现的关键技术研究[J]. 计算机测量与控制, 2011, 19(12): 3060-3063.
[61] 李雅辉. 物联网感应层数据交互语言 TML 研究[J]. 物联网技术, 2012, (5): 52-54, 57.
[62] 吴振宇, 杨雨浓, 朱新宁. 面向智能诊断的语义物联网知识标注与推理框架[J]. 北京邮电大学学报, 2017, (04): 104-110.
[63] Segaran T, Evans C, Taylor J. Programming the Semantic Web: Build Flexible Applications with Graph Data[M]. Cambridge: O'Reilly Media, Inc. , 2009.
[64] 肖强, 郑立新. 关联数据研究进展概述[J]. 图书情报工作, 2011, 55(13): 72-75, 134.
[65] Bizer C, Heath T, Berners-Lee T. Linked Data: The Story So Far[M]// Semantic Services, Interoperability and Web Applications: Emerging Concepts. Hershey: IGI Global, 2011: 205-227.
[66] Bizer C. The emerging web of linked data[J]. IEEE Intelligent Systems, 2009, 24(5): 87-92.
[67] Linked data-connect distributed data across the web[EB/OL]. [2019-6]. http://linkeddata.org/.
[68] 白海燕. 基于关联数据的书目组织深度序化初探[EB/OL]. [2019-1-21]. http: //www. docin. com /p-93289488. html, 2019-1-21.
[69] 王思丽, 祝忠明. 利用关联数据实现机构知识库的语义扩展研究[J]. 数据分析与知识发现, 2011, 27(11): 17-23.
[70] Roure D C D, Martinez K, Sadler J D, et al. Linked sensor data: RESTfully serving RDF and GML[C]//Proceedings of Semantic Sensor Networks, Washington DC, 2009.
[71] Heath T, Hausenblas M, Bizer C, et al. How to publish linked data on the web[C]//Tutorial in the 7th International Semantic Web Conference, Karlsruhe, Germany, 2008.
[72] Konstantinou N, Spanos D E. Deploying Linked Open Data: Methodologies And Software Tools[M]//Materializing the Web of Linked Data. Cham: Springer, 2015: 51-71.
[73] Ayers D, Völkel M. Cool uris for the semantic web[R]. Working Draft W3C, 2008.

[74] Bizer C, Cyganiak R. D2R server-publishing relational databases on the semantic web[C]//Poster at the 5th International Semantic Web Conference, 2006: 175.

[75] Auer S, Dietzold S, Lehmann J, et al. Triplify: Light-weight linked data publication from relational databases[C]//Proceedings of the 18th International Conference on World Wide Web. ACM, 2009: 621-630.

[76] OpenLink software. Virtuoso universal server [EB/OL]. [2019-6]. http: //virtuoso. openlinksw. com/.

[77] Coetzee P, Heath T, Motta E. SparqPlug: Generating linked data from legacy HTML, SPARQL and the DOM[C]// Proceedings of Linked Data on the Web, 2008.

[78] Cyganiak R, Bizer C. Pubby–a linked data frontend for SPARQL endpoints[EB/OL]. [2019-6]. http: //wifo5-03. informatik. uni-mannheim. de/pubby/.

[79] Talis platform [EB/OL]. [2019-6]. http: //www. talis. com.

[80] 王业平. 面向关联数据的图书馆云服务研究[D]. 西安: 西安电子科技大学, 2013.

[81] Patni H, Henson C, Sheth A. Linked sensor data[C]//Proceedings of 2010 International Symposium on Collaborative Technologies and Systems（CTS）. IEEE, 2010: 362-370.

[82] MesoWest. [EB/OL]. [2019-6]. http: //mesowest. utah. edu.

[83] GeoNames [EB/OL]. [2019-6]. http: //www. geonames. org.

[84] DBPedia. [EB/OL]. [2019-6]. http: //dbpedia. org.

[85] 王霞. RFID 数据存储和管理技术综述[J]. 计算机应用与软件, 2008, 25(12): 175-176.

[86] Hu Y, Sundara S, Chorma T, et al. Supporting RFID-based item tracking applications in Oracle DBMS using a bitmap datatype[C]//Proceedings of the 31st International Conference on Very Large Data Bases. VLDB Endowment, 2005: 1140-1151.

[87] Gonzalez H , Han J , Li X , et al. Warehousing and analyzing massive RFID data sets[C]// International Conference on Data Engineering. IEEE, 2006.

[88] Agrawal R, Cheung A, Kailing K, et al. Towards traceability across sovereign, distributed RFID databases[C]//Proceedings of 10th International Database Engineering and Applications Symposium, IEEE, 2006: 174-184.

[89] Gyllstrom D, Wu E, Chae H. J, et al. SASE: Complex event processing over streams[C]// Proceedings of Third Biennial Conference on Innovative Data Systems Research, Asilomar, California, USA: CIDR, 2007: 46-51.

[90] Demers A J, Gehrke J, Panda B, et al. Cayuga: A general purpose event monitoring system [C]//Conference on Innovative Data Systems Research, 2007, 2(5): 412-422.

[91] 刘强进. 基于有向图的复杂事件共享检测技术研究[D]. 武汉: 华中科技大学, 2011.

[92] 刘晓伶. 基于 ECA 规则的情境感知系统建模方法研究[D]. 大连: 大连理工大学, 2013.
[93] 赵春锋. 基于 ECA 规则的柔性工作流技术研究[D]. 长沙: 国防科学技术大学, 2005.
[94] Koubarakis M, Kyzirakos K. Modeling and querying metadata in the semantic sensor web: The model stRDF and the query language stSPARQL[C]//Proceedings of Extended Semantic Web Conference, Berlin: Springer, 2010: 425-439.
[95] Barbieri D F, Braga D, Ceri S, et al. C-SPARQL: SPARQL for continuous querying[C]//The 18th International Conference on World Wide Web-WWW'09, 2009: 1061-1062.
[96] Bolles A, Grawunder M, Jacobi J. Streaming SPARQL-extending SPARQL to process data streams[C]//Proceedings of European Semantic Web Conference, Berlin: Springer, 2008: 448-462.
[97] Anicic D, Fodor P, Rudolph S, et al. EP-SPARQL: A unified language for event processing and stream reasoning[C]//Proceedings of the 20th International Conference on World Wide Web. ACM, 2011: 635-644.
[98] Sheth A, Thomas C, Mehra P, et al. Continuous semantics to analyze real-time data[J]. IEEE Internet Computing, 2010, 14 (6): 84-89.
[99] 潘群华, 李明禄, 张重庆, 等. 无线传感器网络中的数据查询[J]. 小型微型计算机系统, 2007, 28(8): 1357-1361.
[100] 李鹏, 闵慧. WSN 网内数据存储与检索技术分析[J]. 软件导刊, 2018, 17(10): 10-13.
[101] Jaikaeo C, Srisathapornphat C, Shen C C. Querying and tasking in sensor networks[C]//Proceedings of Digitization of the Battlespace V and Battlefield Biomedical Technologies II. International Society for Optics and Photonics, 2000, 4037: 184-194.
[102] Cougar: The network is the database[EB/OL]. [2019-1-22]. http://www.cs.cornell.edu/database/-cougar /.
[103] Madden S, Franklin M J, Hellerstein J M, et al. The design of an acquisitional query processor for sensor networks[C]//Proceedings of the 2003 ACM SIGMOD International Conference on Management of Data. ACM, 2003: 491-502.
[104] Arasu A, Babu S, Widom J. The CQL continuous query language: Semantic foundations and query execution[J]. The VLDB Journal, 2006, 15(2): 121-142.
[105] Hartig O , Jorge Pérez. LDQL: A Query Language for the Web of Linked Data[M]// The Semantic Web - ISWC 2015. Berlin: Springer, 2015.
[106] Bulut A, Singh A K, Vitenberg R. Distributed data streams indexing using content-based routing paradigm[C]//19th IEEE International Parallel and Distributed Processing Symposium. IEEE, 2005: 10.

[107] Ratnasamy S, Karp B, Yin L, et al. GHT: A geographic hash table for data-centric storage[C]//Proceedings of the 1st ACM International Workshop on Wireless Sensor Networks and Applications. ACM, 2002: 78-87.

[108] Greenstein B , Ratnasamy S , Shenker S , et al. DIFS: A distributed index for features in sensor networks[J]. Ad Hoc Networks, 2003, 1(2-3): 333-349.

[109] Park S Y, Bae H Y. A distributed spatial index for time-efficient aggregation query processing in sensor networks[C]//International Conference on Computational Science, Berlin: Springer, 2005: 405-410.

[110] Li X, Kim Y J, Govindan R, et al. Multi-dimensional range queries in sensor networks[C]//Proceedings of the 1st International Conference on Embedded Networked Sensor Systems. ACM, 2003: 63-75.

[111] Ganesan D, Estrin D, Heidemann J. DIMENSIONS: Why do we need a new data handling architecture for sensor networks?[J]. ACM SIGCOMM Computer Communication Review, 2003, 33(1): 143-148.

[112] 胡又农, 徐程程, 赵锦红, 等. 无线传感器网络通信中用户数据优化查询仿真[J]. 计算机仿真, 2018, 35(10): 459-462.

[113] Trigoni N, Yao Y, Demers A, et al. Multi-query optimization for sensor networks[C]//International Conference on Distributed Computing in Sensor Systems, Berlin: Springer, 2005: 307-321.

[114] Jiang G, Cybenko G. Query routing optimization in sensor communication networks[C]//Proceedings of the 41st IEEE Conference on Decision and Control. IEEE, 2002, 2: 1999-2004.

[115] Hu F, Ankur T, Wu H Y. Timing-controlled, low-energy data query in wireless sensor networks: Towards across-layer optimization approach[C]//Proceedings of IEEE International Conference on Networking, Sensing and Control. IEEE, 2005: 1031-1036.

[116] Avin C, Brito C. Efficient and robust query processing in dynamic environments using random walk techniques[C]//Proceedings of the 3rd International Symposium on Information Processing in Sensor Networks. ACM, 2004: 277-286.

[117] Narayanan S, Bhaskar K, Ahmed H. The acquire mechanism for efficient querying in sensor networks[C]//Proceedings of the First IEEE International Workshop on Sensor Network Protocols and Applications. IEEE, 2003: 149-155.

[118] Chalermek I, Ramesh G, Deborah E, et al. Directed diffusion for wireless sensor networks[J]. ACM/IEEE Transactions on Networking, 2003, 11(1): 2-16.

[119] 孙振华. WSN 中跨应用层设计的数据查询路由方法研究[D]. 青岛: 青岛科技大学, 2017.

[120] Guo L J, Ren M R, Li J B. Study on fuzzy prediction systems over sensor data streams[J]. Journal of Harbin University of Commerce (Natural Sciences Edition), 2005, 21(4): 88-91.

[121] Wu Y, Edward Y C. Distance-function design and fusion for sequence data[C]//Proceedings of the 2004 Conference on Information and Knowledge Management. ACM, 2004: 324-333.

[122] Jindal A, Psounis K. Modeling spatially-correlated data of sensor networks with irregular topologies[C]//2005 Second Annual IEEE Communications Society Conference on Sensor and Ad Hoc Communications and Networks. IEEE, 2005: 305-316.

第 3 章　物联网资源描述和建模

随着物联网的广泛发展和深入研究，不同系统之间的信息协同、交互和共享成为最迫切需要解决的问题。然而物联网系统的高度异构性使得系统之间很难互联在一起，难以实现资源的有效共享和重用。而语义技术从语义角度去抽象描述、提取相关数据，实现传感器之间的自动互联以及对物理世界的全面感知，可极大程度的解决这一问题。

本章通过构建物联网前端感知设备本体描述总体框架，定义物联网前端感知设备本体的主要类层次结构，描述相关概念及其关系，提出了一个物联网前端感知设备本体描述模型，最大程度的支持传感器信息的共享和重用。

3.1　物联网感知层

3.1.1　物联网感知层功能

物联网的架构可以简单地划分为 3 个层次，即感知层、网络层和应用层。它们为物联网提供了一些重要特性，即全面感知、可靠传送、智能处理。感知层是物联网的核心，是信息采集的关键部分，要求能够利用多种传感器、传感器网络、射频识别(RFID)、二维码、摄像头、GPS、智能物体等来全面感知现实世界中的各种信息。感知层主要包括各种有线与无线设备，如传感器、执行器、RFID、二维码、智能装置等，实现对物理世界的智能感知和识别(全面感知外界信息及收集信息)、信息采集处理和自动控制，并由通信模块将物理实体连接到网络层和应用层。目前感知层主要使用的技术是 WSN 和 RFID，物联网的感知层节点具有数量多、成本低、计算能力弱等特点，如何更好地管理维护感知层网络、促进相关应用开展一直是学术界和工业界关注的重要问题之一[1]。

3.1.2　物联网感知层语义需求

物联网可广泛应用于军事、医疗、智能交通、精细农业等领域。随着物联网的广泛发展和深入研究，系统之间的信息协同、交互和共享成为最迫切需要解决的问题。然而物联网系统的高度异构性使得系统之间很难互联在一起，难以实现资源的有效共享和重用。因为通过无线传感器网络等手段获取的原始感知信息具有显著的不确定性和高度的冗余性。同时，前端感知设备存在多样性和异构性(如RFID、传感器网络、红外等)，其中，异构性尤为突出，如异构的前端感知设备、标准、数据格式、协议等，且离散性和移动性强，增加了前端感知设备的自动部署、自动发现和异构接入的难度。此外，物联网前端感知设备形态和数目正日趋增长，据预测，到2020年将有500亿的设备连接到Internet[2]。不同应用场景中海量设备的互联和协同感知的实现是促进物联网信息共享和交互的基础。

日趋成熟的语义技术为上述问题提供了新的解决思路，尤其在传感器网络技术的研究中，提出了如CESN、A3ME、MMI、OOSTethys、CSIRO、SWAMO、ISTAR等传感器或传感器网络本体。W3C语义传感网(semantic sensor network，SSN)孵化器工作组采用比较高层的概念模型对感知设备及其性能、平台及其他相关属性进行本体化描述，提出了SSN本体。但是上述本体大多针对特定应用，其概念设计范围小、表达力弱，致使可扩展性差，共享性和重用性低。此外，物联网应用系统中，前端感知设备往往是资源受限的，如能量、内存、容量等会随着部署时间而变化，上述本体中很少考虑这一特征，在本体描述中也没有体现对资源变化的管理。

OntoSensor、SWAMO、OOSTetheys、CSIRO、MMI、ISTAR等本体都是针对传感器开发的。OntoSensor、SWAMO、OOSTetheys、CSIRO和MMI本体能各自描述一个安装了传感器的设备和平台。OntoSensor和OOSTethys结合了MMI本体，能描述平台的各个组件。SWAMO、CSIRO、OOSTethys、ISTAR和MMI本体能指出一个传感器装载到什么设备上，即传感器的部署问题。从过程看，OntoSensor、SWAMO、CSIRO、OOSTethys、ISTAR和MMI本体描述了一个传感器系统构成和数据输入输出过程，其中，OntoSensor和CSIRO本体描述了传感器和数据输入输出过程，并进行了概念分层，另外CSIRO本体还描述了数据输入输出的顺序、条件和重复性。从隶属关系看，在OntoSensor和CSIRO本体中定义了“sensor is-a sub-processes”，SWAMO描述了系统的“part-of”关系及输入输出过程的链式结构，而OOTethys和MMI本体中定义了“a sensor is a system”和“a process is a system”两种关系。从兴趣度看，OOTethys和MMI本体允许根据用户兴趣度进行建模。从层次结构看，OntoSensor、Matheus、CESN和CSIRO本体都把传感器划分到传感概念的层次当中，而且OntoSensor本体具有大多数概念和子概念，使其对数据的描述最具表达力。从传感器特性看，CSIRO本体通过“响应模型”来体现精度、分辨率等信息的描述，SWAMO和OntoSensor本体在某种程度上也体现了对这方面的描述，但是上述本体没有对配置、历史、工作状况、观测领域、测量值域信息进行描述，且都是针对特定应用的描述，其概念设计范围小，概念表达力弱，致使可扩展性差，共享性和重用性低，也不满足语义传感器 Web 功能特性。

3.2　物联网感知设备语义建模

3.2.1　W3C 语义传感网

W3C 标准不是某一个标准，而是一系列标准的集合。网页主要由三部分组成：结构、表现和行为。对应的标准也分为三方面：结构化标准语言，主要包括 XML 和 XHTML；表现标准语言，主要包括层叠样式表(cascading style sheets, CSS)；行为标准，主要包括对象模型(如 W3C DOM、ECMAScript)等。这些标准大部分由 W3C 起草和发布，也有一些是其他标准组织制订的标准，如欧洲计算机制造联合会(European Computer Manufacturers Association，ECMA)的 ECMAScript 标准。

2004 年 2 月 10 日，W3C 规定 RDF 资源描述架构(resource description frame-work)和 OWL 网络本体语言(web ontology language)作为 W3C 推荐级标准，RDF 表示信息和网络中的知识交换，而 OWL 则表示本体的发布和共享，它同时支持高级的网络检索、软件代理和知识管理。RDF 可以进行数据模型，以及属性与类层次结构的表达，难以用于推理；OWL1 描述了属性和类的概念及其关系的语义含义，如应用于 CSIRO、MMI 和 CESN 等本体；基于 OWL1 扩展的 OWL2 描述了更丰富的键值、属性链、数据类型和数据范围、增强型语义注释描述能力等，应用的范围更广。

3.2.2　传感器或传感器网络本体

1) SSN 本体

SN 代表框架有 Huang 等提出的 SWASN (semantic web architecture for sensor network)，其主要利用语义 Web 技术为传感器数据添加语义，实现来自异构的 SN 的传感器数据的共享和重用，解决异构 SN 不能互操作问题。但是该框架中的本体层没有为传感器数据提供必要的上下文信息，如传感器数据采集时间、采集对象、采集者以及采集地点等方面的信息，难以在 Web 中发现传感器信息。

SSN 代表框架有 Compton 等提出的 SSN 三层体系架构，该框架是在总结 Lionel 等提出的一种可扩展的 SSN 框架和 Li 等提出的面向智能服务的 SSN 框架等基础上提出的。该框架共分为三层：传感器及其数据层、处理层和应用层。在解决本地网络的数据管理、查询处理、响应以及信息安全等问题的基础上，通过语义解决 SN 之间的异构性和实现对感知数据的动态标记，以提供面向用户的可交互的图形用户界面，使普通用户不用做任何数据分析、处理等复杂而专业的工作就能够方便有效地请求和获取感兴趣的传感信息，以及实现 SN 及其数据的管理，从而使传感设备能够高效有规则地监控周围环境和处理感知数据。但该框架只限于静态传感器构成的本地网络，没有解决移动传感器的部署和数据上传 Web 等问题，而且只分析了目前传感器数据的语义表示，没有具体阐述在该框架中如何实现本体在语义传感器网络中的应用。

2) OntoSensor 本体

Danh 等构建的 OntoSensor 本体，通过为传感器数据构建知识库，实现传感器数据的知识共享和重用。

3) SWAMO 本体

Witt 等为智能软件代理构建的 SWAMO 本体通过对物理设备、过程和任务的知识建模，支持智能软件代理对传感器设备的访问，实现传感器的智能服务。SWAMO 本体围绕 OGC-SWE 传感器系统，描述了传感器平台、SensorML 及其处理过程、传感器的观测和用户等，适合于抽象概念的表达。

4) OOSTethys 本体

Bermudez 等为海洋观测构建的 OOSTethys 本体主要是对传感器系统、传感器组件和观测过程的描述，旨在为 Web 服务的安装、集成和更新提供一套标准。

除此之外，Hu 等设计了两层本体，通过规则的定义实现从低级数据到高级数据和上下文信息的推理。但是相关论文中并没有给出具体的实现细节和本体构建方法。

5) CSIRO 本体

Neuhaus 等构建的 CSIRO 通用本体，通过对传感器及组件的信息建模，利用语义实现传感器的自动分类。CSIRO 传感器本体综合考虑了 SensorML、O&M 和 OntoSensor 中传感器的相关描述，组成了有着明确约束关系且结构合理的传感器本体，实现传感器、观测和科学模型的描述和推理，使用范围较广，主要应用于水文领域。

6) MMI 本体

Rueda 等构建的 MMI 本体是对海洋设备、传感器和取样器等概念的描述，旨在通过语义提高异构设备间的互操作性，支持传感器数据在异构设备间的共享。

7) ISTAR 本体

Preece 等构建的 ISTAR 本体，通过对传感器和传感器系统的知识建模，使传感器系统理解传感器数据语义，以实现传感器系统自动任务分派以及传感器的自动部署和配置。

8) CESN 本体

基于 SensorML 的 CESN 传感器本体融入了 MMI 和 CSIRO 的相关描述，定义了不同类型的传感器，如压力传感器、温度计、湿度计等。CESN 本体旨在通过对传感器设备以及推理规则的定义，实现观测数据的推理，但该本体目前仅有 10 个传感器概念和 6 个实例，难以实现具体应用。

除此之外还有 Herzog 等构建的 A3ME 本体，该本体主要是对传感器及其特性进行建模，为传感器网络中的数据提供上下文信息，以实现异构传感器网络中传感资源的发现。

由上可知，目前传感器领域本体研究存在以下问题：①传感器领域都是根据特定应用来构建相应本体，并没有统一的本体框架，且本体中的概念定义不同，彼此之间共享性和重用性较差；②没有明确的层次结构，本体的逻辑表达能力差，导致推理效果不佳；③没有成型的构建方法，构建不规范，难以开发出高质量的本体；④没有实现传感器本体的自动更新与扩展，上述传感器领域本体都是人工构建，构建的本体较小且构建效率低。

3.3　语义传感器 Web 研究

Sheth 等[3]认为 semantic sensor web 是一种为增强传感器互操作性，为其数据提供元数据和时间、空间、主题等上下文信息的技术。由于 semantic sensor web 是语义 Web 和传感器 Web 技术的结合，而语义 Web 来自于英文的 semantic web，传感器 Web 来自于 sensor web，本书将 semantic sensor web 界定为语义传感器 Web (semantic sensor web，SSW)。目前国外语义传感器 Web 的主要研究方向有传感器知识建模与表示、传感器领域建模与分析、传感器与传感器网络本体工程、语义传感器 Web 开发环境、语义传感器 Web 的数据模型与表示语言、语义传感器系统与应用、语义传感器 Web 体系结构和中间件等。主要研究组织及相关工作如下。

(1) 莱特州立大学的 Kno.e.sis 中心在 2008 年启动了语义传感器 Web 项目。该项目旨在实现传感器数据语义级别的互操作。主要研究内容有：传感器数据的语义建模和语义标注、语义传感器观测服务、传感器数据的感知与分析、语义传感器 Web 的信任机制、传感器数据流分析。研究成果有传感器数据集、SSW 本体和 linked sensor data 以及 Meso West 和 Buckeye Traffic 系统。

(2) W3C 在 2009 年成立了语义传感器网络孵化器工作组(semantic sensor network incubator group，SSN-XG)[4]。目前该工作组任务是：开发描述传感器和传感器网络特性的本体，制定面向传感器网络服务应用的语义标注语言，并通过传感器发现技术的应用，展现传感器 Web 技术和语义 Web 技术相结合的巨大优势和现实意义。

工作组的目标为：①语义传感器网络本体开发，为传感器网络提供统一传感器及其数据表示语言，并在一定程度上体现 OGC 标准，实现本体和 OGC 模型之间的映射(如 OWL 和 O&M 模型之间的映射)；②传感器建模语言(sensor model language，SensorML)的扩充；③制定语义传感器网络的相关标准。

语义传感器 Web 的研究刚刚起步，实际应用很少，也面临许多亟待解决的问题，但其优势已经逐渐体现出来，如传感器的 Web 互联、传感器资源的共享和重用、传感器知识发现等，这些都是目前传感器网络做不到的。随着许多组织和机构的深入研究，将会有更多的研究成果和广泛的应用，也将进一步推进物联网的物联化、互联化和智能化发展。

3.3.1 传感器本体的研究

本体原本是一个哲学的概念，被哲学家用来描述事物的本质，后来被引用到人工智能、知识工程、计算机等领域。在计算机领域，明确本体的定义经历了一段过程。在 1993 年，Gruber[5]给出了比较权威的定义：“本体是概念模型的明确的规范说明”，随着人们对本体理解的完善，1997 年，Borst[6]在此基础上稍作修改，提出“本体是共享概念模型的形式化规范说明”。Studer 等[7]在 1998 年对上述两个定义进行深入研究后认为“本体是共享概念模型的明确的形式化规范说明”，该定义包含概念化、明确、形式化和共享 4 层含义，已被广泛认可。语义 Web 上的本体是在 RDF(S)基础上定义的概念及其关系的抽象描述，用于描述应用领域的知识，描述各类资源及资源之间的关系。主要包括分类和一套推理规则，分类用于定义对象的类别及其之间的关系，推理规则进一步提供知识推理和挖掘新知识的功能，语义 Web 实现的主要目标即“机器可理解”。在传感器领域中根据应用目的不同，描述传感器领域的本体可分为传感器网络本体、传感器数据本体、传感器设备本体和传感器本体四类。目前传感器领域的本体主要有 12 种，相关信息如表 3-1 所示，其中，“×”表示只有描述未开发，“√”表示已开发且共享可用。

表 3-1　传感器领域的本体概况

开发者	时间	状态	基本概念	开发目的	本体类别
Avancha	2004	×	传感器	自适应网络	网络本体
Matheus	2005	×	系统，传感器	源信息	数据本体
Russomanno	2006	√	组件，系统	知识库，推理	数据本体
Kim	2008	×	传感器节点	服务	网络本体
Eid	2007	×	传感器	检索异构传感数据	数据本体
Calder	2008	√	设备，传感器	领域知识	设备本体
Witt	2008	×	智能体，过程，传感器	智能代理	传感器本体
Herzog	2008	√	设备，特性	设备信息	设备本体
Preece	2009	√	系统，传感器	任务分派	传感器本体
Bermudes	2009	√	组件，系统，过程	数据集成	传感器本体
Ruesa	2009	√	传感器，系统，过程	异构性	设备本体
Neuhaus	2009	√	传感器，过程	数据集成，检索，分类	设备本体

由表 3-1 可知，传感器网络本体主要有 Avancha 为自适应传感器网络设计的本体和 Kim 基于 Web 服务构建的本体。前者旨在通过对传感器节点、电源和物理特性等信息的建模，实现传感器节点对电源、环境、校准等问题的自动反馈，以判断传感器的工作状况；后者则是通过对 OntoSensor 本体的扩展，完善传感器数据语义和增强本体的概念表达力，支持传感器网络的智能服务。但是扩展后的本体层次结构不清晰、概念定义不明确，致使可用性不强。

传感器数据本体主要有：①Matheus 等开发的基于系统和传感器开发的传感器数据本体，该本体通过为传感器历史信息进行知识建模，以支持传感器的自动维护；②Russomanno 等构建的 OntoSensor 本体，通过为传感器数据构建知识库，实现传感器数据的知识共享和重用，支持传感器信息的查询和推理；③Eid 等提出的基于两层框架传感器本体，旨在支持异构传感器数据的检索，该本体上层框架的概念主要继承于顶层本体，以支持异构传感器数据的融合，实现其共享和重用；下层的概念是对顶层概念的扩展，对预检索的传感器信息进行建模。

3.3.2　传感器本体定义及构成

根据语义传感器 Web 理论技术，以传感器特性和传感器观测为出发点，本书给出传感器本体的含义如下：以传感器为核心，根据应用需求，实现观测者、观测对象、观测值、观测时间、观测地点和观测主题等相关概念及其关系的抽象描述，为语义传感器 Web 中的传感器数据提供明确的共享概念模型。其最终目标是“明确地表示传感器及其特性、观测值、观测对象和时间、空间、主题等信息”，以增强传感器数据的语义，最大程度地支持传感器信息的共享和重用。其具有如下特点：实时性，指传感器观测值是实时更新的；时间、空间、主题性，指每一个传感器的观测值都有时间、空间、主题三方面的情境信息；动态性，指传感器本体可根据不同的观测领域进行学习；多领域性，指传感器本体中的概念不只是对传感器本身特性的描述，还包括对其应用领域和服务对象的描述。在 Gómez-Pérez 等对本体定义[8]的基础上，文献[9]给出了传感器本体的形式化定义。

定义 3.1(传感器本体(sensor ontology，SenOnt)) SenOnt = $< C, R, F, A, I >$，其中，C 是概念集，R 是关系集，F 是函数集，A 是公理集，I 是概念所指的具体实例。

(1) 概念：是对传感器、传感器观测值、观测属性、观测情境及应用领域等共同属性的抽象。在形式概念分析中将一个概念定义为一个三元组(G，M，K)，其中，G 的元素称为对象，M 的元素称为属性，K 的元素表示一个对象 g 和一个属性 m 的关系，记为 gKm 或$(g, m) \in K$。

(2) 关系：指在本体中类之间的相互关系。形式上定义为 n 维笛卡尔乘积的子集：R：$C_1 \times C_2 \times C_3 \times \cdots \times C_n$。主要包括子类关系和非子类关系，在 OWL 语言中，子类关系用 SubClassOf 表示，非子类关系用 ObjectProperty 和 DataProperty 等自定义的属性表示。

(3) 函数：是一类特殊的关系。在关系中的前 $n-1$ 个元素可以唯一决定第 n 个元素。形式化定义为 F：$C_1 \times C_2 \times C_3 \times \cdots \times C_{n-1} \to C_n$，如 SensorID 关系就是一个函数，其中，SensorID(A，1234)表示“1234”是 A 的 ID，ID 可以唯一确定 A。

(4) 公理：一些重言式，指定义在概念和属性上的约束和规则，用逻辑语言表示。在本体中通过定义约束和规则能够产生新的知识。

(5) 实例：属于某个概念或类的基本元素，如“A301”就是类“Sensor”的一个实例，其中，“Sensor”是对所有传感器共同属性的抽象，“A301”是指满足该属性的一个对象，在 OWL 语言中表示为(Sensor ID=“A301”)。

在传感器本体定义的基础上，针对传感器核心本体的构建，本书给出传感器核心本体的定义。

定义 3.2(传感器核心本体) SCO=(C，R，I，OP)，其中，C 是一组概念集，R 是 C 的关系，I 是一组实例集。若 R 为“is-a 或 kind-of”，表达概念之间的继承关系，称之为概念层次或分类体系；若 R 为“attribute-of”，表达某个概念是另一个概念的属性；若 R 为“instance-of”表达概念实例与概念之间的关系。OP 是概念之间的操作与约束，对应于 SenOnt 中的 A。

定义 3.3（概念集）　集合 $C=\{c \mid c \in \mathrm{SCO})$ 称为传感器核心本体的概念集。

定义 3.4（实例集）　集合 $I=\{\mathrm{ins} \mid \mathrm{ins} \in \mathrm{SCO}\}$ 称为传感器核心本体的实例集。

定义 3.5（is-a 关系）　$\forall c_i, c_j \in C$，若符号 Sub 代表 SCO 中概念之间的 is-a 关系，则 $\mathrm{Sub}(c_i, c_j)$ 表示概念 c_i 是概念 c_j 的子概念。

定义 3.6（attribute-of 关系）　对于 $\forall c_i, c_j \in C$，若符号 Atr 代表 SCO 中概念之间的 attribute-of 关系，则 $\mathrm{Atr}(c_i, c_j)$ 表示概念 c_i 是概念 c_j 的一个属性。

定义 3.7（instance-of 关系）　对于 $\forall c_i, c_j \in C$，若符号 Ins 代表 SCO 中概念之间的 instance-of 关系，则 $\mathrm{Ins}(c_i, c_j)$ 表示概念 c_i 是概念 c_j 的一个实例。

3.3.3　传感器本体框架

本书从以下角度将传感器本体构建框架划分为 12 个模块，如图 3-1 所示。

(1) 传感器角度：感知者、感知对象、感知地点以及感知方法与过程。

(2) 数据和观测角度：观测值、观测时间和观测状况等数据。

(3) 系统角度：传感器的系统构成。

(4) 条件和约束限制角度：各组件的运转条件和允许态。

(5) 特征角度：传感器的特性、观测的性质。

(6) 用户角度：用户的兴趣度即用户所需要的信息。

(7) 部署和服务角度：传感器部署和满足相应服务的信息。

部署模块	系统模块	系统特性模块
平台模块	组件模块	处理过程模块
情境模块	传感器模块	
数据模块		
服务模块	特性模块	条件约束模块

图 3-1　传感器本体框架

每个模块的功能及构成如下。

(1) 传感器模块：是整个传感器本体模型的核心模块，连接其他模块的桥梁，在该模块中定义了传感器输入输出等类。

(2) 特性模块：根据每个实体传感器具有的物理特性和测量特性，如精度、分辨率和测量范围等，来定义相应的类和关系。

(3) 组件模块：包含一个组件类，是对人造设备的抽象。

(4)系统模块：包含一个系统类，一个完整的系统包括传感设备、电池、三脚架等物理对象。

(5)处理过程模块：包含参数和处理过程两个类，主要描述传感器数据的输入、输出过程。

(6)部署模块：包含一个部署类，描述一个系统如何部署各组件、网络中如何部署传感器，以及系统如何部署到平台。

(7)平台模块：包含一个平台类，描述系统的载体。

(8)情景模块：描述时间、空间和主题三个方面的情景信息，时间指传感器采集数据的时间；空间指平台、系统或传感器所处的位置(包括相对位置和绝对位置)；主题指系统观测的要素。

(9)数据模块：包含一个观测值类，描述传感器或系统输出的结果(即观测值)。

(10)服务模块：主要用于描述传感器 Web 服务以及用户查询传感信息的过程。

(11)条件约束模块：描述传感器在某一状态下的特殊性能，如某温度传感器“测量范围 0～500℃，误差±0.20℃”，其中，“±0.20℃”就是一种条件约束。

(12)系统特性模块：主要描述系统维护时间表、电源使用寿命及系统使用寿命、系统的操作环境等信息。

3.3.4 传感器本体中的概念及关系

传感器本体中的概念主要包括传感器、物理特性、观测值和测量值域四个方面，基于这四个方面对目前传感器本体进行比较，结果如表 3-2～表 3-5 所示。

表 3-2 传感器

开发者	层次	标识	交互	部署	配置	历史	组件	过程
Avancha			√					
Matheus	√		√					√
Russomanno	√				√	√	√	√
Kim		√			√			
Eid					√			
Calder	√			√				
Witt			√				√	√
Herzog	√	√	√					
Preece	√	√	√	√				
Bermudes							√	√
Ruesa		√		√	√		√	√
Neuhaus	√	√	√	√	√	√	√	√

表 3-3　物理特性比较

开发者	位置	电源供应	平台	尺寸、重量	工作状况
Avancha	√	√			
Matheus	√				
Russomanno	√	√	√	√	
Kim	√	√			
Eid	√				
Calder	√				
Witt	√		√		
Herzog		√			
Preece			√		√
Bermudes			√		
Ruesa			√	√	√
Neuhaus	√	√	√	√	√

表 3-4　观测值比较

开发者	数据/观测值	精确度	频率	响应模型	感知领域
Avancha	√	√	√	√	√
Matheus	√		√		
Russomanno	√	√	√	√	√
Kim	√	√	√	√	√
Eid	√	√	√		√
Calder	√				
Witt	√				√
Herzog	√				
Preece					
Bermudes	√				
Ruesa		√	√	√	
Neuhaus		√	√	√	√

表 3-5　测量值域比较

开发者	测量单位	测量质量	抽样方法	测量时间
Avancha	√	√	√	
Matheus				
Russomanno	√	√		√
Kim				
Eid		√		
Calder		√		√
Witt	√	√		√
Herzog				
Preece				
Bermudes		√	√	
Ruesa		√	√	
Neuhaus	√	√		

Avaneha、Eid 和 Kim 构建的本体主要描述了测量值和相关数据，对传感器、系统和如何测量数据方面描述很少。SWAMO、MMI 和 OOSTethys 本体集中描述了测量值、传感器类型和系统。目前 MMI 和 OOSTethys 本体还在构建中，并正在增加物理特性、传感器互操作和软件方面的一些概念。A3ME 本体中概念的覆盖范围比较广，但仅仅是对低功率设备的简单描述，不支持复杂的推理。CSIRO 和 OntoSensor 本体与上面几种本体相比，概念覆盖范围更广，其中，OntoSensor 本体比 CSIRO 本体包含了更多的测量数据和传感器类型，但是它仅仅描述了组件间的“part-of”关系，其他不同的关系(如 is-a 关系)并没有描述。

以上本体对四个方面的描述细节不尽相同，但都确定了一个原则即一个本体应在包含尽量少的概念下尽可能满足目标要求。这是评价传感器本体描述能力的一个指标，也表明了在本体开发过程中需求分析的重要性。

图 3-2 展示了传感器本体包括的主要概念及基本关系，其中有 Sensor、Process、System 和 Component 4 个基本概念。Sensor 是指能够测量和计算任何现象的传感设备，位于传感器模块中；Process 是指传感器的信号输入输出处理过程，有相应的输入参数和输出参数，位于处理过程模块中；System 是指由传感器、采集器、电源等组件构成的复合型传感设备和软件程序，是部署过程和操作限制的使动者，位于系统模块中；Component 是系统的父类，主要描述人造对象中各组件的信息，位于组件模块中。

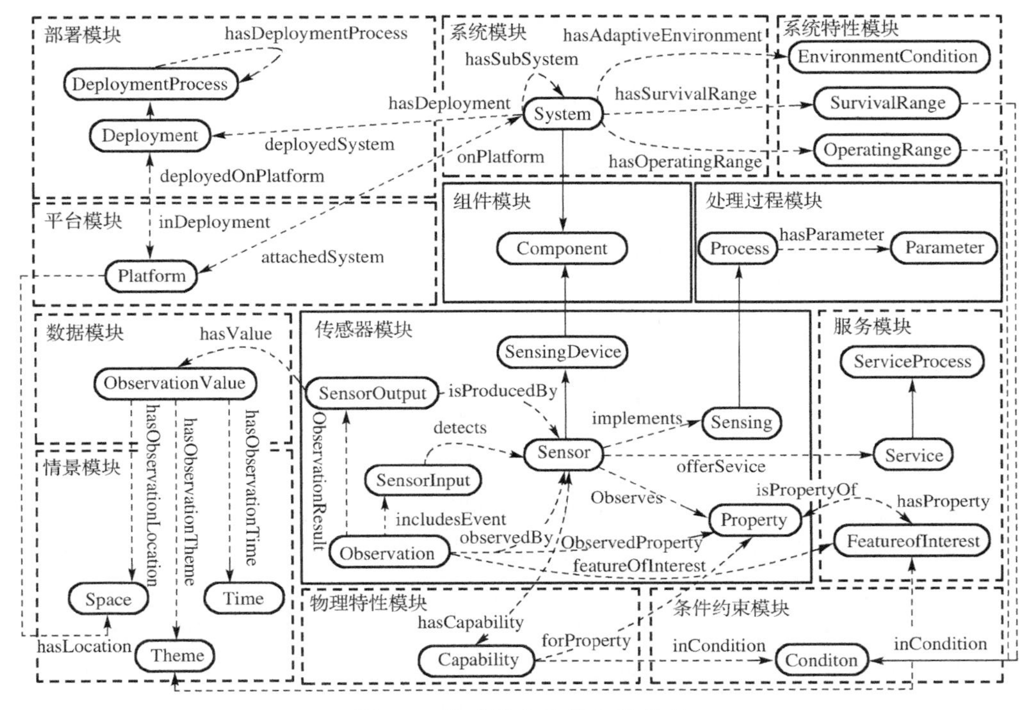

图 3-2　传感器本体概念及关系

3.4　物联网前端感知设备本体描述模型

3.4.1　物联网前端感知设备本体描述框架

本节借鉴已有的几种传感器本体优点，集成不同传感器本体的描述侧重点，对物联网前端感知设备特征和属性进行挖掘和分析，扩展传感器本体中的相关概念，以包含物联网的高混杂和异构前端感知设备，去除高应用领域相关性，提出了一个物联网前端感知设备本体描述框架，如图 3-3 所示。

该框架以物联网前端感知设备为核心，由观测模块、数据模块、服务模块为主要组成部分，并由情境模块、系统模块、平台模块、部署模块作为其基础条件模块，物理特性模块、条件约束模块、操作特性模块、处理过程模块作为支撑，以共同描述和构建物联网前端感知设备本体。前端感知设备模块是整个本体框架的核心，是连接其他模块的桥梁，在该模块中定义了传感器的输入输出及其相关属性。观测模块用于描述不同应用场景下所采用的感知方法、数学测量模型、事件发生等，数学测量模型主要包括测量精度模型、关联模型和误差模型等。数据

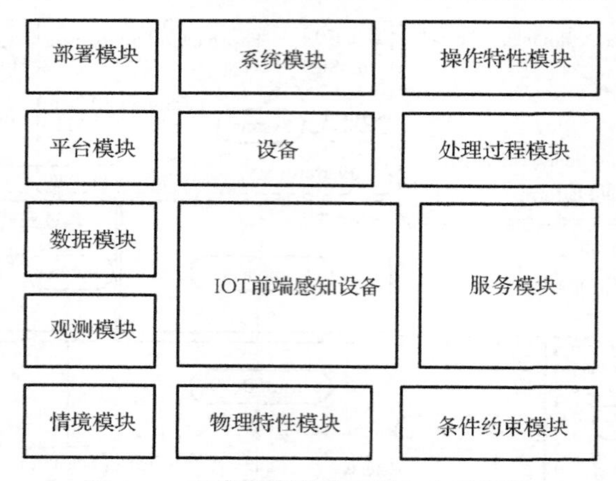

图 3-3　物联网前端感知设备本体框架

模块用于描述前端感知设备的观测或感知数据。服务模块用于定义设备向上层提供的服务。情境模块定义了时间、空间和主题三个方面的情景信息，时间指传感器采集数据的时间，空间指平台、系统和传感器所处的位置，主题指系统观测的要素。系统模块主要描述感知设备及其支撑，如传感器、电池等物理对象。平台模块用于描述系统的载体。部署模块描述一个系统如何部署各组件、网络中如何部署传感器，以及系统如何部署平台等。物理特性模块是指每个实体传感器具有的物理特性和测量特性，如精度、分辨率和测量范围等，并根据这些性质来定义相应的类和关系。条件约束模块描述传感器在某一状态下的特殊性能。处理过程模块主要描述传感器数据的输入、输出过程。操作特性模块主要描述系统维护时间表、电源使用寿命及系统使用寿命、系统的操作环境等信息。

3.4.2　物联网前端感知设备属性描述模型

在通用模块定义上，首先定义了前端感知设备的常规属性及其关系，常规属性包括测量属性、测量性能、操作属性、操作范围、生存属性、生存范围等。其中，测量属性主要说明感知设备本身的一些特征，如测量范围、响应时间、灵敏度、精确度等。操作属性定义了环境操作属性、操作功率和系统调度维护方面的属性。生存属性主要定义感知设备所处的环境及其生存时间，并且考虑了能量有效性，定义了能量生存时间。然而，在物联网应用系统中，前端感知设备往往是资源受限的，如能量、内存、容量等会随着部署时间而变化，现有传感器本体中很少考虑这一特征，在本体描述中也没有体现对资源变化的管理。此外，物联网应用环境呈现很强的移动性和易变性，终端网络常常面临动态自组织，现有研究也甚少考虑。因此，除了上述通用属性的定义，本节还考虑了物联网前端感知设备受限感知的特征，加入对前端感知设备所处应用环境、设备状态、设备参数、软件描述、硬件描述、通信与接口描述、服务描述等，一个总的描述模型示例如下所示。本描述模型中，设备状态模块除了考虑设备的时空属性，还增加了对设备的资源管理，并结合设备状态模块，描述环境的变化。

```
digraph g {
"测量属性" → "精确度" [label="has subclass"]
"感知设备属性" → "生存属性" [label="has subclass"]
"测量性能" → "测量属性" [label="具有测量属性(Subclass all)"]
"测量属性" → "选择性" [label="has subclass"]
"感知设备属性" → "测量属性" [label="has subclass"]
"感知设备属性" → "操作范围" [label="has subclass"]
"操作属性" → "维护调度" [label="has subclass"]
"测量属性" → "灵敏性" [label="has subclass"]
"Thing" → "感知设备属性" [label="has subclass"]
"测量属性" → "频率" [label="has subclass"]
"测量属性" → "延迟" [label="has subclass"]
"生存属性" → "环境生存属性" [label="has subclass"]
"测量属性" → "分辨率" [label="has subclass"]
"操作属性" → "操作功率范围" [label="has subclass"]
"操作属性" → "环境操作属性" [label="has subclass"]
"感知设备属性" → "测量性能" [label="has subclass"]
"生存范围" → "生存属性" [label="具有生存属性(Subclass all)"]
"测量属性" → "响应时间" [label="has subclass"]
"测量属性" → "准确度" [label="has subclass"]
"测量属性" → "偏移" [label="has subclass"]
"感知设备属性" → "生存范围" [label="has subclass"]
"生存属性" → "系统生存时间" [label="has subclass"]
"感知设备属性" → "操作属性" [label="has subclass"]
"生存属性" → "能量生存时间" [label="has subclass"]
"测量属性" → "检测限制" [label="has subclass"]
"测量属性" → "测量范围" [label="has subclass"]
"操作范围" → "操作属性" [label="具有操作属性(Subclass all)"]
}
```

3.5　物联网前端感知设备本体概念及关系描述

3.5.1　类层次结构描述

物联网前端感知设备本体中的概念主要包括传感器、物理特性、观测值和测量值域几个方面，物理特性包括位置、电源供应、平台、尺寸、重量、工作状况等属性。观测值包括观测值、精确度、频率、响应模型和感知领域等属性。测量值域包括测量单位、测量质量、采样方法、测量时间等属性。基本概念包括传感器、处理过程、系统等。传感器是指能够测量和计算任何现象的传感设备，位于感知设备模块中；处理过程是指传感器的信号输入输出处理过程，有相应的输入参数和输出参数，位于处理过程模块中；系统是指由传感器、采集器、电源等组件构成的复合型传感设备和软件程序，是部署过程和操作限制的使动者，位于系统模块中。该本体中涉及的主要类的层次结构如图 3-4 所示。

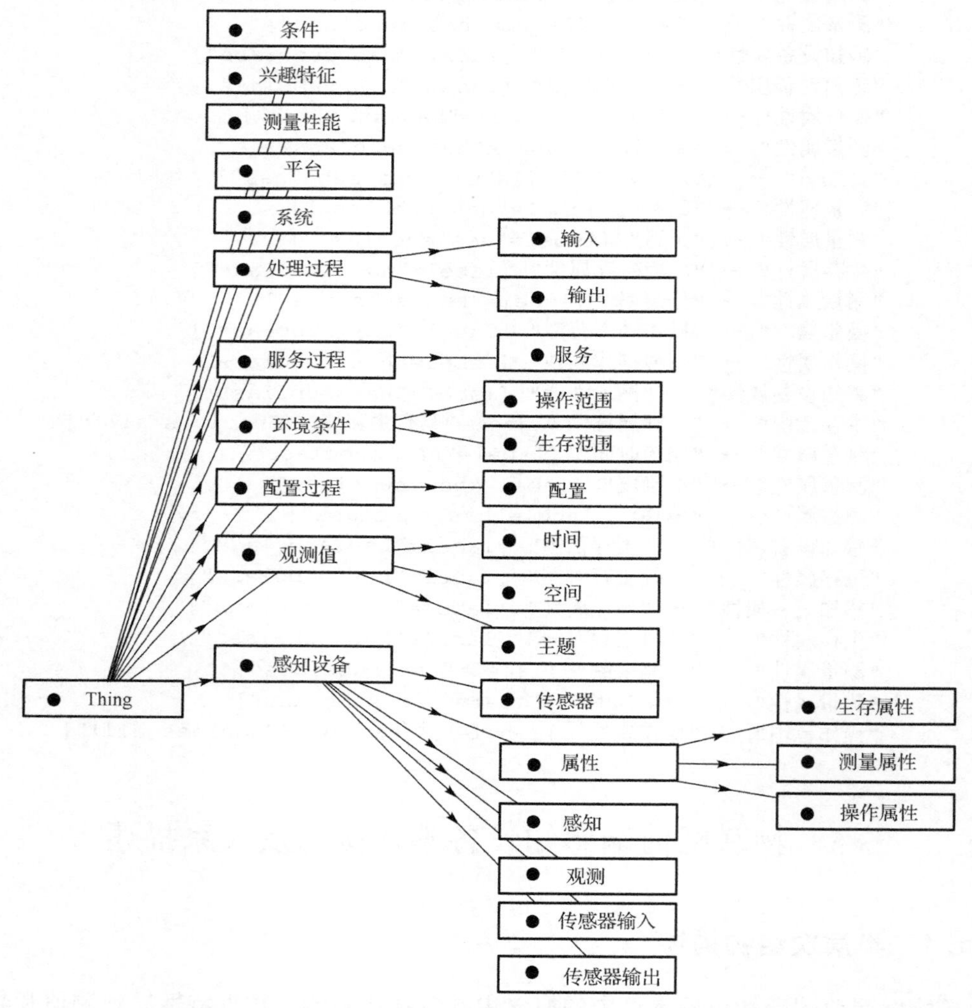

图 3-4　物联网前端感知设备本体的主要类层次结构

3.5.2　主要概念及其关系描述

除了上节中几个基本概念外，还有更多的主要概念和概念间的基本关系。以传感器为例,它有“检测”“具有性能”“实现”“提供服务”“观测”等属性，“检测”是传感器与传感器输入的关系，指传感器监测是否有输入信号；“具有性能”是传感器与性能的关系，指传感器具有性能信息；“实现”是传感器与感知的关系，指传感器具有感知功能；“提供服务”是传感器与服务的关系，指传感器能够提供的服务；“观测”是传感器与属性的关系，指传感器观测的对象。该本体中涉及的主要概念及其基本关系如图 3-5 所示。

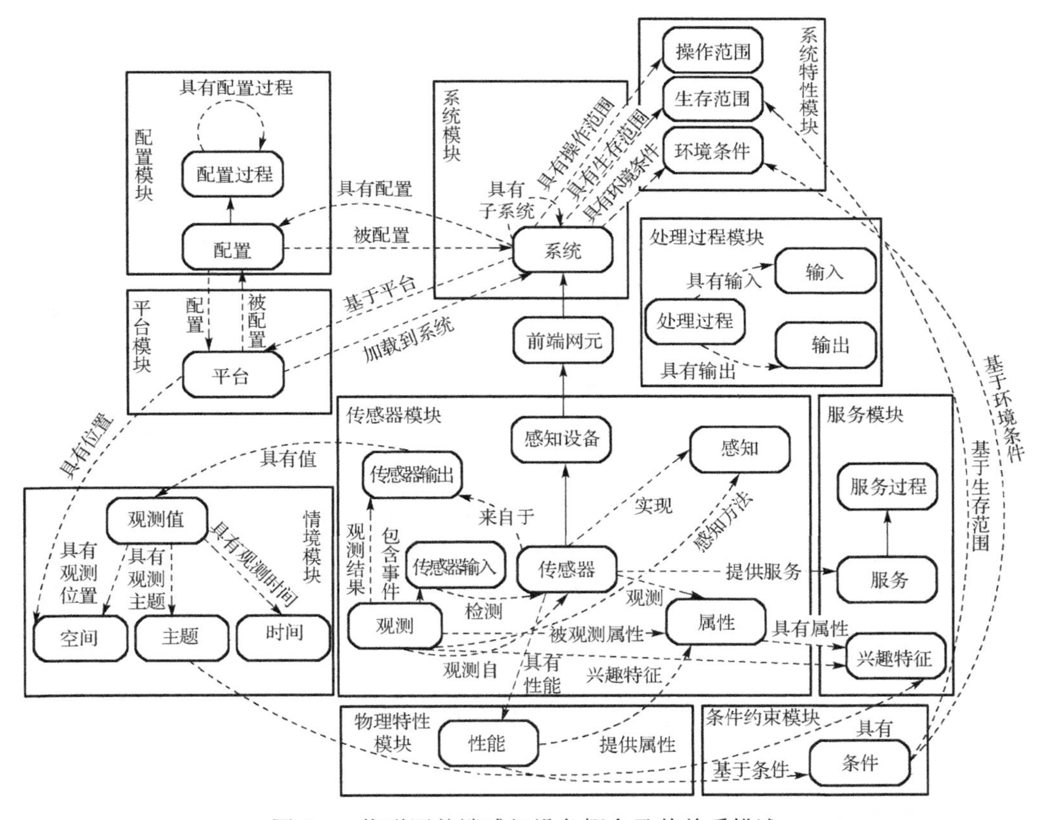

图 3-5　物联网前端感知设备概念及其关系描述

在物联网前端感知设备本体描述模型中，传感器是最核心的模块，与传感器最紧密相关的几个概念便是感知、观测、属性、传感器输入、传感器输出及兴趣特征。图 3-6 描述了这几个模块及其相互关系。

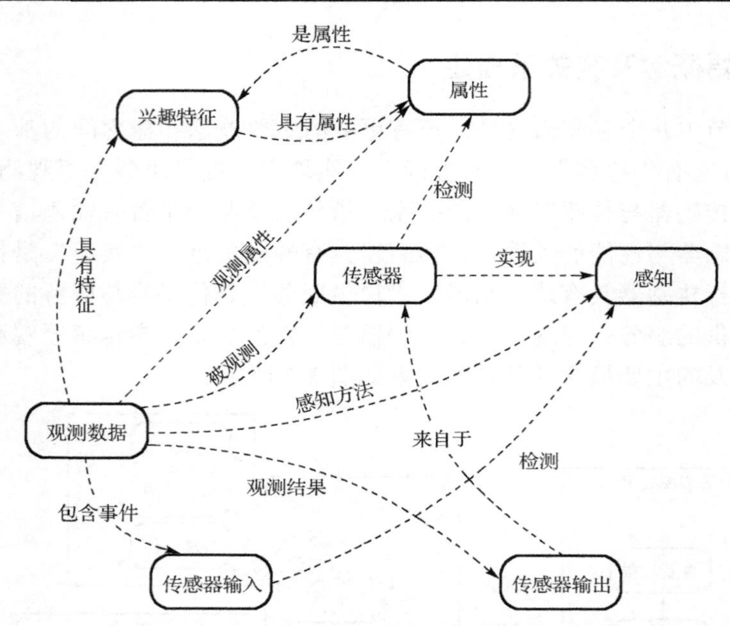

图 3-6　物联网前端感知设备本体核心模块概念及其关系描述

“传感器”是完成观测的物理目标，由其实现输入信号到输出信号的转换。“观测”充当传感器输入、传感器及传感器输出之间的桥梁，将三者联系起来。“传感器输入”产生感知事件，传感器实现观测，“传感器输出”给出观测结果。传感器输入是一个过程变化，用于检测环境的变化，即事件的发生，实质上是完成对传感器的触发，它直接决定了被观测对象的属性。“对象属性”是指通过某类传感器观测到的数据的相关特性，与传感器、观测和兴趣特征直接相关。“感知”用于描述传感器的工作过程，传感器是实现感知的方法，而感知方法用于描述观测数据的获取。“兴趣特征”是感知的目标，用户通过传感器获取其感兴趣的数据，依据感知输入的不同形成相应的输出。

3.6　实例研究

3.6.1　情境描述

以某智能交通监控环境为例，对本章所提模型进行实例化研究。设置情景为某高速公路路段，结合智能交通监控与不停车收费功能。监控对象包括车辆、道路、交通标识、行人、气象、光照等。感知设备包括 RFID 阅读器、磁敏传感器、微波雷达传感器、压电式传感器、图像传感器(摄像头)、位置传感器(GPS)、气象传感器(包括温度传感器、湿度传感器、气压传感器、风速风向传感器、雨量传感器、光传感器等)等。监控参数包括车流量、车道占有率、车速、车型、车牌照及 RFID 不停车收费等。

3.6.2　交通物联网前端感知设备本体构建

依据 3.4 节提出的物联网前端感知设备本体构建和描述方法，可构建交通物联网前端感知设备本体模型，如图 3-7 所示。传感器属于感知设备的子类，本应用案例中的传感器包括磁敏传感器、视频传感器、雷达传感器、RFID 阅读器、位置传感器、气象传感器等，属于“传感器”的子类。气象传感器又包含了温度传感器、湿度传感器、气压传感器、风速传感器、风向传感器、雨量传感器等几个子类。每个子类都给出了相应的实例(因具体应用中可能会包含不同类型、型号和品牌的传感器，如视频传感器，可能一个应用中会采用数字视频传感器、红外视频传感器等，所以没有特别指明某传感器实例的具体型号，统一用 ITS_标注。)。同时该模型还给出了传感器的观测属性，如 RFID 阅读器感知的是电子标签的信息，湿度传感器感知的是环境的相对湿度，风传感器感知的是风速和风向等。

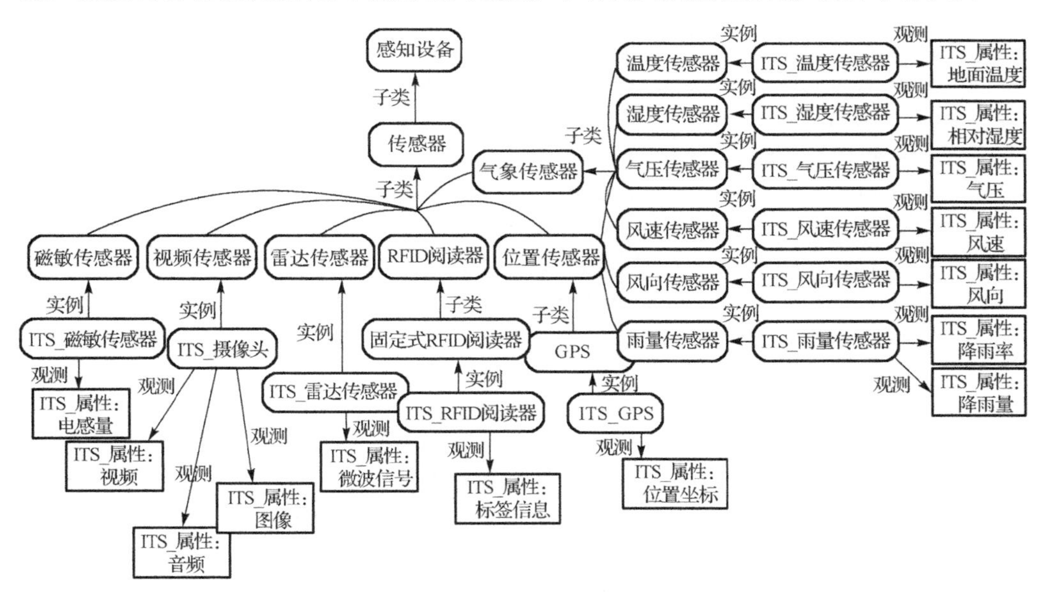

图 3-7　交通物联网前端感知设备本体示例

3.6.3　视频传感器感知过程描述

无论是较为传统的交通监控，还是当今的智能交通环境，视频传感器一直是其核心的信息采集设备，尤其在交通事故追溯或交通违规追溯和确认方面，视频数据是最可靠的依据。因此本应用案例中也采用视频传感器，并以视频传感器作为各类传感器的代表，在本节加以详细的描述(其他传感器本体的描述将不在文中一一列出)。图 3-8 构建了视频传感器的本体模型，通过该模型描述了视频传感器的感知过程。“视频传感器”是“传感器”的子类，“ITS_摄像头”是“视频传感器”的实例，“ITS_摄像头”实现“拍摄”。传感器输出可能具有视频、图像、音频等形式。观测数据通过时空语义元数据(时间、空间、主题)描述，“ITS_摄像头”具有测量属性、性能属性等，测量属性如测量单位，性能属性如视频数据存储格式、帧率、分辨率等。该实体的部分 OWL 描述如下。

```
<owl:class>
<owl:Class rdf:about IRI= "#视频传感器">
</owl:Class>
<owl:subClassof>
<rdfs:subClassOf rdf:resource IRI=" #传感器"/>
</owl:subClassof>
<owl:NamedIndividual>
<owl:NamedIndividual rdf:about IRI="#ITS_摄像头">
<rdf:type rdf:resource IRI="#视频传感器"/>
</owl:NamedIndividual >
<owl:Restriction>
<owl:onProperty rdf:resource IRI="#implements"/>
<owl:someValuesFrom rdf:resource IRI="#感知"/>
<owl:onProperty rdf:resource IRI="#observes"/>
<owl:someValuesFrom rdf:resource IRI="#属性"/>
</owl:Restriction>
<owl:Class>
<owl:Class rdf:about IRI="#观测值">
<rdfs:subClassOf rdf:resoure IRI="#观测数据"/>
<owl:Class rdf:about IRI="#观测地点">
<rdfs:subClassOf rdf:resource IRI="#观测数据"/>
<owl:Class rdf:about IRI="#观测时间">
<rdfs:subClassOf rdf:resource IRI="#观测数据"/>
</owl:Class>
```

本节以智能交通为应用实例，构建了交通物联网前端感知设备本体。智能交通物联网前端感知设备本体具有较好的概念表达能力，能较好地覆盖智能交通领域前端感知实体。尤其在本体中，除了与交通监控直接相关的感知实体，还包含了环境感知实体(如天气状态等)的描述，皆可采用统一的表示方式，有利于感知设备的增加和系统的扩展，便于设备的自描述和自发现。通过该本体的构建，进一步验证了本章所提模型的可行性和实用性，同时该模型具有通用性，可以适用于不同的应用领域，根据领域特性和需求，构建相关感知设备本体。

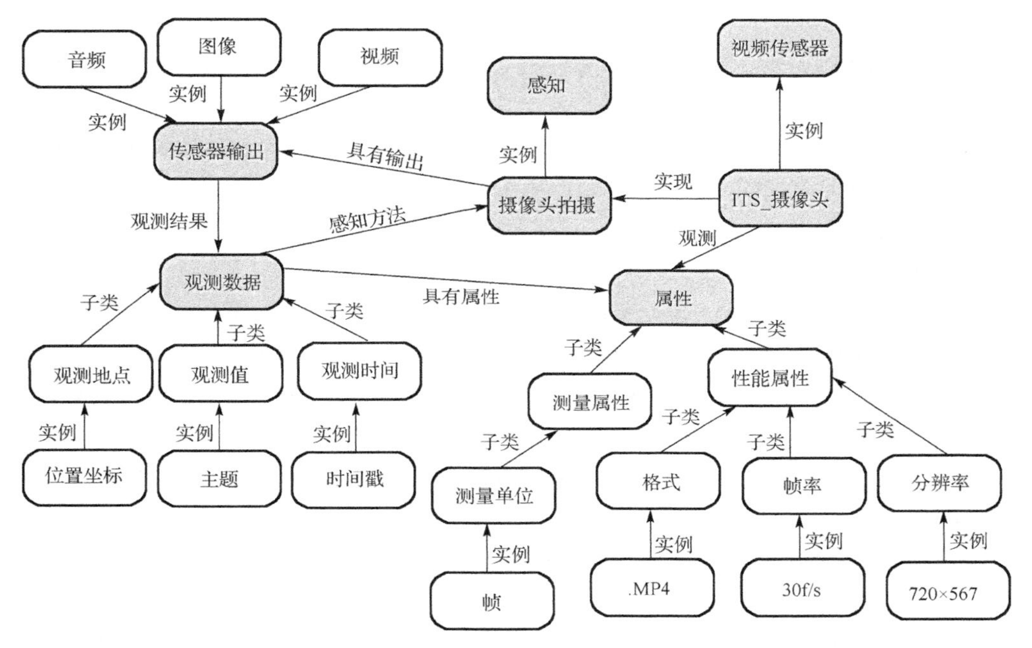

图 3-8　视频传感器感知过程描述

3.7　本 章 小 结

信息交互和共享是物联网应用的最终目标，但物联网存在的局部性和异构性，加大了信息交互和共享实现的难度。而语义技术从语义角度去抽象描述、提取相关数据，实现传感器之间的自动互联以及对物理世界的全面感知，可极大程度地解决这一问题。

本章基于语义和本体技术，提出了一个物联网前端感知设备本体描述模型，采用本体来描述物联网前端感知设备及其能力。构建了物联网前端感知设备本体描述总体框架，定义了物联网前端感知设备本体的主要类层次结构，描述了相关概念及其关系，并描述了本体中与传感器直接相关的模块及其关系。最后以智能交通为应用实例，构建了交通物联网前端感知设备本体。通过该本体的构建，进一步验证了本章所提模型的可行性和实用性，同时该模型具有通用性，可以适用于不同的应用领域，根据领域特性和需求，构建相关感知设备本体。

参 考 文 献

[1] 曹振，邓辉，段晓东. 物联网感知层的 IPv6 协议标准化动态[J]. 电信网技术，2010(7): 17-22.

[2] Evans D. The internet of things: How the next evolution of the internet is changing everything[J]. CISCO White Paper, 2011, 1: 1-11.

[3] Sheth A, Henson C, Sahoo S S. Semantic sensor web[J]. IEEE Internet Computing, 2008, 12(4).

[4] W3C Semantic Sensor Network Incubator Group. SSN incubator group report [EB/OL]. [2019-6]. https://www.w3.org/2005/Incubator/model-based-ui/wiki/Incubator_Group_Report.

[5] Gruber T R. A translation approach to portable ontology specifications[J]. Knowledge Acquisition, 1993, 5(2): 199-220.

[6] Borst W N. Construction of engineering ontologies for knowledge sharing and reuse[D]. Enschede: University of Twente, 1997.

[7] Studer R, Benjamins V R, Fensel D. Knowledge engineering: Principles and methods[J]. Data and Knowledge Engineering, 1998, 25(1): 161-198.

[8] Gómez-Pérez A, Benjamins R. Overview of knowledge sharing and reuse components: Ontologies and problem-solving methods[C]//Proceedings of IJCAI and the Scandinavian AI Societies. CEUR Workshop Proceedings, 1999.

[9] 张现忠. 语义传感器 Web 中传感器本体构建研究[D]. 大连：大连海事大学, 2011.

第 4 章　物联网感知数据自动语义标注

随着物联网的发展，数以万计功能各异、形式多样的物联网设备被按照特定的网络协议部署入网，现实物理世界与互联网相连，彼此间进行持续的信息交换和通信，产生大量数据，为物联网应用服务提供丰富的信息资源。与此同时，前端感知设备获取的物联网原始数据本身所具有的海量性、不确定性及异构性也大大增加了物联网资源之间协同交互、数据融合及分析推理的复杂度，为数据资源的跨域共享及重用带来了极大的困难与局限性，这使得物联网的应用发展陷入数据孤岛化同数据协同交互需求日益急切的两难矛盾之中。因此，如何屏蔽数据间的异构性和孤立性，更好地理解不同设备所产生的数据信息含义，挖掘出各类数据的深层价值，从而提高数据利用率，满足复杂多变的上层应用需求，是物联网数据处理领域亟待解决的重点问题，语义标注是解决这一问题的重要突破口，因而原始数据的语义标注处理技术成为当今的研究热点。本章就物联网感知数据语义标注方法、自动标注模型、语义映射与关联等进行探讨，并提供了作者所在团队的一系列研究方法和成果。

4.1　物联网语义标注技术概述

4.1.1　物联网中的语义标注

语义标注是语义物联网中的核心技术，更是解决物联网异构行之有效的方法。语义标注为设备所获取到的数据资源提供结构一致且明确的语义描述，有利于物联网实体设备之间更好地理解彼此所产生的数据信息含义，从而提高数据的利用率，并为上层的语义服务及物联网多设备联动提供支持。

语义标注方式分为手动、半自动和自动标注三类，相对于手工标注，自动标注能够大大提升标注效率，以及实现较大范围和较大数据规模的标注[1]，其过程如图 4-1 所示。

可以将自动语义标注理解为在领域本体的指导下，为数据添加规范化知识表示的过程[2]，该过程将待标注的物联网原始感知数据作为输入内容，把经过标注之后结构化的、富有明确含义的信息作为输出结果，从而达到实现人对事物的认识和机器对事物的认识的一致性理解，并使机器能够根据其中的规范化语义表述关系对信息进行不断的推理及延伸。

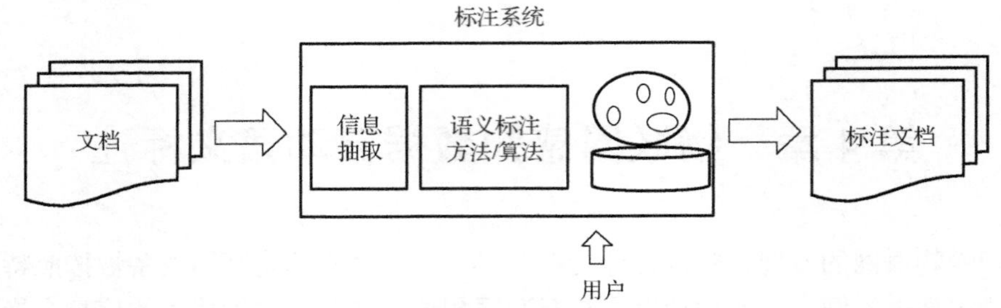

图 4-1 自动语义标注技术过程示意图

4.1.2 物联网资源语义标注方法研究现状

为使不同设备间资源共享，不同领域间服务互通，并且能最大化利用物联网数据并对其进行有效推理，那么获取到相关领域有用的知识和完成对其他相关实体的数据资源的语义描述是必不可少的步骤，而语义标注技术便能满足这一需求，为物联网的资源、服务及相关流程添加统一的标准化语义描述[3]，同时还支持资源间的语义关联。主流的标注方法是基于一个领域本体知识库，为每一个数据资源或者物理实体赋予一个唯一的语义对象标识及 URI，将传感器所获取的原始数据转化为 RDF 信息，通过实现 RDF 信息到其对应的语义对象及 URI 的链接来完成标注[4]。Page 等[5]提出了一种采用 REST 架构的 API 数据链接方式，该平台通过 URI 链接数据的形式提供语义标注，并允许同时支持 Web 客户端和 OGC GML 客户端进行操作。Phuoc[6]同样采用链接数据的方式，提出名为 SensorMasher 的机制将传感器数据发布到 Web 上，并且允许用户利用语义标注来描述这些数据，然后利用语义标注发现不同的资源。

随着物联网数据资源向多样性和海量性发展，对各类资源的标注需求产生分化，语义标注技术逐步细化。根据自动化程度，标注方式被分为手工标注、半自动标注和自动标注三类，目前多是针对半自动/自动标注方法进行研究[7]。可以根据图 4-2 中给定的模式对半自动/自动语义标注方法进行分类。

(1) 基于模式的语义标注方法使用发现(discovery)模式和手工定义规则(rules)，主要面向经过预处理的、内容较为规整的文档，典型代表有半自动标注工具 SMT 和自动标注工具 KIM。SMT[8]将商业文本提取工具和手动注释结合在预定义的模板(初始的实体语料库集合)中，从而生成一致的 OWL 注释，当读取到一个预处理的文档时，选择一个与文档内容相关的模板，并将模板中的语料填充进文档中。该工具在标注过程中会涉及高度的手工干预及用户帮助。KIM[9]采用人工定义的规则抽取出文本中的实体，再基于本体和知识库将对应的语义描述分配给这些实体。该工具标注效果的精确性高度依赖于本体定义的准确性。

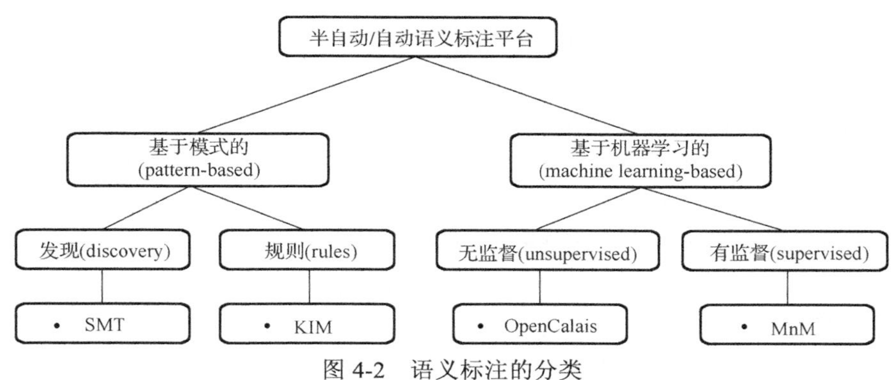

图 4-2 语义标注的分类

(2) 基于机器学习的语义标注方法分为无监督(unsupervised)模式和有监督(supervised)模式两类，主要面向那些无结构/半结构、内容杂乱且无规律的文档，典型的代表工具有 OpenCalais 和 MnM。OpenCalais[10]是目前比较先进的一类文本资源分析系统，利用自然语言处理(natural language processing，NLP)和机器学习技术，以基于逻辑的语言实现文本的标注。它对文本资源的分析，不仅能发现其中的实体，还可以发现文本中隐藏的事实和事件。MnM[11]是有监督的基于规则的学习方法，根据输入的训练数据，自动学习数据中的标注规则，然后将已学到的标注规则用于对其他文本的自动标注。MnM 可以从训练数据集中自动学习两种标注规则，分别是待标注数据的起始边界规则和结束边界规则。但由于目前主流的规则学习方法采用的学习手段是随机归纳方法，因而存在较明显的学习质量差、学习效率低的缺陷。

表 4-1 综合说明了几类具有代表性的语义标注方法的自动化程度、应用领域、主要技术等信息，对它们分别进行比较可得出目前语义标注方法呈现出的以下几点特征。

表 4-1 各类语义标注方法比较

标注方法	是否自动	有无训练集	应用领域	数据类型	主要方法
FBASAM	是	无	互联网	Web 文档资源	规则、关系概念分析
ASAM4NE	是	无	互联网	Web 文档资源	语义相似度、关联数据
OBSAA	是	无	生物医学	生物医学文档	自然语言处理、TF-ITF
KBA4IoTDS	否	无	物联网	IoT 数据流	物联网数据模型
SAM4SD	否	有	传感器网络	传感器数据流	传感数据流模型
SOESAF	否	无	物联网	IoT 实体信息	实体语义标注框架
SAM4IoTD	否	无	物联网	文档资源	规则

(1) 自动语义标注方法大多是用于对 Web 文档资源和自然语言进行处理，主要采用基于规则的学习、计算语义相似度等技术。

(2) 在物联网领域运用自动语义标注的还较少，多数方法仍使用手工或半自动标注方法。

(3) 物联网领域的语义标注主要是通过建立数据标注模型或标注框架来进行的。

与人工和半自动的语义标注相比，自动语义标注能实现从资源中获取知识的自动化，同时减少人力和资源投入，是处理海量的物联网原始数据高效可行的方法[2]。目前国内外学者对自动语义标注开展了一系列研究，并且取得了一定的成果。

Liu 等[12]为解决物联网领域内各种异构和分布式设备之间的信息交互问题，通过对信息抽取、文本分类、属性信息划分、语义标签选择以及信息融合等算法的研究与改进，提出一种面向设备的物联网信息自动语义标注方法，达到对设备信息进行自动标注的效果，该方法在标注精度和 F 值方面均优于典型的基于规则的标注方法。爨林娜等[13]首先利用语义标注技术为传感器网络数据添加语义信息，然后提出基于继承关系概念组集的关联数据查询处理方法以找到相关 Web 数据集，基于启发式属性的图相似性比较方法实现传感器网络数据与相关 Web 数据的链接，以此实现数据间的关联操作。Wang 等[14]为物联网领域中的知识表示设计了一个轻量级的语义描述模型，在构建本体时考虑了轻量级和完整度之间的权衡，通过将构建好的室内定位本体和信息描述本体相结合，形成链接数据，使用者可以通过在其基础上链接其他本体和关联数据来对此语义描述模型进行扩充，使其能提供更完善的描述信息。SemTag[15]是一个典型的利用本体信息对资源进行自动语义标注的系统，它依据 TAP 知识库识别出待标注关键词的候选实例，然后利用上下文(前后各 10 个单词)与知识库中候选实例的上下文分别构造文本向量，通过计算语义相似度来选出最匹配的实例，以此完成标注。

综合上述研究，目前大多自动语义标注方法的研究都主要面向于处理 Web 资源和自然语言，适用于物联网领域信息处理的相对较少。另外，在传感器数据发布过程中，如何将传感器数据转换成 RDF 数据，并考虑利用物联网数据显著的时空关联特性来对经过语义化处理的数据进行动态语义描述，以细化物联网服务，仍需要进一步的探索。

4.2 物联网应用本体构建与实现

4.2.1 物联网应用本体构建

本体是自动语义标注的核心技术，构建出一个功能友好的物联网领域本体是实现面向物联网数据的自动语义标注操作的基础和关键步骤。结合目前国内外本体构建的相关研究，参照经典本体的构建形式及内容，依据专家意见，遵循图 4-3 所示的本体构建流程来完成面向物联网领域应用本体的设计与实现。

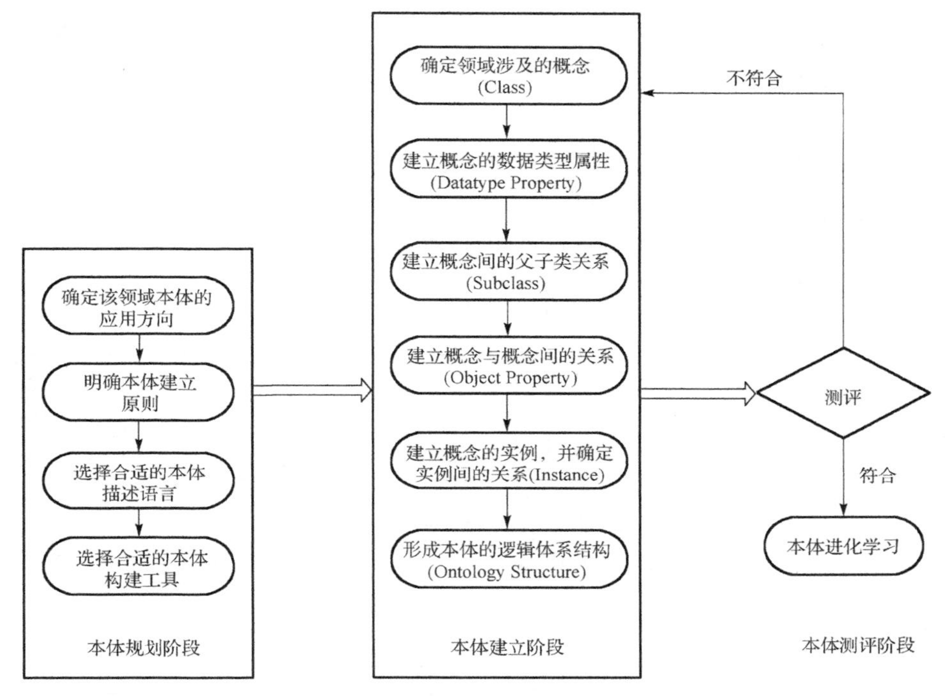

图 4-3　物联网领域应用本体构建流程

(1) 本体规划。

为保证所构建的物联网领域本体的质量及之后对于物联网数据资源的标注效果，首先应对该本体进行应用领域需求分析，明确本体的建立目标，并且需要严格遵循和参照一定的准则来完成该本体库的构建。

本节中选用 W3C 推出的 OWL 作为本体描述语言，因为 OWL 添加了更多用于描述属性和类型的词汇，相比 XML、RDF 和 RDFS 来说拥有更多机制来表达语义；另外，选用 Protégé 5.0 作为物联网领域本体建模工具，是因为考虑到它开放源代码，提供本体建设的基本功能，还有详细的帮助文档，并且可扩展性强[16]。Protégé 现已成为国内外众多本体构建的首选工具。

(2) 本体建立。

在本体的建立过程中，首先需收集物联网领域的相关知识及概念来确定本体的类和属性，然后在本体中建立这些类及属性之间的关系，最后根据相关领域专家的意见和已经比较完善的本体模型来形成该本体的逻辑结构及具体模型[17]。遵循以上步骤，结合应用需求，搭建出如图 4-4 所示的物联网应用本体层次结构模型。

(3) 本体测评。

本体构建完成之后要测评其是否满足正确性、一致性、可扩展性和有效性等原则，同时对本体库中概念定义的清晰程度、属性规则的完整程度进行有效评估，如果上述评估结果达不到一定的要求，则要返回到本体构建阶段对本体进行再度修改。

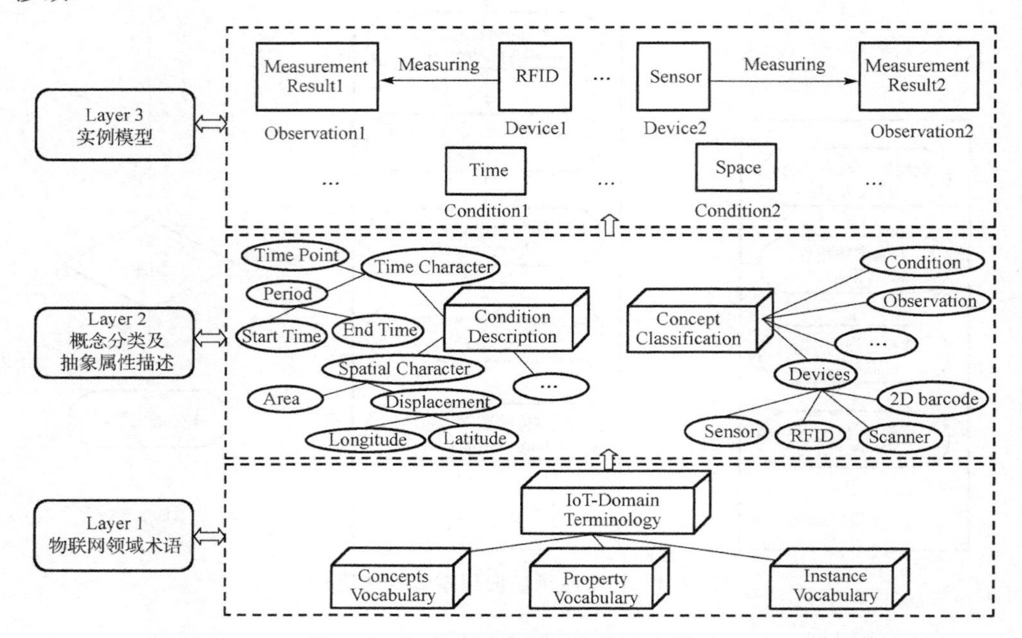

图 4-4 物联网领域应用本体层次模型

4.2.2 物联网观测数据本体库的构建

由于语义物联网解决方案的应用方向涉及种类繁多，一个语义本体无法全面囊括各类方向中的知识概念，故本体构建要求尽可能重用已有的物联网领域本体[18]。本节遵循并借鉴 SSN 本体的官方标准化概念命名方式，在上述物联网应用本体抽象模型的基础上，选取“智慧温室”作为领域本体的应用范围，在本体模型中增加这一特定应用场景下的特殊实例，构建出一个以“感知设备(Device)-数据资源(Observation)-时空环境(Condition)”为核心的物联网观测数据本体，为智慧农业、生物培育等领域提供相关知识参考的语义词典，为下一步面向物联网数据资源的自动语义标注奠定基础。

现有的物联网领域本体通常分为设备描述本体和观测描述本体[19]，这里构建的应用本体属于后一类。

依照以上构建流程，图 4-5 所示为使用 Protégé 软件构建出的一个智慧温室观测数据信息本体的概念层次及关系属性。

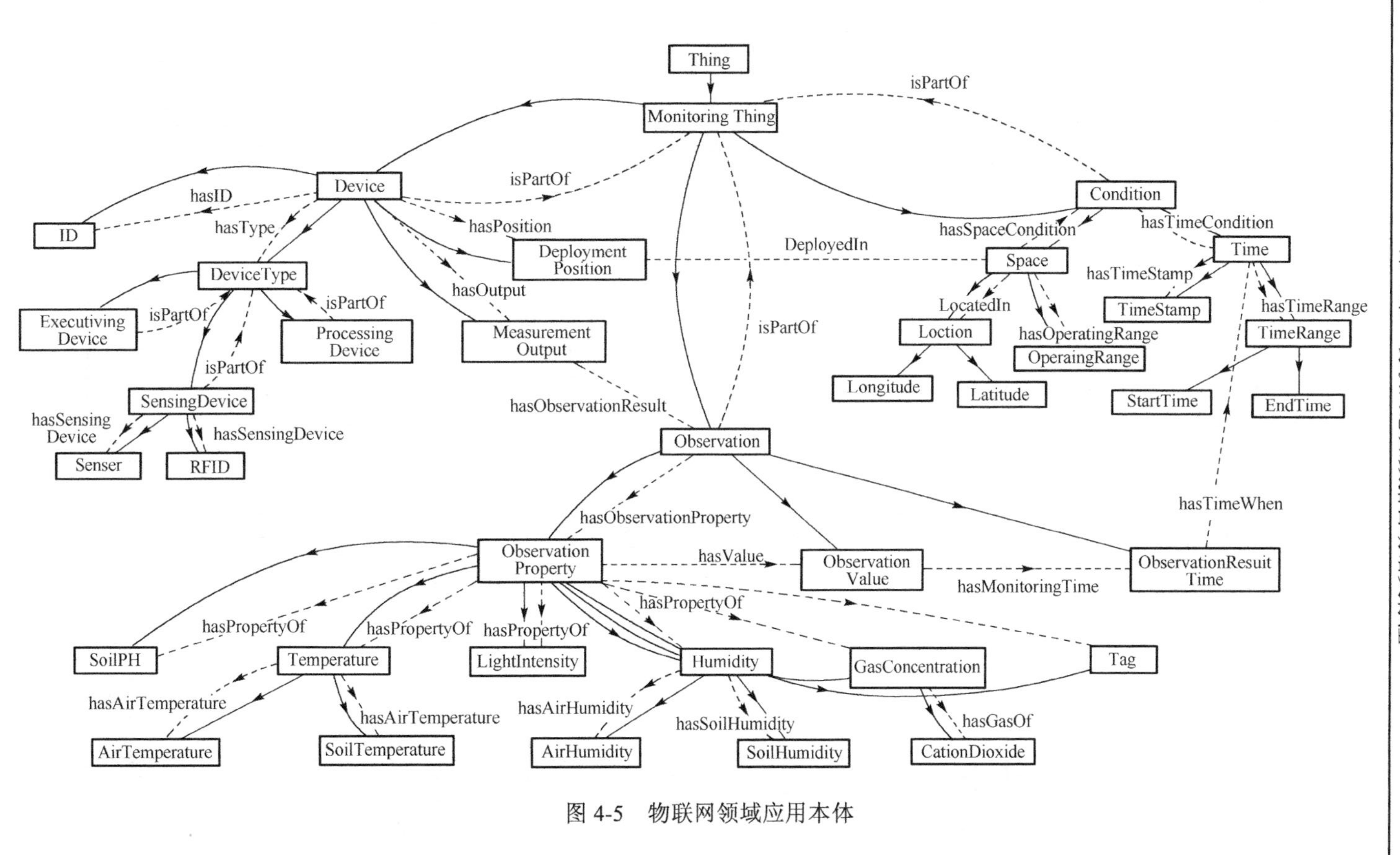

图 4-5　物联网领域应用本体

4.2.3　本体预处理

在将本体作为语义知识库对原始数据进行标注之前，需要对本体文件进行预处理操作，将其中所包含的领域概念及概念间的信息解析并抽取出来，为下一步快捷高效的自动语义标注做准备。图 4-6 所示为本体文件的部分 OWL 描述。

```
<owl:Class rdf:about="http://www.semanticweb.org/administrator/ontologies/2018/9/ontIAO#Observation">
    <rdfs:subClassOf>
        <owl:Restriction>
            <owl:onProperty rdf:resource="http://www.semanticweb.org/administrator/ontologies/2018/9/ontIAO#hasPropertyOf"/>
            <owl:someValuesFrom rdf:resource="http://www.semanticweb.org/administrator/ontologies/2018/9/ontIAO#ObservationProperty"/>
        </owl:Restriction>
    </rdfs:subClassOf>
    <rdfs:subClassOf>
        <owl:Restriction>
            <owl:onProperty rdf:resource="http://www.semanticweb.org/administrator/ontologies/2018/9/ontIAO#hasPropertyOf"/>
            <owl:someValuesFrom rdf:resource="http://www.semanticweb.org/administrator/ontologies/2018/9/ontIAO#Condition"/>
        </owl:Restriction>
    </rdfs:subClassOf>
</owl:Class>
```

图 4-6　物联网领域应用本体部分 OWL 描述

1) 本体解析规则

对本体的概念层次和关系属性及其 OWL 描述进行综合分析可得出，本体库结构主要是由概念属性(Classes)及概念间的关系属性(Object Properties)两大基本元素组成，组成方式应该被具象化表示为以下形式(以类“MonitoringThing”和类“Observation”为例)：

$$\begin{cases}\text{MonitoringThing-has subclass}\rightarrow\text{Observation} & ①\\ \text{Observation-isPartOf}\rightarrow\text{MonitoringThing} & ②\end{cases}$$

基于上述本体表现形式以及表 4-2 所示的信息抽取规则，对整个本体文件进行深度遍历，将本体中两两相关的概念属性分别视为一个主语表述(Subject)和一个宾语表述(Object)，将连接这两者的关系属性视为谓语表述(Predicate)，最后使用一个 RDF 三元组对这三部分进行描述。

表 4-2　本体解析规则

<table>
<tr><th>本体内容</th><th>解析规则</th><th>解析结果</th></tr>
<tr><td>概念属性 1</td><td>抽取本体 URI 中含“owl:Class”声明的类(class)，将其标记为主语(Subject)</td><td rowspan="3">Ontology
↓
RDF(S，P，O)</td></tr>
<tr><td>关系属性</td><td>抽取本体 URI 中含“owl:onProperty”声明的类(class)，将其标记为谓语(Predicate)</td></tr>
<tr><td>概念属性 2</td><td>抽取本体 URI 中含“owl:someValuesFrom”声明的类(class)，将其标记为宾语(Object)</td></tr>
</table>

2) 本体解析结果

依据上述规则对本体进行信息抽取，图 4-7 所示为本体中对观测属性相关内容的部分三元组解析实验结果截图。实验得到的本体 RDF 三元组集即可作为待标注数据的标准语义词典。

```
ObservationProperty hasObservedProperty Soil_Temperature
ObservationProperty hasObservedProperty Soil_Humidity
ObservationProperty hasObservedProperty LightIntensity
ObservationProperty hasObservedProperty CO2_Concentration
ObservationProperty hasObservedProperty Air_Humidity
ObservationProperty hasObservedProperty Air_Temperature
ObservationProperty hasObservedProperty Soil_PH
```

图 4-7　物联网领域应用本体解析部分结果

为三元组中各概念元素附加上其在本体中唯一对应的统一资源标识符(uniform resource identifier，URI)，如图 4-8 所示，该 RDF 图即为物联网领域中一个概念的标准化语义描述。

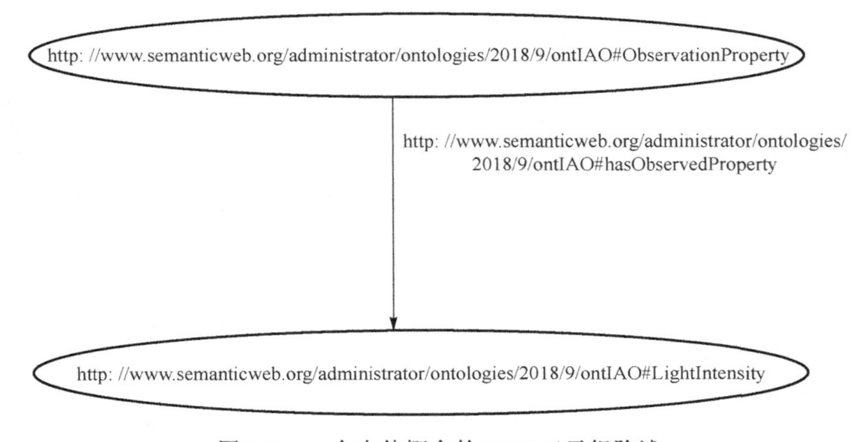

图 4-8　一个本体概念的 RDF 三元组陈述

4.3　多源异构物联网数据的自动语义标注方法

自动语义标注是指在领域本体的指导下，将数据资源文档中的内容转化为规范的知识表示，并以标准化的结构形式将其展示出来的过程。该过程就是基于一个已由 OWL 语言定义好的物联网领域本体，将原始物联网数据资源用 RDF 语言描述出来，通常可以概括成为关系提取和概念标注两个步骤。本节中结合物联网的数据特性及应用需求分析，构建一个物联网数据自动语义标注模型。该模型作为整个标注流程的指导思想和技术路线，并在此基础上对语义相似度算法和自动语义标注算法进行研究。进一步，提出了物联网语义数据时间关联模型及规则，构造同类数据间的语义关联，完成隐式语义信息的标注。

4.3.1　物联网数据资源自动语义标注模型构建

结合物联网数据的特点及应用需求，参考国内外各类具有代表性的自动语义标注方法，将语义标注视为一个语义信息抽取及概念映射的过程，设计并提出如图 4-9 所示的物联网数据资源的自动语义标注模型。

该模型展示了从原始物联网数据的获取到将经过语义标注处理之后的数据反馈给用户的完整过程。所提出的物联网数据资源自动语义标注模型涵盖以下三个核心模块。

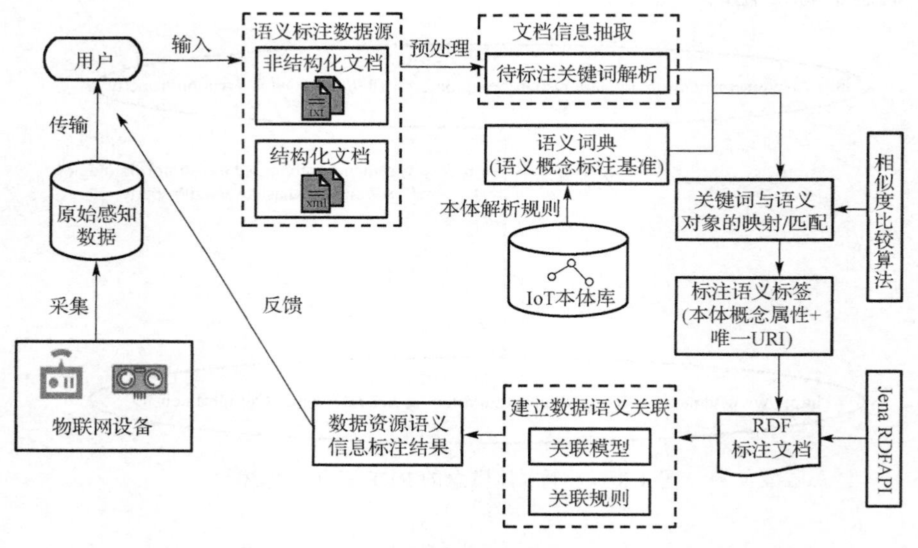

图 4-9　物联网数据资源自动语义标注模型

(1) 领域本体的构建及解析。

与数据库类比，基于本体对数据资源进行语义标注的过程就好比为建立好的数据库表添加具体纪录的操作。基于前面 4.2 节构建的物联网观测数据本体，对其进行解析，为实现物联网多源异构感知数据的语义标注和数据间的语义关联及融合共享做准备。

(2) 语义映射。

语义标注是指从待标注数据文档(ds)和本体知识库(kb)到标注结果的映射，记为式(4-1)：

$$\delta \mathrm{ds} \times \mathrm{kb} \rightarrow \left\{ \prec \begin{matrix} \mathrm{ent}_m \\ \mathrm{sor}_i \end{matrix} \right\} \tag{4-1}$$

其中，sor_i 为待标注的资源，ent_m 表示其对应的语义实体，且 $0<i<m$。

基于本体知识库的语义映射需要借助于一个语义词典以实现关键词与本体概念或者关键词与实体之间的匹配。用 RDF 解析器提取知识库中各个实体的 ub:name、rdfs:label、rdfs:comment 等属性值得到<term，value property，semantic object> 列表，并以此构建语义词典。语义词典将建立从词语到语义对象的相互映射，其逻辑结构如图 4-10 所示。

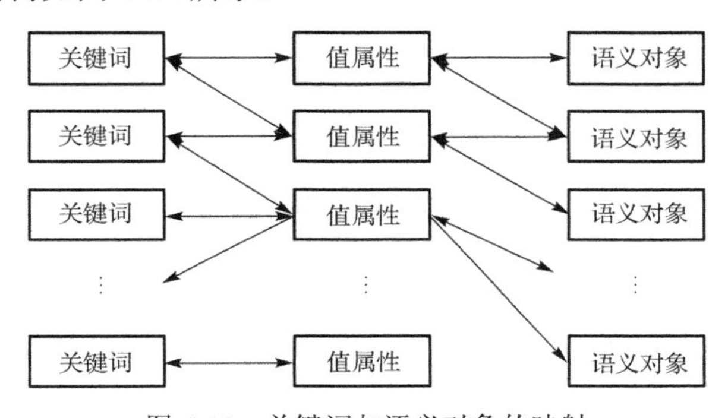

图 4-10　关键词与语义对象的映射

基于一个精度相对较高的相似度匹配算法，在待标注的数据和本体之间进行语义相似度匹配，建立数据和与之意义最相近的语义对象之间的映射，这是自动语义标注算法中的关键步骤。

(3) 语义标注及关联。

该模块基于已定义的物联网领域本体，为数据实例添加上明确的语义标签，属于显示语义信息的标注。该模块首先抽取出数据文档中的待标注关键词，将其与基于本体生成的语义词典进行映射，通过语义消歧技术，匹配出与关键词语义相似度最高的语义对象，从而进行标注。最后将标注后的数据存储为形式一致的 RDF 文档。

另外，经过上一步的语义标注后，并没有完全解决异构数据资源间通过语义实现共享融合的需求，“数据孤岛”问题依旧存在。故该模块基于 RDF 标注文档，根据一定的数据关联模型和关联规则，实现相关数据资源之间的语义关联。这是将数据之间隐藏的、有价值的关联信息挖掘出来的过程，属于隐式语义信息的标注。该模块最终生成对物联网数据资源的完整语义标注结果，并将其反馈给用户使用。

4.3.2　基于 WordNet 的词义词形相似度计算方法

在数据资源与本体概念两者之间进行语义相似度匹配是自动语义标注算法的核心步骤，也是为原始数据赋予语义标签的技术基础。为了实现较为精准的语义标注效果，这里采用“先词形比较，后词义比较”的相似度匹配方法。

词形比较即判断数据资源与本体概念词汇结构的“形相似度”，词义比较则是判断数据资源与本体概念的“语义相似度”。通过这两者的结合确保相似映射的准确性及匹配结果的无二义性，而后者对于语义相似度的计算是研究重点与难点，经分析需求并查阅相关技术路线，决定基于语义词典 WordNet 来完成“语义相似度”这一部分的比较。

WordNet[20]是一个由普林斯顿大学认知科学实验室在心理学教授乔治·A·米勒的指导下建立和维护的英文数据词典。WordNet 对所有的英文单词都进行了分类，它有别于通常意义上的词典，是依据单词具体的意思将单词进行排列连接，并且为单词之间定义了语义关系，从而形成了一棵语义树，通过语义消歧，能够使用户在这个词汇的网络中找到与某个特定单词更为相近的其他单词。因此，WordNet 提供了一种更有效的词典信息和现代语义计算的连接方式，更适合研究单词与单词之间的语义关联[21]。

使用 WordNet 需要调用 Python 里的 NLTK 包，并事先下载安装 WordNet 语义词典。在 WordNet 中，定义了多种语义关系，包含同义关系(Synonymy)、反义关系(Antonymy)、上位/下位关系(Hypernymy & Hyponymy)、部分整体关系(Meronymy / Holonymy)等，这些语义关系是 WordNet 的重要内容。这里主要使用其中的同义关系，首先以 WordNet 的词汇语义分类作为基础，抽取出其中的同义词，然后采用基于向量空间的方法计算出相似度[22,23]。工作流程如图 4-11 所示。

若 w_1、w_2 为待进行相似度匹配的两个词汇对象，Sense(w_1)和 Sense(w_2)分别为这两个单词在 WordNet 中所属的同义概念节点的集合，那么这两个词汇的相似度计算方法为

$$\mathrm{Sim}(w_1, w_2) = \max_{c_1 \in \mathrm{sense}(w_1), c_2 \in \mathrm{sense}(w_2)} \left[\mathrm{Sim}(c_1, c_2)\right] \tag{4-2}$$

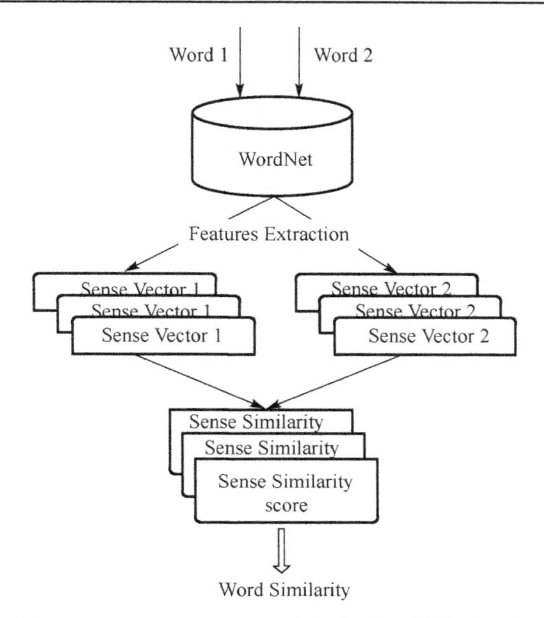

图 4-11　WordNet 词语语义相似度比较算法思想

4.3.3　面向物联网数据的语义相似度映射标注算法设计

通过对本体库及原始数据集进行预处理之后，可以清晰地看出，两个概念之间通过关系属性建立连接，故要完成数据资源到本体概念的语义映射，首先需要在两者之间进行“搭桥”，而这座桥便是待标注数据集和本体库中共有的关系属性。这里将本体知识库和待标注数据资源中的内容都抽象为 RDF 三元组，在爨林娜的基于启发式属性的图相似度比较算法[24]的基础上，对该算法进行部分改进，提出了面向物联网观测数据的自动语义标注算法(internet of things data oriented automation semantic annotation algorithm，IoT_OASA)，通过建立数据与本体之间的相似度匹配来完成标注。

算法思想是：首先将两个数据集抽象为 RDF 图集合，基于选定的关系属性，分别将此关系属性作为谓语的各 RDF 图的主语部分、宾语部分进行相似度计算，基于计算结果再计算 RDF 图层次的相似度，作为二度比较，最后在 RDF 图相似度最高的两个 RDF 图之间建立语义映射，从而得到更准确的标注结果。图 4-12 所示为算法流程图。

物联网观测数据的自动语义标注算法(IoT_OASA)可具体描述如算法 4.1 所示。

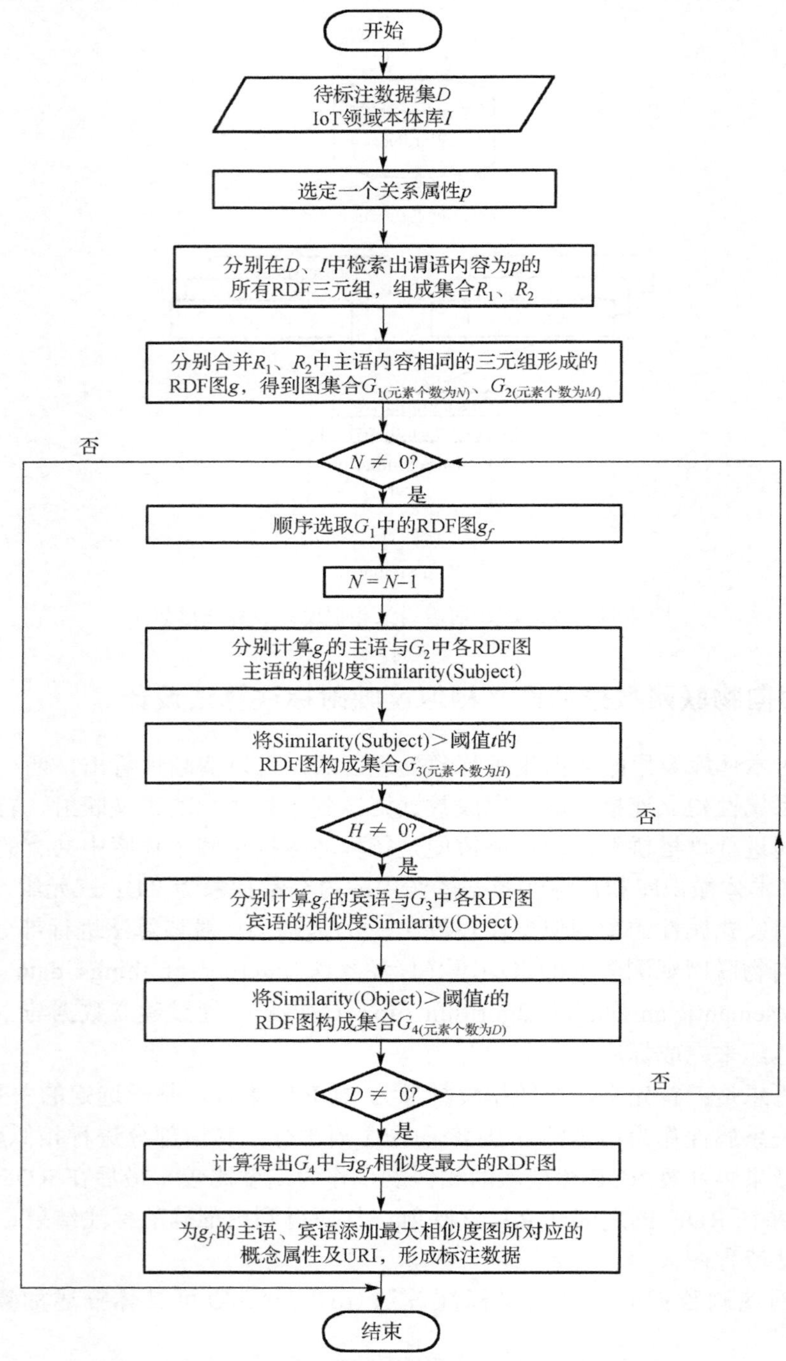

图 4-12　物联网数据自动语义标注算法流程图

算法 4.1　物联网数据语义相似度映射标注算法

输入： 待标注数据集 D，物联网领域本体库 I，关系属性 p

输出： 标注后的语义数据

1. 抽取关系属性 p，$p \in D$
2. 在数据集 D 中检索出具有关系属性 p 的三元组集 $R_1=(r_1,\cdots,r_a,\cdots,r_b)$，$r_a=(S_a,p,O_a)$
3. 合并 R_1 中具有相同主语的三元组形成 RDF 图，得到图集合 $G_1=(g_a,\cdots,g_f,\cdots,g_n)$，$g_f=(S_f,p,O_f)$，$O_f=(o_1,\cdots,o_i,\cdots,o_k)$
4. 在本体库 I 中检索出具有关系属性 p 的三元组集 $R_2=(r_1',\cdots,r_d',\cdots,r_e')$，$r_d'=(S_d',p,O_d')$
5. 合并 R_2 中具有相同主语的三元组形成 RDF 图，得到图集合 $G_2=(g_b',\cdots,g_c',\cdots,g_m')$，$g_c'=(S_c',p,O_c')$，$O_c'=(o_1',\cdots,o_j',\cdots,o_s')$
6. 设 G_3 是将与 g_f 进行主语映射的 RDF 图集合
7. For 遍历 G_1、G_2 中所有 RDF 图的主语，$g_f \in G_1$，$g_c' \in G_2$，$S_f \in g_f$，$S_c' \in g_c'$
8. If Semantic Similarity$(S_f,\ S_c')>t_1$(主语相似度阈值)
9. Add g_c' to G_3
10. End For
11. 设 G_4 是将与 g_f 进行宾语映射的 RDF 图集合
12. For 遍历 G_1、G_3 中所有 RDF 图的宾语组合 Combinations$(O_f,\ O_c')$，$g_f \in G_1$，$g_c' \in G_3$，$O_f \in g_f$，$O_c' \in g_c'$
13. If Semantic Similarity$(O_f,\ O_c')>t_2$(宾语相似度阈值)
14. Add g_c' to G_4
15. End For
16. 根据主语节点间及其对应的各宾语节点间的相似度值，计算各 RDF 图之间的图相似度：Sim(RDFGraph)
17. 建立具有最高的图相似度数值两个 RDF 图的主语、宾语之间的映射关系：Mapping$\{g_f(S_f,O_f)\rightarrow g_1'(S_1',O_1')\}$
18. Return　Max(Sim(RDF Graph))
19. Function　SemanticTag$(S_f\rightarrow S_1',O_f\rightarrow O_1')$
20. Function　LinkURI$(S_f\rightarrow S_1',O_f\rightarrow O_1')$
21. Return　待标注数据对应的语义标签和统一资源标识符

其中，p 为选定的用来连接两个数据属性的关系属性(object property)；D 是需要进行标注的物联网数据资源集；I 为物联网领域本体知识库(这里以智慧温室领域本体库为例)。WordNet Similarity 是用来计算原始数据与本体的概念属性之间的相似程度算法，以此确定原始数据与语义对象之间准确的映射关系，其返回结果是精确的相似度数值；t 则为衡量相似度大小的阈值(threshold)，若相似度值大于 t，则说明进行比较的两个元素之间的关系是语义相关或等同的。Combinations(O_f, O_1')是在两个 RDF 图中相同主语及其连接宾语的所有组合。

4.4 物联网数据语义标注结果与分析

4.4.1 实验数据准备

(1) 传感器于温室大棚内采集到的物联网原始数据集 D。

(2) 包含温室大棚内特有的概念属性及关系属性的物联网领域应用本体 I。

(3) 以对传感器观测到的各类环境参数名称和观测数值的标注为例，选取关系属性 p = hasObservedProperty，这样一来就限定了目前的待标注数据的类别——属于观测类 Observation 中囊括的数据概念及类型。

4.4.2 语义映射结果

在物联网原始数据集 D 中抽取彼此间具有关系属性“hasObservedProperty”的数据资源，形成 RDF 图 g_1，如图 4-13 所示。同时在物联网领域应用本体 I 中检索具有相同关系属性的所有概念属性，形成 RDF 图 g_2～g_8，如图 4-14 所示。

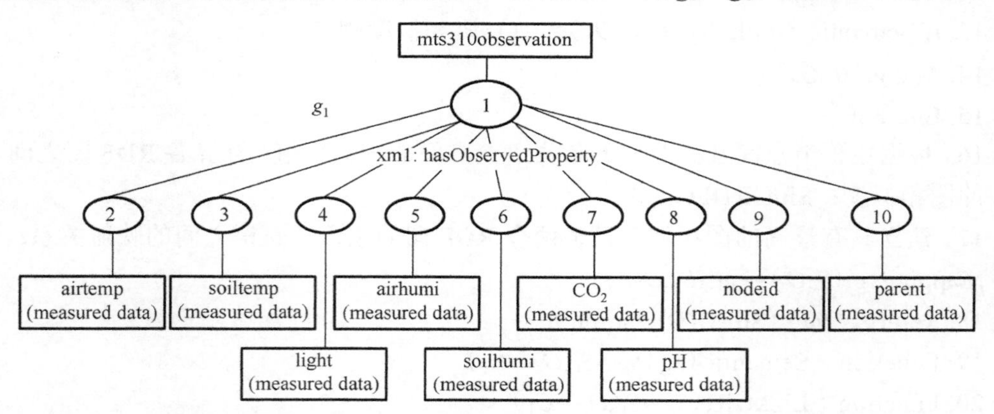

图 4-13　依据关系属性“hasObservedProperty”抽取到的传感器观测数据 RDF 图

(1) 主语节点间的语义相似度计算结果。

依据关系属性“hasObservedProperty”分别得到数据源和本体概念的 RDF 图 g_1～g_8。以 g_1 的主语为主体，分别计算它与图 g_2～g_8 的语义相似度，设定主语相似度阈

值 $t_1 = 0.4$，找到与 g_1 具有相似主语的 RDF 图，对主语之间超过阈值的 RDF 图进行下一步的宾语相似度计算。这里将彼此间具有相似主语的 RDF 图视为同一种类型的数据。

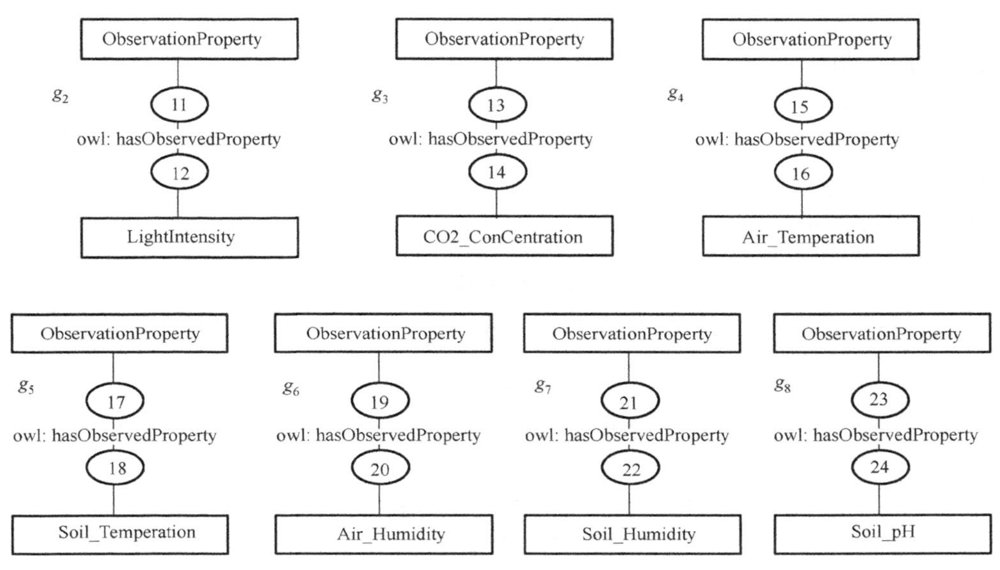

图 4-14　依据关系属性“hasObservedProperty”检索到的本体概念属性 RDF 图

由表 4-3 可知，与 g_1 主语进行相似度计算的都是本体中同一个类别（Observation-Property）下属的子树，这些子树具有相同主语，且与 g_1 主语相似度值超过阈值，故 g_1 的主语与 g_2～g_8 的主语都是语义相似的。

表 4-3　g_1 与 g_2～g_8 主语相似度计算结果

RDF 图序号	主语节点	主语相似度值
(g_1，g_2)	(1，11)	0.44
(g_1，g_3)	(1，13)	0.44
(g_1，g_4)	(1，15)	0.44
(g_1，g_5)	(1，17)	0.44
(g_1，g_6)	(1，19)	0.44
(g_1，g_7)	(1，21)	0.44
(g_1，g_8)	(1，23)	0.44

(2) 宾语节点间的语义相似度计算结果。

在主语节点间的语义相似度计算的基础上，分别计算 g_1 的各宾语同 g_2～g_8 的宾语的相似度。设定宾语相似度阈值 $t_2 = 0.5$，筛除宾语阈值低于 0.5 的 RDF 图，

留下与 g_1 具有相似宾语的 RDF 图，并对宾语之间超过阈值的 RDF 图进行最终的图间相似度计算。

由表 4-4 可知，g_1 宾语节点 2 与 g_4 的宾语节点 16 语义相似，g_1 宾语节点 3 与 g_5 的宾语节点 18 语义相似，g_1 宾语节点 4 与 g_2 的宾语节点 12 语义相似，g_1 宾语节点 5 与 g_6 的宾语节点 20 语义相似，g_1 宾语节点 6 与 g_7 的宾语节点 22 语义相似，g_1 宾语节点 7 与 g_3 的宾语节点 14 语义相似，g_1 宾语节点 8 与 g_8 的宾语节点 24 语义相似，而 g_1 的宾语节点 9、10 并没有超过阈值与之语义相似的本体概念。故下一步应分别建立 g_1 与图 g_2～g_8 之间对应主语到宾语的映射关系，进行 RDF 图相似度匹配。

表 4-4　g_1 与 g_2～g_8 宾语相似度计算结果

RDF 图序号	宾语节点	宾语相似度值
(g_1，g_2)	(2，12)	0.39
(g_1，g_3)	(2，14)	0.32
(g_1，g_4)	(2，16)	0.54
(g_1，g_5)	(2，18)	0.42
(g_1，g_6)	(2，20)	0.41
(g_1，g_7)	(2，22)	0.30
(g_1，g_8)	(2，24)	0.26
(g_1，g_2)	(3，12)	0.30
(g_1，g_3)	(3，14)	0.38
(g_1，g_4)	(3，16)	0.40
(g_1，g_5)	(3，18)	0.55
(g_1，g_6)	(3，20)	0.33
(g_1，g_7)	(3，22)	0.48
(g_1，g_8)	(3，24)	0.44
(g_1，g_2)	(4，12)	0.65
(g_1，g_3)	(4，14)	0.27
(g_1，g_4)	(4，16)	0.38
(g_1，g_5)	(4，18)	0.39
(g_1，g_6)	(4，20)	0.38
(g_1，g_7)	(4，22)	0.44
(g_1，g_8)	(4，24)	0.36
(g_1，g_2)	(5，12)	0.30
(g_1，g_3)	(5，14)	0.32

续表

RDF 图序号	宾语节点	宾语相似度值
(g_1，g_4)	（5，16）	0.40
(g_1，g_5)	（5，18）	0.33
(g_1，g_6)	（5，20）	0.58
(g_1，g_7)	（5，22）	0.45
(g_1，g_8)	（5，24）	0.26
(g_1，g_2)	（6，12）	0.30
(g_1，g_3)	（6，14）	0.38
(g_1，g_4)	（6，16）	0.26
(g_1，g_5)	（6，18）	0.40
(g_1，g_6)	（6，20）	0.48
(g_1，g_7)	（6，22）	0.63
(g_1，g_8)	（6，24）	0.44
(g_1，g_2)	（7，12）	0.25
(g_1，g_3)	（7，14）	0.62
(g_1，g_4)	（7，16）	0.26
(g_1，g_5)	（7，18）	0.25
(g_1，g_6)	（7，20）	0.28
(g_1，g_7)	（7，22）	0.30
(g_1，g_8)	（7，24）	0.28
(g_1，g_2)	（8，12）	0.30
(g_1，g_3)	（8，14）	0.32
(g_1，g_4)	（8，16）	0.27
(g_1，g_5)	（8，18）	0.42
(g_1，g_6)	（8，20）	0.28
(g_1，g_7)	（8，22）	0.44
(g_1，g_8)	（8，24）	0.56
(g_1，g_2)	（9，12）	0.30
(g_1，g_3)	（9，14）	0.32
(g_1，g_4)	（9，16）	0.10
(g_1，g_5)	（9，18）	0.19
(g_1，g_6)	（9，20）	0.24
(g_1，g_7)	（9，22）	0.33
(g_1，g_8)	（9，24）	0.33
(g_1，g_2)	（10，12）	0.36

续表

RDF 图序号	宾语节点	宾语相似度值
(g_1，g_3)	(10，14)	0.25
(g_1，g_4)	(10，16)	0.25
(g_1，g_5)	(10，18)	0.26
(g_1，g_6)	(10，20)	0.23
(g_1，g_7)	(10，22)	0.24
(g_1，g_8)	(10，24)	0.24

(3) RDF 图的语义映射结果。

在(1)、(2)的基础上，对两个主语、宾语已经满足一定相似度要求的 RDF 图进行语义映射，目的是让一条数据匹配上关于它的最准确的本体语义解释。对两个 RDF 图进行相似度计算的公式如式(4-3)所示：

$$\mathrm{Sim(RDFGraph)}=\frac{(w_1\times \mathrm{Similarity}(S_f,S_l'))+\sum_{i,j}w_2\times \mathrm{Similarity}(O_i,O_j')}{\left|\mathrm{Objcome}(g_f,g_l')\right|+1} \tag{4-3}$$

其中，w_1、w_2 分别代表主语和宾语相似度大小所占的权重，Similarity(S_f, S_l')、Similarity(O_i, O_j')分别表示两个 RDF 图之间的主语、宾语的语义相似度值，Objcome 为经函数 Combinations(O_f, O_l')组合后的元素。考虑到本算法是在主语相似度最大的两个 RDF 图集合的基础上再进行宾语相似度比较，且一个概念大类往往会包含有很多下分的子类概念，对宾语属性进行准确定位才能为数据映射到最准确的语义概念，故宾语相似度大小所占的权重明显是应高于主语的。实验证明，取 w_1=0.6，w_2=1 时会有较好的标注效果。RDF 图相似性的阈值取 0.4，最后在超过阈值并有最大阈值的两个 RDF 之间建立映射关系，实现语义标注。

由表 4-5 可知，表中所罗列的各节点主语到宾语的映射组合的 RDF 图相似度均超过阈值，且 g_1 中的各宾语属性与其他各图之间有唯一对应关系，故可直接依据该映射关系对数据元素进行语义标注及 URI 的分配。

表 4-5　g_1 与 g_2～g_8 图相似度映射结果

RDF 图序号	语义映射(主宾节点匹配)	RDF 图语义相似度值
(g_1，g_4)	Mapping{(1，15)，(2，16)}	0.40
(g_1，g_5)	Mapping{(1，17)，(3，18)}	0.41
(g_1，g_2)	Mapping{(1，11)，(4，12)}	0.46
(g_1，g_6)	Mapping{(1，19)，(5，20)}	0.42

续表

RDF 图序号	语义映射(主宾节点匹配)	RDF 图语义相似度值
(g_1, g_7)	Mapping{(1, 21), (6, 22)}	0.45
(g_1, g_3)	Mapping{(1, 13), (7, 14)}	0.44
(g_1, g_8)	Mapping{(1, 23), (8, 24)}	0.41

4.4.3 物联网观测数据的标注结果

经过语义标注算法处理，原始的物联网观测数据被赋予了明确的语义标签及唯一标识符 URI，标注结果如图 4-15 所示。

```
==================================
<http://www.semanticweb.org/administrator/ontologies/2018/9/ontIAO#ObservationSpace>mts310observation</http://www.semanticweb.org/administrator/ontologies/2018/9/ontIA
<http://www.semanticweb.org/administrator/ontologies/2018/9/ontIAO#DeployedLocation>East longitude 102.73  Northern latitude 25.04<http://www.semanticweb.org/administr
<http://www.semanticweb.org/administrator/ontologies/2018/9/ontIAO#ObservationTime>2018,12,07,11,44<http://www.semanticweb.org/administrator/ontologies/2018/9/ontIAO#O
<http://www.semanticweb.org/administrator/ontologies/2018/9/ontIAO#Air Temperature>32<http://www.semanticweb.org/administrator/ontologies/2018/9/ontIAO#Air Temperature
<http://www.semanticweb.org/administrator/ontologies/2018/9/ontIAO#Soil Temperature>29<http://www.semanticweb.org/administrator/ontologies/2018/9/ontIAO#Soil Temperatu
<http://www.semanticweb.org/administrator/ontologies/2018/9/ontIAO#LightIntensity>50446<http://www.semanticweb.org/administrator/ontologies/2018/9/ontIAO#LightIntensit
<http://www.semanticweb.org/administrator/ontologies/2018/9/ontIAO#Air Humidity>84%<http://www.semanticweb.org/administrator/ontologies/2018/9/ontIAO#Air Humidity>
<http://www.semanticweb.org/administrator/ontologies/2018/9/ontIAO#Soil Humidity>91%<http://www.semanticweb.org/administrator/ontologies/2018/9/ontIAO#Soil Humidity>
<http://www.semanticweb.org/administrator/ontologies/2018/9/ontIAO#Carbon Dioxide>5%<http://www.semanticweb.org/administrator/ontologies/2018/9/ontIAO#Carbon Dioxide>
<http://www.semanticweb.org/administrator/ontologies/2018/9/ontIAO#Soil Ph>6<http://www.semanticweb.org/administrator/ontologies/2018/9/ontIAO#Soil Ph>
==================================
```


图 4-15 物联网原始数据语义标注结果

从标注结果图中可以清晰地看出，经过语义标注算法，关于数据文本中的“某个传感器设备(mts310)在何时何地所测量到的观测值及其属性”等信息都被赋予了明确的标准化语义注释，并添加上了在本体库中能对这条信息进行唯一标识的 URI。至此，完成了对物联网原始观测数据的自动语义标注处理。

4.4.4 标注性能测评与分析

1)标注性能测评指标

上节详细阐述了物联网数据资源自动语义标注模型的语义标注处理工作流程，并展现了经过语义相似度映射标注算法(IoT_OASA)处理所产生的物联网原始数据的语义标注结果。在本节中，将使用准确率 P、召回率 R 以及 F 值这三个指标作为标注效果的测评指标，从而对所提出的标注模型及算法的有效性进行定量的客观判断。

准确率 P 描述的是概念属性匹配正确的语义三元组数占算法成功匹配出的语义三元组数的比重，用来衡量标注方法的查准率；召回率 R 描述的是概念属性匹配正确的语义三元组数占所有待标注数据的 RDF 三元组数的比重，用来衡量标注方法的查全率；F 值则为准确率 P 及召回率 R 的调和平均值。它们的计算公式分别如下：

$$\text{Precision}:P=\frac{A}{A+B}\times 100\% \tag{4-4}$$

$$\text{Recall}:R=\frac{A}{A+C}\times 100\% \tag{4-5}$$

$$F1\text{-measure}:F1=\frac{P\times R\times 2}{P+R}\times 100\% \tag{4-6}$$

其中，A、B、C 分别表示相应的样本个数，其具体含义如表 4-6 所示。

表 4-6　P、R、F 公式参数含义

匹配情况	匹配结果为正确目标	匹配结果非正确目标
数据对应概念属性已被匹配到	A	B
数据对应概念属性未被匹配到	C	—

2) 测评实验结果分析

选取 33 组物联网感知数据作为实验样本，每组数据包含 11 条待标注原始数据的 RDF 三元组，共计 363 组待标注 RDF 数据三元组。利用本章的改进算法 IOT_OASA，计算了相应的三元组匹配结果的准确率 P、召回率 R 及 F 值，并与 ACSG-HP(algorithm for comparing similarity of graph based on heuristic property) 算法进行了对比分析。表 4-7 所示为这两个算法标注效果的定量测评比对结果。

表 4-7　与现有相关算法的标注效果定量测评比对

算法	所有待标注数据的 RDF 三元组数 (A+C)	算法成功匹配出的语义三元组数 (A+B)	概念属性匹配正确的语义三元组数 (A)	准确率 P/%	召回率 R/%	F 值/%
ACSG-HP	363	231	198	85.7	54.5	66.6
IoT_OASA	363	330	264	80.0	72.7	76.2

通过表 4-7 和图 4-16 可以得出，本章用来进行语义标注的语义相似度映射标注算法 IoT_OASA 的标注准确率与算法 ACSG-HP 相比在数值上略低，但在所有待标注的 RDF 三元组基数相同的条件下，IoT_OASA 成功匹配出的语义三元组数相比 ACSG-HP 增加了 42.9%，其中，概念属性匹配正确的语义三元组数相比 ACSG-HP 增加了 33.3%；另外，标注召回率及 F 值两个测评指标也均高于 ACSG-HP。由于对相似度计算方法进行了改进，采用词义词形相结合的相似度计算方法，即在概念属性形相似的基础上，还考虑了属性之间在含义层面的相似度，因此 IoT_OASA 算法不仅实现数据成功匹配，并且正确标注出了更多数量的语义三元组。

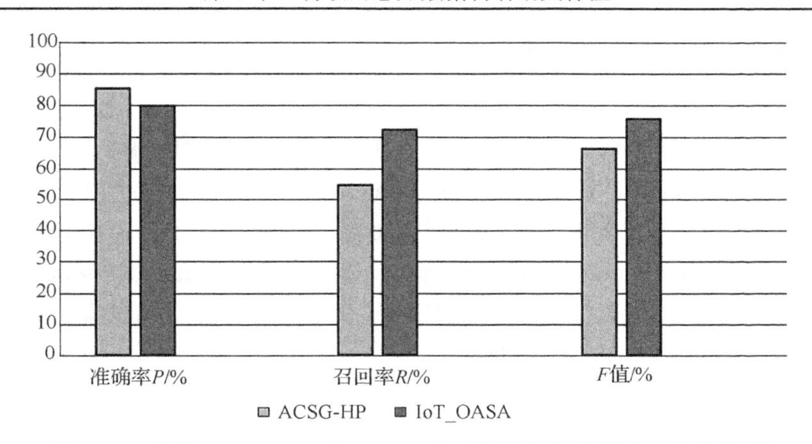

图 4-16　算法 IoT_OASA 与 ACSG-HP 的标注性能测评对比分析图

4.5　物联网数据资源的语义关联

4.5.1　标注数据的语义关联模型

经过上一步语义标注之后，并没有完全解决异构数据资源间通过语义实现共享融合的需求，“数据孤岛”问题依旧存在。本节基于 RDF 标注文档，依据图 4-17 所示的时间关联模型，以时间因素的变化为主体，将感知数据放到一个动态的行为活动中，并抽取各语义标注数据文档中的某一相同语义对象(观测传感器、观测属性)作为关联基准，将时空环境与行为的对象、主题及具体的内容关联到一起，构建出每一个具体的数据值之间动态的关联关系，实现相关数据资源之间的语义关联。这是将数据之间隐藏的、有价值的关联信息挖掘出来的过程，属于隐式语义信息的标注。

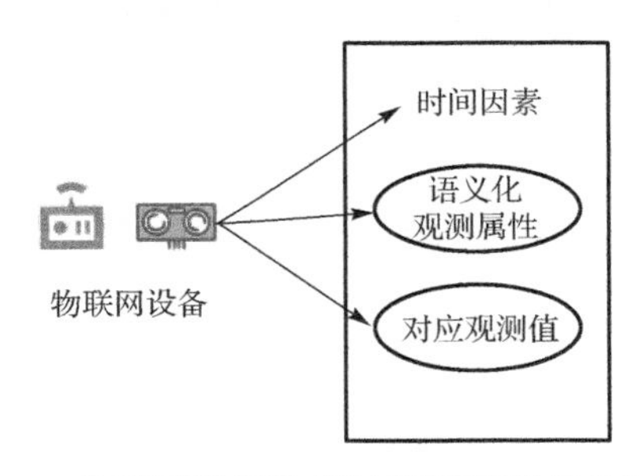

图 4-17　物联网语义数据时间层面语义关联模型

结合关联模型，将物联网数据资源在时间层面的语义关联业务流程描述为一个语义标签集合和一个时间戳集合的形式，如式(4-7)所示：

$$\text{AssociationProcess} = \{ \text{SemanticLabel}, \text{TimeStamp} \} \tag{4-7}$$

式中，SemanticLabel = {semanticlabel1,semanticlabel2,⋯,semanticlabel$m$}，semanticlabel$i$ ($1 \leqslant i \leqslant m$)表示经过语义标注之后数据值被赋予上的语义标签，用来标识数据类型及属性信息；TimeStamp = {timestamp1,timestamp2,⋯, timestamp$n$}，timestamp$j$ ($1 \leqslant j \leqslant n$)表示对应数据值被获取到的时间节点。对这两类元素集合进行归并，即可实现多个同类数据基于时间层面的有效关联。

4.5.2　语义关联数据可视化

本节利用可视化的方式对上文经过语义标注与关联的物联网语义数据进行直观展示，通过数据可视化方式可以从无关联的多组原始观测数据群中挖掘出一定的关联信息，快速地为普通用户和专家用户提供行为参考以及关于未来数据变化的重要结果预测。可视化亦称为视觉化，它往往是借助于图形化手段来传递和表达信息，通过计算机图形学、图像处理和计算机视觉等技术将科学计算过程中产生或测量所得的大量数据(其中包括抽象的、非直观的或不可预见的)，转换成图形和图像信息的方式直观地表现出来[25,26]。

利用曲线图表方式对各类物联网语义化观测数据进行可视化展现，以温室内空气温度、光照强度、二氧化碳浓度三个观测属性为例，其对应的观测值变化分别如图 4-18～图 4-20 所示。对传感数据进行可视化展现的最大优势就是可以将观测数据直接与专家数据进行比对，从而帮助给出比较直观的非正常范围数据预警。

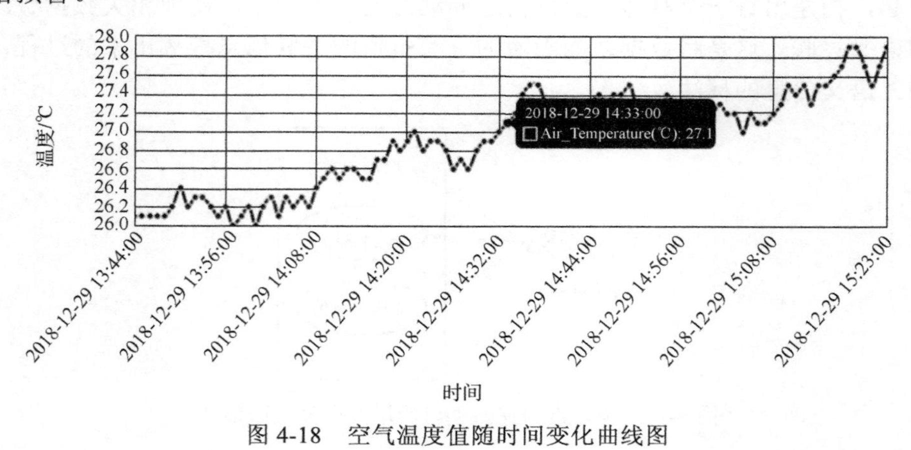

图 4-18　空气温度值随时间变化曲线图

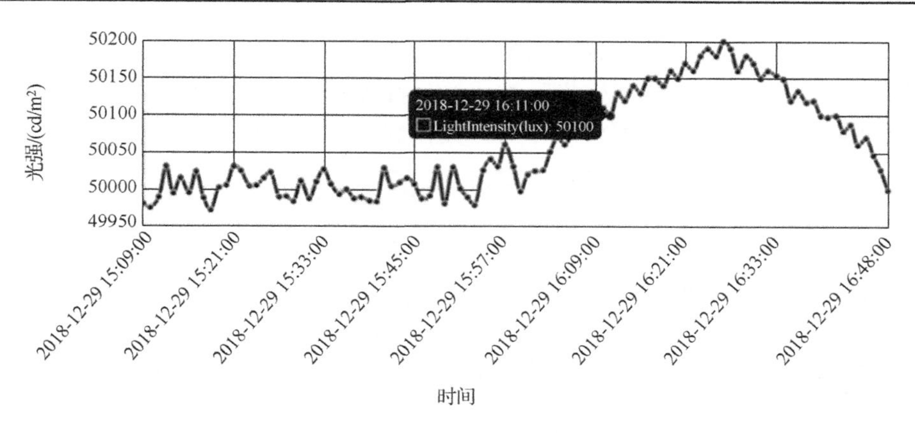

图 4-19　光照强度值随时间变化曲线图

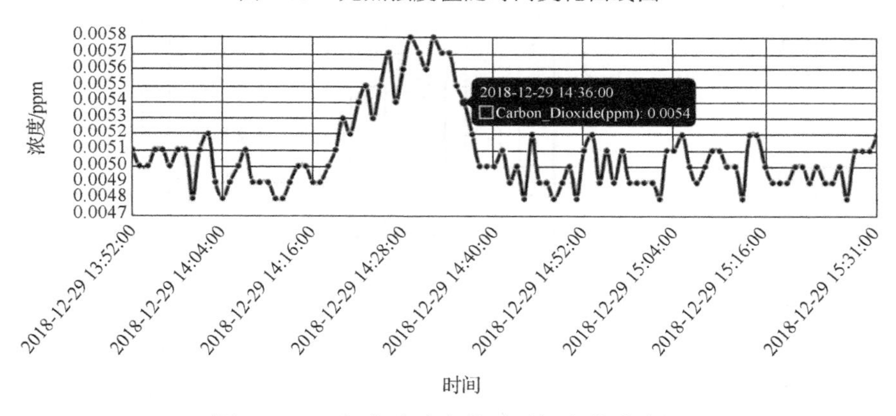

图 4-20　二氧化碳浓度值随时间变化曲线图

从图中可以看到，横向的时间轴表示时间序列的推进，纵轴则表示随着时间的变化，某一相同观测属性数据值的波动。通过图示，可以辅助用户及温室作物管理人员更好地监测和观察农作物的生长环境，从而对环境状况做出实时改进，保障作物的高效栽培。

4.6　物联网数据自动语义标注系统

为使 4.5 节提出的语义标注模型具备更广泛的实用价值和易操作性，本节设计并实现了物联网数据的自动语义标注系统。系统基于标注模型，整合其中所涉及的相关算法，实现从原始数据源的输入到标注结果输出的整体化操作。

4.6.1　物联网数据自动语义标注系统设计

本节主要描述物联网数据自动语义标注系统的总体设计思路及功能模块设计

等，包括总体的模块设计和各个功能模块的逻辑设计，并给出每个模块的功能设计及处理流程图。该物联网数据自动语义标注系统主要包括两大功能模块，即标注系统用户认证模块和数据资源语义标注模块，功能架构如图 4-21 所示。

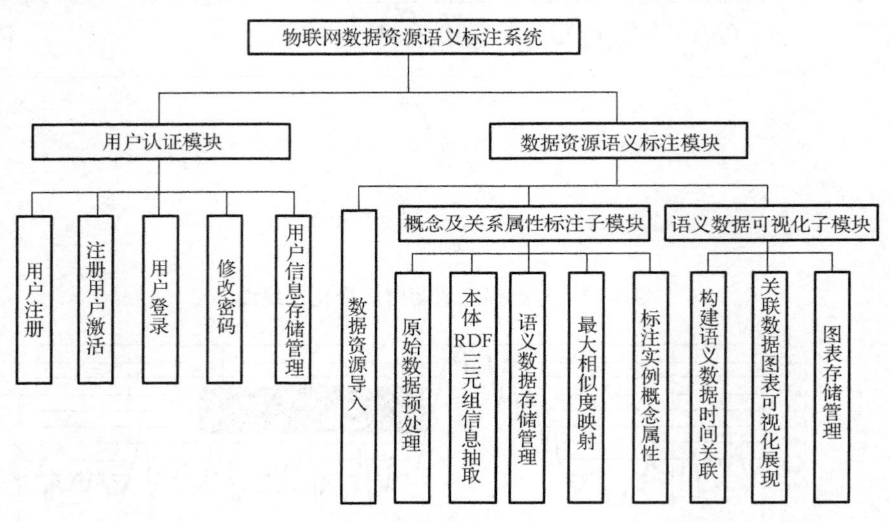

图 4-21　物联网数据资源自动语义标注系统功能模块图

1) 标注系统用户认证模块

在标注系统用户认证模块中，包含用户注册、注册用户激活、用户登录、修改密码及用户信息存储管理等五个子模块，共同实现对使用本系统用户的身份校验及信息管理功能。

考虑到使用语义标注系统的各用户所导入的数据源是自己所得数据，且执行的系统操作也不同，所以为保证信息安全性，系统增加了用户认证模块，用来完成用户的注册、登录及信息管理等功能。用户的注册及登录操作遵循图 4-22 和图 4-23 所示的流程。

2) 物联网数据资源语义标注模块

在物联网数据资源语义标注模块中，包含数据资源导入、概念及关系属性标注、语义数据可视化等三个子模块，各模块处理结果依次服务于上一级，彼此间共同作用，从而生成并向用户展现出清晰完整的物联网原始数据语义标注结果。

该模块是整个物联网数据资源自动语义标注系统的核心模块，用来完成对物联网数据资源的语义标注和标注结果的展现。下面罗列出物联网数据资源标注模块所包含的各个子模块的详细功能描述。

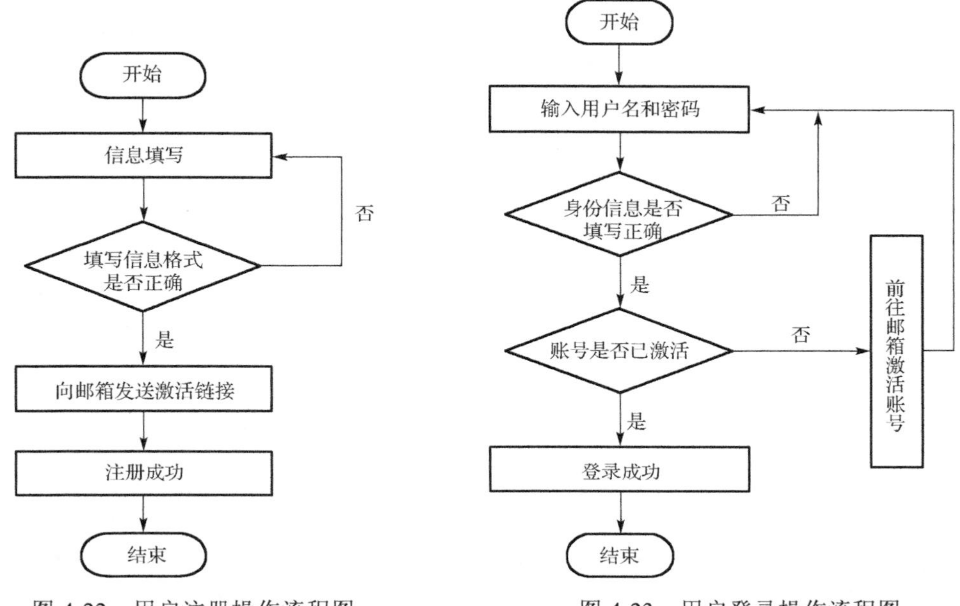

图 4-22　用户注册操作流程图　　　　　　　　　　　　图 4-23　用户登录操作流程图

(1) 数据资源导入子模块。

该模块将已构建好的本体库文件及采集到的原始物联网数据文档导入标注系统，作为语义标注操作的数据来源及概念标注基准。模块数据流图如图 4-24 所示。

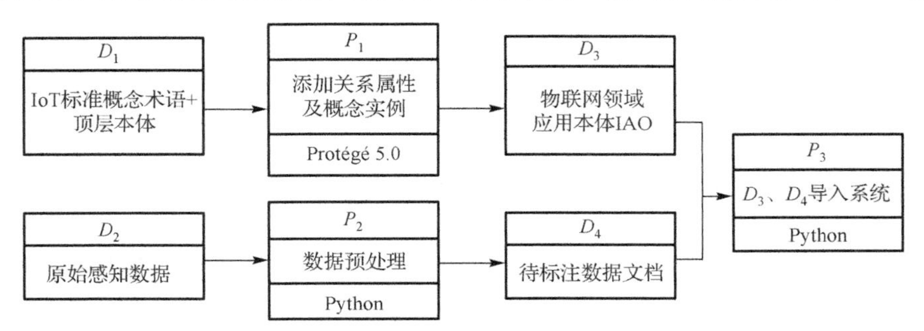

图 4-24　数据资源导入子模块数据流图

(2) 概念及关系属性标注子模块。

该模块首先将物联网原始感知数据以一定的规则进行预处理，去除无用信息，并运用本体解析规则对本体信息进行抽取，产生包含<类属性，关系属性，概念属性>的 RDF 三元组。之后通过计算数据资源与本体中各对应属性的语义相似度，在相似度值最大的两者之间建立映射，从而依据该映射关系，为数据实例添加与之最匹配的语义标签及可对其进行唯一标识的 URI，来完成对于数据资源的概念及关系属性标注。最后，将经过标注后的语义数据存储至数据库，并可对其进行管理。模块数据流图如图 4-25 所示。

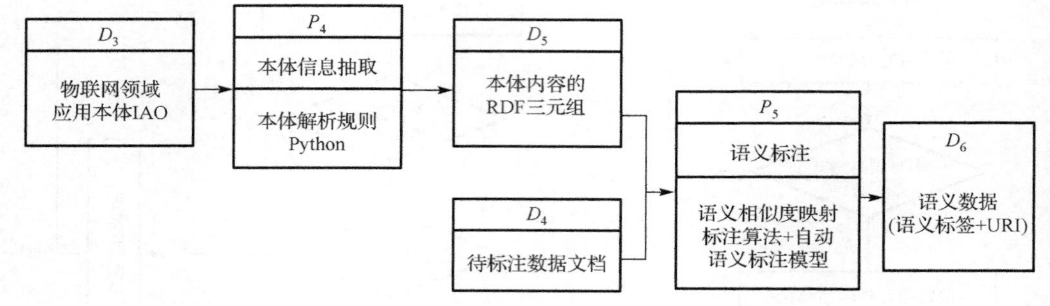

图 4-25　概念及关系属性标注子模块数据流图

(3) 语义数据可视化子模块。

该模块以时间变化作为关联维度，构建已标注数据之间的语义关联，以此整合分散的数据，这是数据间在关系属性层级上的关联，相当于隐式的语义标注。最后将关联后的数据以图表的方式进行可视化展现，清晰反映数据变化趋势，并将生成的可视化图表存储至数据库。模块数据流图如图 4-26 所示。

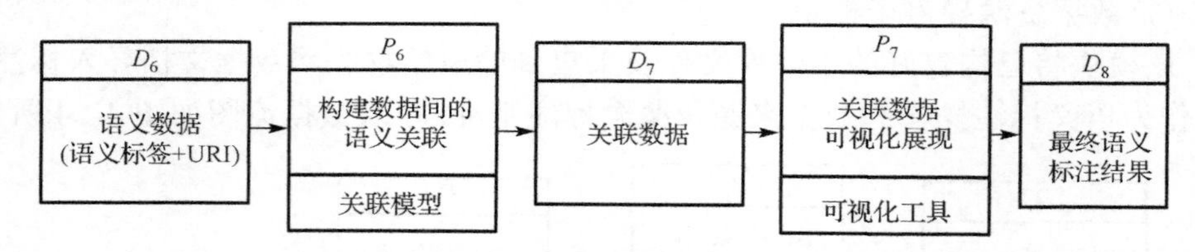

图 4-26　语义数据可视化子模块数据流图

整个数据资源语义标注模块所进行的数据处理工作应遵循的整体模块操作流程如图 4-27 所示。

语义标注模块是整个自动语义标注系统的核心部件及核心功能模块。该模块的运行机制依托于前面所提的语义相似度映射标注算法，首先在系统中导入并打开待标注数据文档及物联网领域应用本体，随后通过信息抽取、内容解析等预处理操作，形成包含数据信息和本体内容的 RDF 三元组。然后，将各三元组内容抽象为 RDF 图模型，并采用 Similarity 词形与 WordNet 词义相结合的语义相似度计算方法来计量待标注数据资源 RDF 图与本体概念 RDF 图彼此间对应位置各元素(主语部分，谓语部分、宾语部分)的相似程度，再依据 RDF 图相似性匹配规则，将彼此间各部分元素相似度数值都超过阈值的 RDF 图进行整个图这一层级的相似度比较。最后，在具有最大相似度的两幅 RDF 图之间建立映射关系，将本体库的标准知识概念标签及语义 URI 赋予对应的数据资源，实现概念和属性标注，并在此基础上，以时间维度的变化作为关联基准，构建数据间的语义关联，将关联数据随时间的变化趋势进行可视化展现。至此，便完成了对于原始物联网数据的语义标注操作。

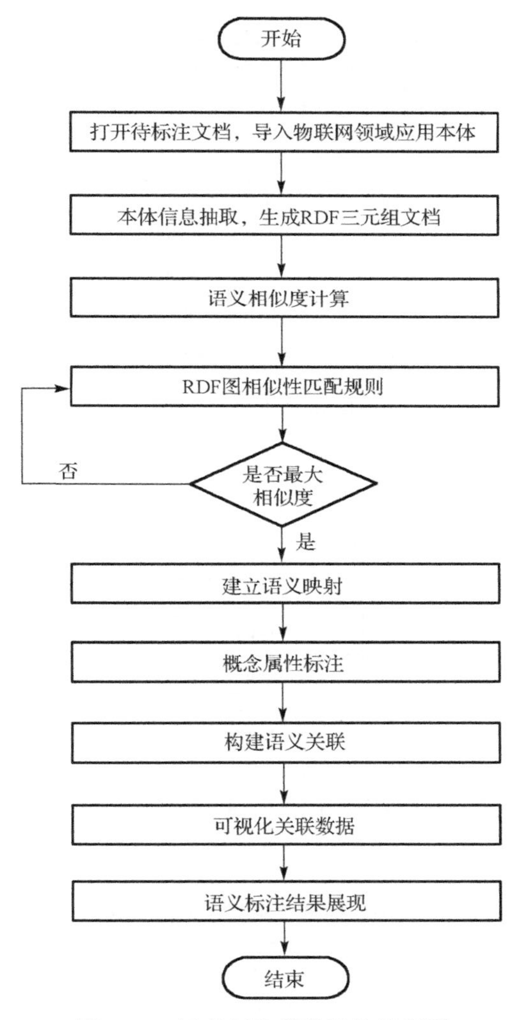

图 4-27　语义标注模块操作流程图

4.6.2　数据表设计

依据物联网数据语义标注系统的功能需求，针对它的两大功能模块对数据库进行设计。数据库包含“用户信息”“文档信息”以及“标注数据内容”三大实体，各实体对应数据表的结构设计分别如表 4-8、表 4-9 和表 4-10 所示。

(1)用户信息表(df_User)。

用户信息表主要用来存储和管理各用户的登录注册信息。包括用户 id、用户名、密码、登录状态记录等，表结构如表 4-8 所示。

表 4-8　用户信息表结构设计

英文名	中文名	类型	长度	备注
id	用户编号	Integer	4	自动递增
username	用户名	Char	64	
password	密码	Char	64	
name	姓名	Char	32	
is_active	状态	Boolean	1	
last_login	最后登录时间	DateTime	8	
date_joided	加入时间	DateTime	8	

(2)文件存储表(app_filesimplemodel)。

本体文件及数据文档存储文件表主要对导入标注平台的本体文件及数据文档内容进行存储管理，表结构如表 4-9 所示。

表 4-9　文件存储表结构设计

英文名	中文名	类型	长度	备注
id	记录编号	Integer	4	自动递增
file_field	文件目录	Char	256	
create_time	创建时间	DateTime	8	

(3)标注结果记录表(app_records)。

标注结果记录表用来对平台所生成的语义标注数据进行存储管理，表结构如表 4-10 所示。

表 4-10　标注结果记录表结构设计

英文名	中文名	类型	长度	备注
id	记录编号	Integer	4	自动递增
file1	文件 1	FileSimpleModel		外键
file2	文件 2	FileSimpleModel		外键
user	用户	User		外键
status	状态	Boolean	1	默认为 0
create_time	创建时间	DateTime	8	

4.6.3 自动标注系统功能展示

数据标注模块为物联网语义标注平台的核心模块。本节对该模块所涉及的本体与数据资源导入、概念及关系属性标注、语义数据可视化和标注数据存储查询管理四大核心模块进行功能测试，验证平台功能的可用性。标注系统主界面如图 4-28 所示。

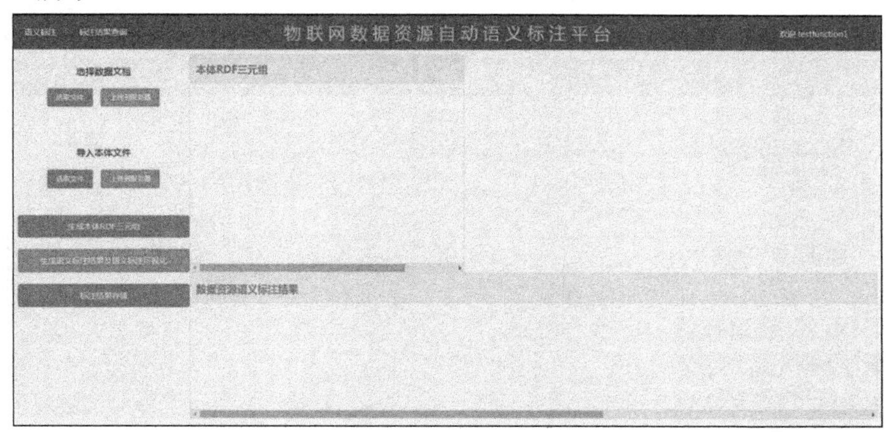

图 4-28　语义标注系统主界面

1) 本体与数据资源导入

该功能模块需要完成选择本体文件和待标注的物联网数据文档，并将它们导入至标注系统的操作，同时可将导入的文件上传至服务器进行存储管理。相应的功能测试结果如图 4-29 所示。

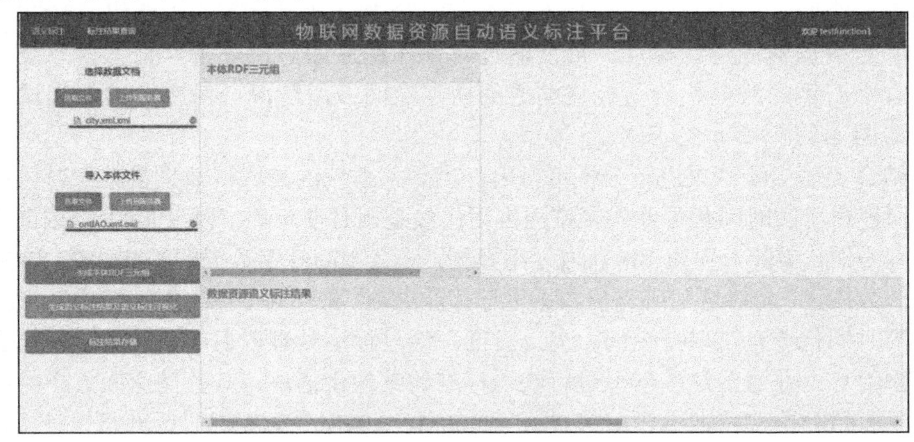

图 4-29　本体及数据文档导入平台功能测试结果

2) 概念及关系属性标注及语义数据可视化

该功能模块主要完成对导入的物联网数据文档和本体概念的语义映射，生成配有语义标签及 URI 且格式规范统一的语义标注数据，并将标注结果呈现出来。同时，对同类语义数据进行时间层面的语义关联操作，将关联数据随时间的动态变化情况进行可视化呈现。该模块的工作流程主要包含以下三个核心层级。

(1) 解析导入的本体文件并生成包含所有本体内容的 RDF 三元组。本体内容解析功能测试结果如图 4-30 所示。

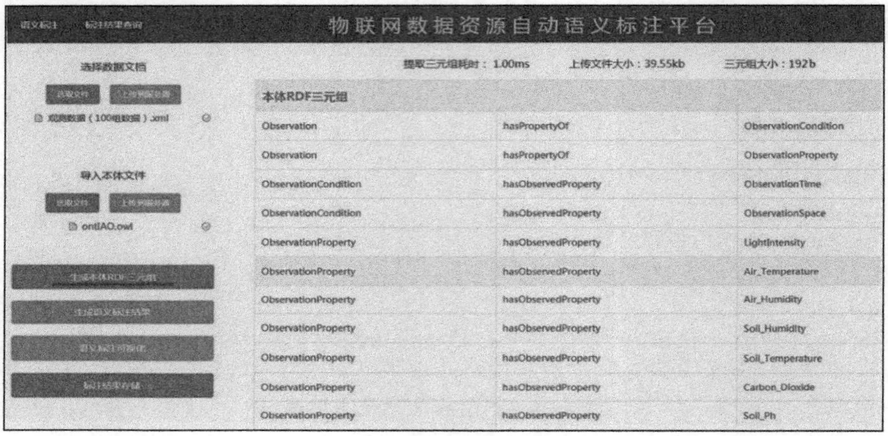

图 4-30　本体内容解析功能测试结果

(2) 对物联网数据资源进行自动语义标注并生成语义数据。为了验证本章所设计的物联网数据资源自动语义标注系统在处理大量的物联网数据时具备一定的适用性及健壮性，这里增加了系统在标注过程中的耗时计算及对原始数据和标注结果的存储空间占用大小对比等功能，并在实验中分别对导入的 100 组、1000 组、10000 组数据资源进行标注，最后通过对标注结果的对比分析，来考量系统在标注过程中所需的时间代价与标注结果的内存空间占用情况。对应的功能测试结果分别如图 4-31～图 4-33 所示。

结合上述实验结果进行分析可得出，当导入系统的物联网数据量较大时，标注过程所需付出的时间代价及内存空间占用仍然是相对理想的。以 10000 组数据的标注过程为例，实验设置为 10s 获取一组数据，那么 10000 组数据即是共计 27.8h 所采集到的数据量，而对这些所有的数据进行标注处理，共耗时 69120.39ms，约 1.15min，这样的时间代价是可以接受的。另一方面，经过标注处理以后的语义文档仅包含关键数据信息，并且对这些信息进行统一标准的结构化描述，其存储空间大小始终远远小于原始数据文档大小(87624 Byte = 0.08M，0.08M < 3.85M)。因此可以证实，本章构建的自动语义标注方法及系统可以适用于物联网数据的海量特性。

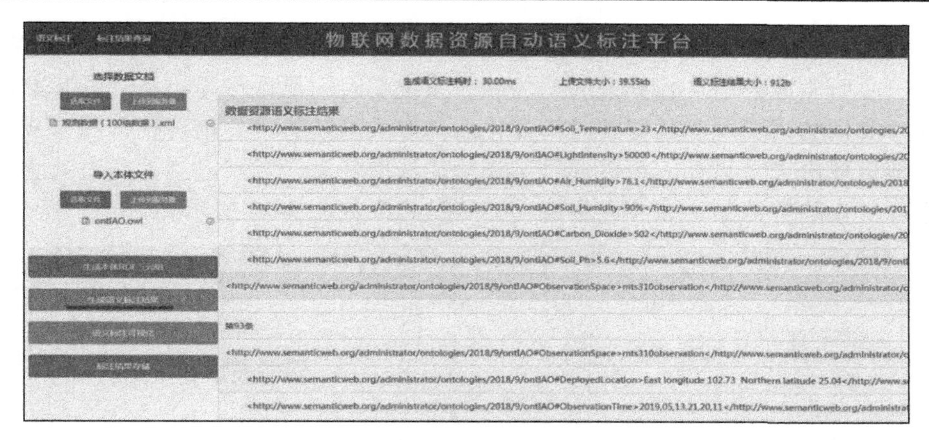

图 4-31　100 组数据资源的语义标注过程时间代价及标注结果空间占用情况

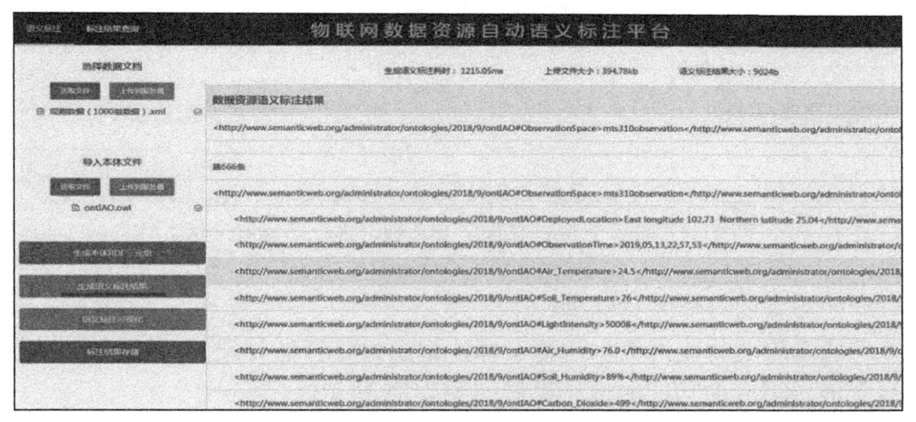

图 4-32　1000 组数据资源的语义标注过程时间代价及标注结果空间占用情况

图 4-33　10000 组数据资源的语义标注过程时间代价及标注结果空间占用情况

(3)语义数据的关联及可视化展现。基于某一关联属性(如数据观测时间)，建立上一步所生成的语义数据之间的关联。系统将时间属性作为语义关联基准，构建同一类别的语义观测数据随时间变化的动态关联趋势，并用可视化的方式将其清晰地呈现出来。另外，可以通过选择功能选取任意一类观测属性并对其感知数据进行变化趋势监测。该步骤最终功能测试结果如图 4-34 所示。

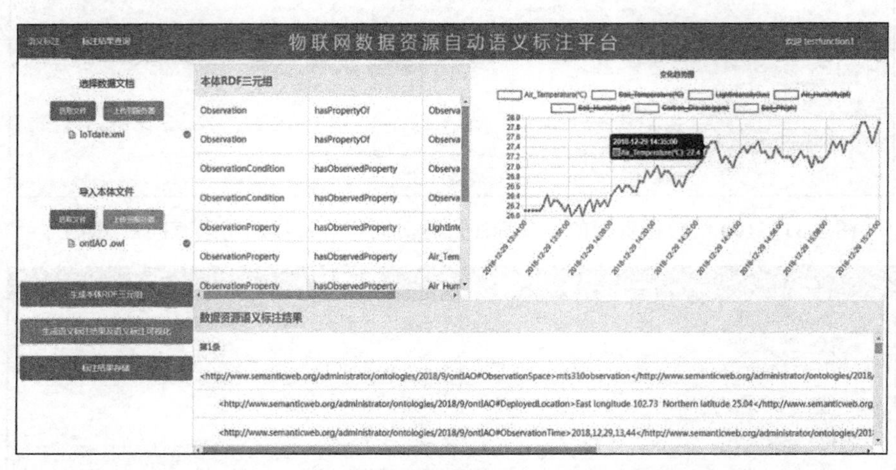

图 4-34　数据资源语义标注及关联可视化功能测试结果

3)标注数据的存储查询管理

该功能模块对物联网数据的语义标注记录进行存储管理，并可对标注结果内容进行查询。相应的功能测试结果图如图 4-35 所示。

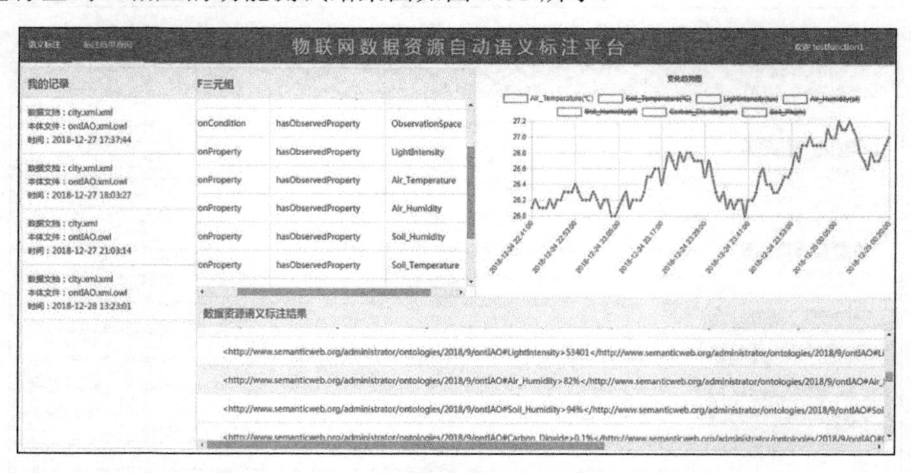

图 4-35　语义标注数据存储查询功能测试结果

4.7　本 章 小 结

本章对物联网感知数据语义处理的关键技术，即语义标注技术进行研究。对物联网设备所获取的原始感知数据进行特性分析，对语义物联网的信息处理架构进行研究，从语义标注的角度考虑物联网数据处理问题。采用语义建模方法，围绕物联网领域应用本体的构建与知识抽取、物联网数据资源自动语义标注模型与算法的构建以及物联网观测数据自动语义标注系统进行探讨，给出了物联网感知数据自动语义标注的整体流程和方法，并提供行之有效的标注算法和自动标注系统，可为物联网数据标注及语义数据处理提供有效的参考和支撑。

参 考 文 献

[1] Erdmann M, Maedche A, Schnurr H P, et al. From manual to semi-automatic semantic annotation: About ontology-based text annotation tools[C]//Proceedings of the COLING-2000 Workshop on Semantic Annotation and Intelligent Content. Association for Computational Linguistics, 2000: 79-85.

[2] De Maio C, Fenza G, Gallo M, et al. Formal and relational concept analysis for fuzzy-based automatic semantic annotation[J]. Applied Intelligence, 2014, 40(1): 154-177.

[3] Dill S, Eiron N, Gibson D, et al. A case for automated large-scale semantic annotation[J]. Web Semantics: Science, Services and Agents on the World Wide Web, 2003, 1(1): 115-132.

[4] Sequeda J, Corcho O. Linked stream data: A position paper[C]//Proceedings of the 2nd International Workshop on Semantic Sensor Networks(SSN09), 2009.

[5] Page K, De Roure D, Martinez K, et al. Link sensor: RESTfully serving RDF and GML[C]//Proceedings of the 2nd Workshop on Semantic Sensor Networks(SSN09), 2009.

[6] Phuoc D L. SensorMasher: Publishing and building mashup of sensor data[C]//Proceedings of the 5th International Conference on Semantic Systems, 2009.

[7] Tosi D, Morasca S. Supporting the semi-automatic semantic annotation of web services: A systematic literature review[J]. Information and Software Technology, 2015, 61: 16-32.

[8] Kettler B, Starz J, Miller W, et al. A template-based markup tool for semantic web content[C]//International Semantic Web Conference, Berlin: Springer, 2005: 446-460.

[9] Popov B, Kiryakov A, Kirilov A, et al. KIM-semantic annotation platform[EB/OL]. [2014-2-6]. https: //www.ontotext.com/sites/default/files/publications/KIM_SAP_ISW.C168.pdf.

[10] Sennchi. OpenCalais[EB/OL]. [2018-2-12]. http: //www.opencalais.com/.

[11] Vargas-Vera M, Motta E, Domingue J, et al. MnM: Ontology driven semi-automatic and automatic support for semantic markup[C]//International Conference on Knowledge Engineering and Knowledge Management, Berlin: Springer, 2002: 379-391.

[12] Liu F G, Li P, Deng D C. Device-oriented automatic semantic annotation in IoT[J]. Journal of Sensors, 2017, (5): 1-14.

[13] 爨林娜, 史一民, 李冠宇, 等. 语义物联网中链接传感器数据发布系统[J]. 计算机应用, 2015, 35(9): 2440-2446.

[14] Wang W, De S, Cassar G, et al. Knowledge representation in the internet of things: Semantic modelling and its applications[J]. Automatika, 2013, 54(4): 388-400.

[15] 戚欣, 肖敏, 孙建鹏. 基于本体知识库的自动语义标注[J]. 计算机应用研究, 2011, 28(5): 1742-1747.

[16] 甘健侯, 姜跃, 夏幼明. 本体方法及其应用[M]. 北京: 科学出版社, 2010.

[17] 李志亮, 邢国平, 崔跃山, 等. 面向语义的物联网战场感知模型[J]. 兵工自动化, 2013, 32(01): 77-80.

[18] 吴振宇, 杨雨浓, 朱新宁. 面向智能诊断的语义物联网知识标注与推理框架[J]. 北京邮电大学学报, 2017, 40(04): 108-114.

[19] 李建功, 李士宁, 贾雪琴, 等. 基于M2M语义的智慧健康应用平台解决方案[J]. 信息通信技术, 2015, (5): 40-46.

[20] Miller G A. WordNet: A lexical database for English[J]. Communications of the ACM, 1995, 38(11): 39-41.

[21] 张思琪. 基于 WordNet 的语义相似度计算方法的研究与应用[D]. 北京: 北京交通大学, 2016.

[22] 边慧珍. 基于 WordNet 的蒙古文领域知识图谱构建方法研究[D]. 呼和浩特: 内蒙古师范大学, 2018.

[23] 博客园. 基于 WordNet 的英文同义词、近似词相似度评估[EB/OL]. [2014-7-18]. http://www.cnblogs.com/ XBWer/p/3854440.html.

[24] 爨林娜. 语义物联网中链接传感器数据生成系统[D]. 大连: 大连海事大学, 2016.

[25] 姜玉哲. 农业传感数据可视化研究与实现[D]. 黑龙江: 黑龙江大学, 2016.

[26] 刘芳. 信息可视化技术及应用研究[D]. 杭州: 浙江大学, 2013.

第 5 章　物联网语义事件处理

复杂事件处理(complex event processing，CEP)是一项用于构建和管理信息系统并从基于分散信息的系统中提取信息的新兴技术。它是一种以事件为中心的处理方法，能够根据规则把若干简单的原子事件聚合成有物理意义的复杂事件[1]。作为物联网中间件的核心技术，复杂事件处理技术具备大数据的海量、复杂性等特征，可以满足实时处理的需求[2]。复杂事件处理技术在物联网领域表现出独特的优势，使得物联网数据处理技术成为当今的一个研究热点。

本章基于复杂事件的物联网数据处理技术进行研究，从物联网复杂事件检测、事件共享、数据预处理等问题展开研究。研究团队对物联网数据预处理进行了需求分析，设计了一种物联网数据预处理架构模型。首先，基于物联网的特征，给出了物联网语义事件定义及事件操作符的语义描述。然后，针对物联网应用系统中的时间戳乱序问题，提出了一种基于乱序修正框架的复杂事件检测算法(complex event detection algorithm based on out-of-order revise framework，ORFCED)。进一步，针对物联网复杂事件查询处理过程中的重复查询、存储和处理的问题，提出了事件共享机制(event sharing mechanism，ESM)，并在此基础上构建了基于事件共享机制的语义形式化查询计划处理模型(semantics formal query-plan processing model，SFQPM)。

5.1　物联网数据预处理

5.1.1　物联网数据预处理需求分析

数据预处理[3](data extraction, transformation and loading，ETL)即数据抽取、集成、转换、清洗、规约、离散、概念层次化和装载的过程。数据预处理是一项繁杂的工程，它所涉及的抽取、集成、转换、清洗、规约和装载等步骤是紧密关联、互为交叉的。它以发现任务为目标，以领域知识为指导，用全新的“业务模型”组织原有的业务数据，清除并挖掘和目标无关的属性，提供干净、准确、更具针对性的数据，以提高后续数据处理的质量和效率。其重要性主要体现在以下几个方面。

(1)数据预处理的工作量比纯粹的数据挖掘过程要大得多。前者约占整个数据处理过程的 60%，而后者仅占 10%左右。

(2)绝大多数成熟的数据挖掘算法对数据集都有一定的要求，而实际系统中的数据一般都具有模糊性、冗余性、不完全性等，很少能够直接满足数据挖掘算法的要求。

(3) 数据预处理的好坏直接决定数据挖掘的质量和效率。海量的事件数据中无意义的数据占了很大的比例，而且其中的噪声干扰会造成无效的归纳，这些都将严重影响甚至误导数据挖掘的结果[4]。

所以，在进行数据挖掘前，必须对粗糙杂乱的海量数据进行预处理[5]。对原始数据的预处理与传统的数据处理存在以下几点不同。

(1) 工作环境不同。传统的数据处理通常是在汇聚节点，对其他节点发送过来的数据进行数据处理。而传感器网络环境下的数据预处理是在传感器节点本地进行的。

(2) 处理的对象不同。传统的数据处理对象是由采集节点经过网络层传输到汇聚节点的数据。而传感器网络环境下的数据预处理对象是传感器节点采集的原始数据。

(3) 处理的目的不同。传统数据处理的目的是为应用层提供更好的数据服务。而传感器网络环境下数据预处理的目的是为了减少网络层数据节点之间传输的能耗和数据流量。

物联网预处理的实现，不仅可以减少物联网数据处理系统中不必要的数据传输，还可以减少后续节点在能量、存储以及计算方面的开销，所以，对物联网海量数据的预处理是物联网应用面临的关键问题[5]。

5.1.2 基于数据预处理的物联网框架设计

本节在现有物联网三层技术架构模型(感知层、网络层和应用层)的基础上构建了基于语义的物联网数据预处理技术体系架构模型。物联网数据预处理技术体系架构自底向上分为四层，包括原始数据层、基本事件层、语义事件层和事件应用层，各层均采用不同的技术从不同角度为海量、异构的物联网数据提供处理，各层次的构成及各层次之间的关系如图 5-1 所示。

(1) 原始数据层。

原始数据层类似于物联网基本结构中的感知层，是物联网数据的主要来源，主要功能是接收感知设备感知的数据并存储。原始数据层为上层的相应工作提供了原始的信息源和数据源，它能感知并获取到规定范围内被感知对象的信息和相应的环境状况。

(2) 基本事件层。

基本事件层用于对原始数据进行简单的处理，根据该层所包含的各功能模块对原始数据层获取和存储的数据进行有效的信息提取，包括数据清洗、物联网事件的定义和分类、物联网事件的表示、物联网语义事件转换等。感知的原始数据包含大量噪声数据和无关数据，因此数据清洗必不可少；同时，这些数据具有语义隐含性且数据之间的逻辑关系模糊，很难直接从这些原始数据中获取有价值的信息，所以必须研究物联网事件的语义形式化描述，构建物联网事件语义模型，对原始数据进行语义表示和处理，把事件作为知识表示单元，构建面向语义的事件模型，以便产生数据确定、冗余度低、时间有序、语义明晰的数据，应用系统再对这些数据做进一步的分析和处理，形成满足业务逻辑要求的数据。

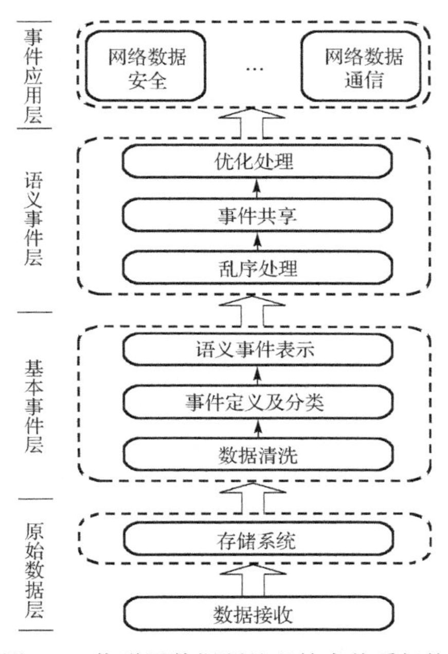

图 5-1　物联网数据预处理技术体系架构

(3) 语义事件层。

语义事件层主要是在完成物联网感知数据的语义表示和处理的基础上，基于感知数据的异构性、关联性、语义隐含性等特点，结合用户需求，从语义处理的角度，对物联网数据进行处理，探讨物联网相关的语义事件处理技术，包括物联网乱序事件处理技术、物联网语义事件共享技术以及代价评估模型、优化处理方法等。从事件处理的角度来讲，这些技术都与复杂事件处理有着密不可分的关系，复杂事件处理技术描述的是系统如何持续不断的处理新产生的事件，即系统对信息变化的持续不断反应。从用户的角度来讲，无论数据对象是个体还是整体，都需要从海量的原始事件中过滤和提取对他们有用的信息，并按照预定义的处理规则做出相应的处理。

(4) 事件应用层。

事件应用层是在本地语义事件处理的基础上，利用网络数据安全、数据传输、数据通信、路由等相关协议及技术，结合物联网应用自身的特点，对前期复杂事件处理完成的数据按照相应网络封装协议的格式和规范进行封装处理，为后期在网络中传输及应用做好充分准备，也是对经过前期处理的数据的简单应用。

5.1.3 分布式复杂事件处理系统架构

针对物联网数据流中存在的时间戳乱序现象和处理过程中存在的重复存储和重复处理的问题，重点研究如何解决物联网数据流中的时间戳乱序问题，同时探索公共事件共享的方法。基于此，本节构建了一种面向物联网的分布式复杂事件处理系统架构。该架构主要包括三部分，分别为事件预处理引擎、复杂事件处理引擎和通用事件处理(common event processing，CEP)客户端及查询接口，具体如图 5-2 所示。

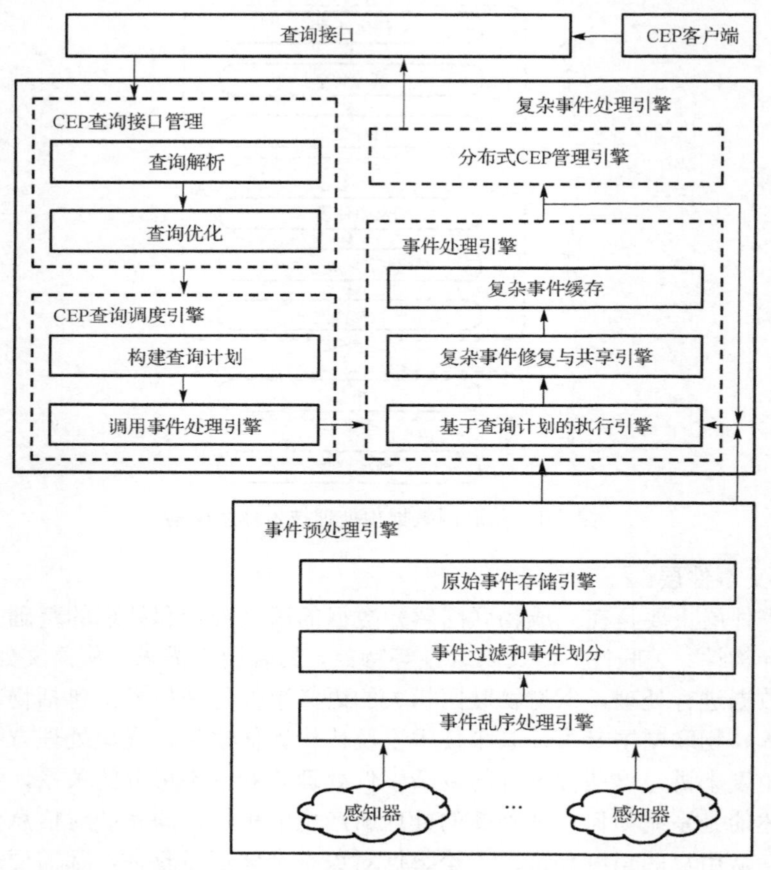

图 5-2　分布式物联网复杂事件处理系统架构

其中，事件预处理引擎主要负责对接收到的物联网事件流进行预处理，包括乱序事件的处理、事件过滤和事件分类。复杂事件处理引擎由 CEP 查询接口管理、CEP 查询调度引擎、事件处理引擎和分布式 CEP 管理引擎等 4 个模块构成，主要负责对乱序处理后的全序事件流按照用户查询要求进行处理。

(1) 事件预处理引擎(event preprocessing engine，EPPE)模块。该模块包括事件

乱序处理引擎(event out-of-order processing engine，EOPE)、事件过滤与事件划分(event filtering and event partition，EF&EP)和原始事件存储引擎(primitive event storage engine，PESE)3 个部分，主要是针对采集的原始事件，在其进入事件处理引擎之前做简单的预处理，以备查询调度引擎调用，同时减轻事件处理的工作量。其中，事件乱序处理引擎主要对感知器感知信息的顺序进行处理，防止由网络延迟、计算机故障等原因造成的事件乱序现象。事件过滤和事件划分主要功能是对事件进行过滤清洗、融合等操作，再使用合适的时间窗口对感知器感知的信息进行划分，通过并行事件检测提高事件处理性能，提高响应时间。

(2) CEP 客户端和查询接口(common event processing customer and query interface，CEPC&QI)模块。该模块主要用于 CEP 客户端通过查询接口向系统提出事件查询请求，查询接口将查询递交给查询接口管理模块，进行事件的解析和其他处理。

(3) CEP 查询接口管理(common event processing query interface management，CEPQIM)模块。该模块主要用于处理来自 CEP 客户端的 CEP 查询，包括查询解析和查询优化。其中，查询解析主要是根据预先定义的事件类型和操作符集合生成用户的查询解析并进行优化。

(4) CEP 查询调度引擎(common event processing query scheduling engine，CEPQSE)模块。该模块主要用于产生分布式查询计划，并调用事件处理模块来执行查询计划。

(5) 事件处理引擎(event-processing engine，EPE)模块。该模块主要包括基于查询计划的执行引擎、复杂事件修复与共享引擎和复杂事件缓存 3 个部分。其中，基于查询计划的执行引擎是该模块的关键部分，其主要功能是根据查询语言的描述和采集的物联网数据流，使用基于查询计划的方法对数据流进行处理，最终转换成复杂事件。复杂事件修复与共享引擎的主要功能是对当前产生的复杂事件进行简单的补充处理，使之可以参与后续更复杂事件的构建。复杂事件缓存的主要功能就是将上述过程中处理的复杂事件进行临时存储，便于后续使用。

(6) 分布式 CEP 管理引擎(distributed CEP management engine，DCEPME)。该引擎根据分布式查询从整体上对事件处理的结果进行整合及其他处理。

5.2　物联网事件描述

5.2.1　物联网事件分类及描述

1. 物联网数据模型

定义 5.1　实体(entity)：物联网应用的关键目标在于物与物之间能够进行实时

的信息交互、共享与利用，实现真正意义上的“物物相连”。其中，“物”泛指物理环境中存在的各种物体，包括物联网中处于被监测范围的目标对象、前端监测和感知设备等[6]。在物联网语义建模方面，通常将类似于这样的“物”都称为实体，其具体的表示形式为[7]

$$\mathbf{EntityName}(\mathrm{Attr}_1, \mathrm{Attr}_2, \cdots, \mathrm{Attr}_n, \mathrm{Description})$$

其中，Attr_1，Attr_2，…，Attr_n 为可选的实体属性，通常包括功能(Function)、类型(Type)、数据(Data)、位置(Location)等，这些实体属性的表示和描述如表 5-1 所示，Description 是对实体或属性的描述。

表 5-1 常用实体定义

实体的形式化描述	描述
Sensing_Device (Sensor_id, Sensor_Name, Sensor_Type, Data_Type, Source_Type, Location_id, Function, Description)	该实体记录了间接实体感知器的信息，其中，Sensor_Type 表示传感器的类型，包括温度(W)、湿度(S)、光强(G)、位置(L)等，Data_Type 记录感知数据的类型，包括数字(Num)、字符串(Str)、图像(Img)等，Source_Type 记录数据来源，包括感知(0)和邻居转发(1)
Sensed_Object (Object_id, Object_Name, Object_Type, Location_id, Description)	该实体记录了直接实体感知目标的信息

除上述常用属性外，每个实体都有自己的静态数据(如名称、属性等)和动态行为(如存储等)，事件时序关系中事件瞬时发生的时间戳(timestamp，ts)，状态时序关系中事件发生的起始时间(tstart)和结束时间(tend)等。

2. 物联网事件定义及其特点

物联网的数据处理是在一个无限数据的环境中进行的，从事件的角度来讲，数据处理的对象是一个事件的无限序列，通常被称为一个事件流。

随着产业对工业网络的需求不断上升，也就产生了海量的物联网事件数据。事件流作为实时数据流的一种，具有实时性、无限性、高密度性、语义丰富性、瞬时性等特点，同时物联网具有非均匀分布的特点，加之这些数据在传输过程中硬件、网络、存储等因素的影响，使得到达处理引擎的数据产生乱序现象，数据不能按时间戳大小有序输出，给事件处理带来很多负面影响；同时，在处理过程中，中间结果数量巨大，且没有有效的机制对其进行及时的清理，造成系统处理效率低下。

通常，事件被定义为感兴趣的对象在某时间发生，所以事件的发生具有瞬时性和原子性(发生或不发生)等特点，但该事件可能在先前的某个时间被触发[8]，所以每个事件都会对应一个由起始时间和结束时间构成的时间区间。

一个事件类型通常表示一类事件，所以这个事件类型必须包含这类事件所具有的一系列共同属性，不同类型的事件通过不同的事件类型名来区分。

定义 5.2　事件(event)：在物联网系统中，由感知设备获取的数据大多包含一些时间戳、空间位置、设备属性等信息，通常将这些包含时间属性的元组类型的数据称为事件。物联网事件的表示形式定义如下：

$$\textbf{EventTypeName}(\text{Attr}_1, \text{Attr}_2, \cdots, \text{Attr}_n)$$

其中，EventTypeName 表示某一类型事件的类型名，Attr_1，Attr_2，…，Attr_n 为该类型事件可选的或必备的属性。

本节使用大写字母(如 E)表示事件表达式和事件类型，小写字母(如 e)表示事件 E 的实例，并在右下角用阿拉伯数字作为下标以区分不同的事件或事件实例。

3. 物联网事件分类

由于物联网数据的语义隐藏性，传统的流管理系统已不能很好地表示被感知对象的语义信息，本节从主动数据库的事件处理技术出发，对物联网事件进行分类和描述，依据事件本身的语义复杂性，将其分为原始事件、基本事件和复杂事件。

定义 5.3　原始事件(primitive event，PE)：物联网中的感知设备每次获取的数据都会包含一些时间戳、空间位置、设备属性等信息，但这些信息不能被应用直接获取，且这些由感知设备直接获取的原子事件带有的语义信息非常有限。由于原始的物联网数据大多是由应用环境中用于感知和采集目标对象信息的前端感知设备感知获取的[9]，所以感知设备和感知目标的特点决定了原始事件应该具有的属性。一般情况下的原始事件具有相同的起始时间和结束时间，可以用一个简单的时间戳来表示原始事件的产生时间，所以原始事件可以表示成一个四维向量：

$$\textbf{PE}(\text{Sensor\_id}, \text{Object\_id}, \text{Data}, \text{ts})$$

其中，Sensor_id 属性为感知设备的 ID，Object_id 属性为感知目标的 ID，Data 属性为经过数据清洗处理后的数据，ts 属性为感知设备感知数据的时间，即原子事件发生的时间。

定义 5.4　基本事件(basic event，BE)：基本事件是基于原子事件流的，表示具有一定语义的目标对象或目标对象间的某种时空关联行为的发生。基本事件是一类发生频繁且语义较简单的事件，但较原子事件而言，语义丰富，不仅可以作为数据分析和决策的数据源，还可以作为上层复杂事件处理的输入[10]。在监测过程中，用户关注的往往是众多简单事件中的一些具有特定语义的事件，将这些事件抽象出来并定义成基本事件，这样不仅能很好地屏蔽底层的流操作，使上层专注于处理事件查询的请求，还能减小查询范围以提高系统处理的效率。

通常，基本事件具有应用相关性，在不同的应用系统中，事件的语义也不尽相同，用户可以根据具体的应用环境，通过基本事件的用户接口对不同的基本事件及其参数进行定义，对不需要的基本事件进行删除。用于定义基本事件的语言规范形式如下：

DefineBE EventTypeName（Parameter_list）**AS** BaseEventName

一旦用户定义了某种基本事件，系统就会在原子事件流中对其进行持续监测，直到用户显式删除该基本事件的定义为止。用于删除基本事件的语言规范形式如下：

DeleteEventDefine BaseEventName

本节针对物联网的实际应用需求，在最小化和完备性的基础上，提出了 3 类基本事件，如表 5-2 所示。

表 5-2　基本事件数据模型

基本事件的表示形式	数据模型
Sensing（Sensor_id, Object_id, ts）	感知器 Sensor_id 在 ts 时刻感知/接收了目标对象 Object_id 的信息
Routing（Sensor1_id, Sensor2_id, Object_id, ts）	某感知器 Sensor1_id 在 ts 时刻将感知的信息/接受的目标对象 Object_id 的信息转发给下一感知器 Sensor2_id
Storing（Sensor_id, Object_id, ts）	感知器 Sensor_id 将在 ts 时刻感知到的目标对象 Object_id 的信息写入存储器

定义 5.5　复杂事件[11]（complex event，CE）：复杂事件又叫复合事件，是一种聚合事件，通过使用事件操作符集合中的一个或多个操作符，将基本事件或已有的复杂事件进行复合而产生。复杂事件有别于原始事件和基本事件，用于表达上层应用语义的对象之间关系的发生。其具体的表示形式可定义为

$$\mathbf{CE}(\mathrm{Attr}_1, \mathrm{Attr}_2, \cdots, \mathrm{Attr}_n, \mathrm{Rule}, \mathrm{ts})$$

其中，Attr_1，Attr_2，…，Attr_n（$n \geqslant 1$）为可选的复杂事件属性或构成元素，Rule 为复杂事件的构成规则，主要由事件操作符组成，ts 为复杂事件发生的时间。

定义 5.6　子事件[12]（subevent，SE）：把在一个复杂事件中定义的那些被用来参与复合的事件称为复杂事件的子事件。

4. 复杂事件处理概述

定义 5.7　事件处理（event processing，EP）：在物联网应用系统中，系统的管理者并不对所有的物联网事件都感兴趣，所以数据在被使用之前需要根据用户的需求进行语义提取、语义转换和语义抽象，这个过程称为事件处理。

定义 5.8　事件检测（event detection，ED）：事件处理的首要过程就是按照系统的规则和模式检测指定的事件，即事件检测。

定义 5.9　复杂事件处理（complex event processing，CEP）：以事件为中心的事件处理方法基于在线数据流对数据进行建模，把事件作为处理对象，可以提高事件处理的效率。以事件为中心的方法的核心是复杂事件处理，即将多个基本事件复合形成语义更为丰富的复杂事件的过程。

5.2.2　事件语言

本节主要描述了查询语言的语法和语义，事件查询语言主要用于对个别事件进行过滤，利用基于时间和基于值的约束将多个事件进行关联，从关联的事件构建查询结果等。本节在 SASE[13]语言结构的基础上进行了修改与扩展，最终的语言结构如下：

```
[FROM       <Stream_name>]
PATTERN     <Event_expression (Bool_expression)>
[WHERE      <Qualification>]
[WITHIN     <Sliding_window>]
[EVERY      <Time_interval>]
[RETURN     <Return_event_pattern>]
```

该语言的语义大致阐述如下：FROM 子句提供输入流的名称，如果省略，则表示该查询针对默认的系统输入，Stream_name 表示输入的数据流；PATTERN 子句用于指定和输入流进行匹配的事件模式，Event_expression 表示事件表达式，由基本事件、复杂事件和事件操作符组成，Bool_expression 表示布尔表达式，用来体现复杂事件的属性约束；WHERE 子句通过对谓词表达式的逻辑真假值进行判断来过滤事件，Qualification 通常是简单的或参数化的谓词[14]与或形式的布尔组合，其中的谓词表达式由关系运算符连接属性构成，可以是对某个属性的取值进行判断，也可以是对不同事件的属性进行比较；WITHIN 子句进一步指明针对时间模式的一个滑动窗口，Sliding_window 表示该查询的生命期，即最大生存时间(单位自带)，它是从复杂事件的第一个输入事件开始计时，直到该时间结束； EVERY 子句用来确定执行周期，即每 Time_interval 秒执行该查询一次(本节提到的物联网系统是以智能交通为例，针对智能交通应用场景中的数据监测，通常将系统设定为周期性数据的处理)；最后，RETURN 子句主要将事件序列转换成复杂事件输出，Return_event_pattern 为输出的事件模式，此输出经过一定的处理亦可作为其他查询的输入。本节通过一个查询实例进一步解释上述语言结构。

查询 5.1　给定了一个具体的查询，要求查询复杂事件 $A=((E_1\Delta E_2);(E_2\Delta E_3)\Delta(E_3\Delta E_4))\Delta(E_3\Delta E_4)$，其中，$E_1$、$E_2$、$E_3$ 和 E_4 为 4 种类型的不同事件，WHERE 子句中包含了 7 个通过 AND 连接的谓词，要求在大小为 500s 的时间窗内，每 10s 对满足谓词约束的事件序列进行筛选。

查询 5.1　复合查询模式	
PATTERN	$((E_1\Delta E_2);(E_2\Delta E_3)\ \Delta(E_3\Delta E_4))\ \Delta(E_3\Delta E_4)$
WHERE	E_1.name = E_3.name
AND	E_2.name = ‘Google’

AND	E_1.price > E_2.price + 2.0
AND	E_3.price < E_2.price
AND	E_3.price < E_4.price
AND	E_1.price·(1–30%) < E_4.price
AND	E_3.price < (1+20%)· E_4.price
WITHIN	500s
EVERY	10s

查询 5.2 给定了一个具体的查询，其中，E_1、E_2、E_3 为 3 种类型的不同事件，WHERE 子句中包含了 4 个通过 AND 连接的谓词，最后是一个大小为 100s 的时间窗，对满足谓词约束的事件序列进行筛选。

查询 5.2 序列模式

PATTERN	$E_1;E_2;E_3$
WHERE	E_1.name = E_3.name
AND	E_1.price > $(1+x\%)\cdot E_2$.price
AND	E_1.price > $(1+x\%)\cdot E_2$.price
AND	E_3.price < $(1-y\%)\cdot E_2$.price
WITHIN	100s
EVERY	1s

5.2.3 事件表达式及事件操作符

定义 5.10 事件表达式(event expression，EE)：复杂事件由一个事件操作符集合和一系列子事件组合而成，通常使用事件代数[14]来表示复杂事件与子事件间的组合关系。本书引用文献[12]中的定义，采用事件表达式来表示由事件操作符的表示符号和子事件的表示符号组成的表达式。

相对于较为简单的 RFID 应用，物联网系统更为复杂多样，尤其物联网数据具有时序性和空间变化性(即具有时空关联性[15])，导致物联网事件具有更复杂的语义信息，存在的形式也更复杂，事件间的关系也随之多态化。

事件操作符用于表达事件之间的关系，体现在时间和逻辑方面的约束上。在事件处理的相关研究领域，没有一个标准语言可以用来描述所有可能的复杂事件，所以不同的系统往往根据自身的特点采用不同的事件操作符集合[12]。事件操作符大致分为两类，一类表达事件的持续时间，一类表达事件的逻辑执行方式。从事件的执行方式来看，事件相关的操作大致又可分为两类，第一类是描述事件自身的状态，第二类是描述多个事件之间的关系。多个事件之间的关系包括：时序关系(同时/先后等)和逻辑关系(都发生/部分发生等)。

根据实际需要，将查询表达式 E 看成从离散的时间域到布尔值(True or False)的映射，即

$$E:T\to\{\text{True,False}\}$$ [16]

可表示为

$$E(t)=\begin{cases}\text{T(rue), 如果在时间}t\text{发生事件}E\\ \text{F(alse), 其他}\end{cases}$$

1)基本操作符语义

本节定义了 6 类常用的操作符以及它们形成的表达式的语义，具体如下。

(1) SEQ(;)：事件 E_1 和 E_2 的顺序发生可以表示成 $E_1;E_2$，该表达式的语义为当事件 E_2 在事件 E_1 已经发生的前提下发生时，表达式 $(E_1;E_2)(t)$ 为真，即事件 $E_1;E_2$ 发生，即

$$((E_1;\ E_2)(t))^{v}=(E_1(t_1)\wedge E_2(t_2))^{v}=\begin{cases}1, & (E_1(t_1))^{v}=(E_2(t_2))^{v}=1\text{，且}t_1<t_2=t\\ 0, & \text{其他}\end{cases}$$

则该操作符的规范形式定义如下：

$$(E_1;E_2)(t)=\exists t_1<t_2=t\ E_1(t_1)\wedge E_2(t_2)$$

(2) NEG(¬)：表示没有检测到事件 E 的出现，该操作符通常和其他操作符一起使用。该操作符的规范形式定义如下：

$$\neg E(t)=\begin{cases}0\text{, 如果在时间}t\text{发生事件}E\\ 1\text{, 其他}\end{cases}$$

(3) AND(Δ)：事件 E_1 和 E_2 的合取形式可以表示成 $E_1\Delta E_2$，该表达式的语义可描述为当事件 E_1 和 E_2 都发生时，表达式 $E_1\Delta E_2$ 为真，即事件 $E_1\Delta E_2$ 发生。不考虑事件出现的顺序。该操作符的规范定义为

$$(E_1\Delta E_2)(t)=\ \exists t_1\leqslant t_2=t\ (E_1(t_1)\wedge E_2(t_2))\vee(E_2(t_1)\wedge E_1(t_2))$$

特别地，当 $t_1=t_2$ 时，表示事件 E_1 和 E_2 同时发生，可以表示为

$$(E_1\Delta E_2)(t)=\exists t_1=t_2=t\ E_1(t)\Delta E_2(t)$$

(4) OR(∇)：事件 E_1 和 E_2 的析取形式可以表示成 $E_1\nabla E_2$，该表达式的语义可描述为当事件 E_1 和 E_2 中的任一个事件发生时，表达式 $E_1\nabla E_2$ 为真，即事件 $E_1\nabla E_2$ 发生。该操作符的规范形式定义如下：

$$(E_1\nabla E_2)(t)=E_1(t)\vee E_2(t)$$

(5) WITHIN(Ω/Π)：在实际应用中，可能要求事件 E 在某一规定的时间区间 $[\tau_1,\tau_2]$ 内发生，该操作符的规范形式定义如下：

$$\Omega(E,\tau_1,\tau_2)(t)=\exists\tau_1\leqslant t\leqslant\tau_2\ E(t)$$

也可能要求事件 E 在某一规定的时间窗 τ 内发生，该操作符的规范形式定义如下：

$$\Pi(E,\tau)(t)=E(t)\wedge(E.\text{end.ts}-E.\text{start.ts}\leqslant\tau)$$

其中，事件 E 可以是原始事件，也可以是复杂事件。当 E 为 $E_1;E_2$ 时，可表示为

$$\Omega(E_1;E_2,\tau_1,\tau_2)(t)=\exists\tau_1\leqslant t_1<t_2=t\leqslant\tau_2\ E_1(t_1)\wedge E_2(t_2)$$

或

$$\Pi(E_1;E_2,\tau)(t)=\exists t_1<t_2=t\ E_1(t_1)\wedge E_2(t_2)\wedge(E_2.\text{end.ts}-E_1.\text{start.ts}\leqslant\tau)$$

该表达式的语义为：①事件 E_2 在事件 E_1 已经发生的前提下发生，②事件 E_1 和事件 E_2 发生的时间区间为 $[\tau_l,\tau_u]$，或事件 E_1 和事件 E_2 在时间 τ 内相继发生。当这两个条件都满足时，表达式 $\Omega(E_1;E_2,\tau_l,\tau_u)(t)/\Pi(E_1;E_2,\tau)(t)$ 为真，即事件 $\Omega(E_1;E_2,\tau_l,\tau_u)/\Pi(E_1;E_2,\tau)$ 发生。

(6) Kleene Closure($E^*/E^+/E^{\text{num}}$)：表示一个事件 E 可以出现的次数大于 0(*)或出现的次数大于 1(+)，或出现的次数为一精确的数值(num)，并将这些确定数量的事件聚集在某一确定的范围内。该操作符通常与其他操作符结合使用。Kleene Closure 的出现，代替了传统的累积形式的非周期性事件(A^*)和周期性事件(P^*)($E_T{}^*$，其中，T 为周期)[6]。该操作符的规范形式定义如下：

$$(E_1;E^*;E_3)(t)=\exists t_1\leqslant\underbrace{t_{20}\leqslant\cdots\leqslant t_{2(k-1)}}_{k\text{项},\,k\text{未知}}\leqslant t_3=t\ E_1(t_1)\wedge E_{20}(t_{20})\wedge\cdots$$
$$\wedge E_{2(k-1)}(t_{2(k-1)})\wedge E_3(t_3)\wedge(k=0,1,2,\cdots)$$

$$(E_1;E^+;E_3)(t)=\exists t_1\leqslant\underbrace{t_{21}\leqslant\cdots\leqslant t_{2k}}_{k\text{项},\,k\text{未知}}\leqslant t_3=t\ E_1(t_1)\wedge E_{20}(t_{20})\wedge\cdots$$
$$\wedge E_{2k}(t_{2k})\wedge E_3(t_3)\wedge(k=1,2,3,\cdots)$$

$$(E_1;E^+;E_3)(t)=\exists t_1\leqslant\underbrace{t_{20}\leqslant\cdots\leqslant t_{2(\text{num}-1)}}_{\text{num项，num为一确定的数}}\leqslant t_3=t\ E_1(t_1)\wedge E_{20}(t_{20})\wedge\cdots$$
$$\wedge E_{2(\text{num}-1)}(t_{2(\text{num}-1)})\wedge E_3(t_3)\wedge(\text{num}=0,1,2,\cdots)$$

2) 聚合函数

(1) SUM：用于表示对事件 E_1,E_2,E_3 在时间区间 τ 内的相关数据求和，可表示为

$$\text{SUM}(E_1,E_2,E_3,\tau)$$

对事件 E_1,E_2,E_3 在时间区间 $[\tau_1,\tau_2]$ 内的相关数据求和，可表示为

$$\text{SUM}(E_1, E_2, E_3, \tau_1, \tau_2)$$

(2) AVG：用于表示对事件 E_1, E_2, E_3 在时间区间 τ 内的相关数据取平均值，可表示为

$$\text{AVG}(E_1, E_2, E_3, \tau)$$

对事件 E_1, E_2, E_3 在时间区间 $[\tau_1, \tau_2]$ 内的相关数据取平均值，可表示为

$$\text{AVG}(E_1, E_2, E_3, \tau_1, \tau_2)$$

(3) COUNT：用于表示对事件 E_1, E_2, E_3 在时间区间 τ 内的相关数据进行计数，可表示为

$$\text{COUNT}(E_1, E_2, E_3, \tau)$$

对事件 E_1, E_2, E_3 在时间区间 $[\tau_1, \tau_2]$ 内的相关数据进行计数，可表示为

$$\text{COUNT}(E_1, E_2, E_3, \tau_1, \tau_2)$$

(4) MAX：用于表示对事件 E_1, E_2, E_3 在时间区间 τ 内的相关数据取最大值，可表示为

$$\text{MAX}(E_1, E_2, E_3, \tau)$$

对事件 E_1, E_2, E_3 在时间区间 $[\tau_1, \tau_2]$ 内的相关数据取最大值，可表示为

$$\text{MAX}(E_1, E_2, E_3, \tau_1, \tau_2)$$

(5) MIN：用于表示对事件 E_1, E_2, E_3 在时间区间 τ 内的相关数据取最小值，可表示为

$$\text{MIN}(E_1, E_2, E_3, \tau)$$

对事件 E_1, E_2, E_3 在时间区间 $[\tau_1, \tau_2]$ 内的相关数据取最小值，可表示为

$$\text{MIN}(E_1, E_2, E_3, \tau_1, \tau_2)$$

3) 谓词语义转换

Predicate operator (σ)：查询的 WHERE 子句通常是一些简单谓词和参数化谓词的布尔组合，将该子句转换成一个包含谓词操作符 (σ) 且具有语义的表达式，假设 WHERE 子句中使用 $\wedge$ 和 $\vee$ 连接的谓词表达式用 P 来表示，则该操作符的语义形式可表示为

$$\sigma(E_1;\cdots;E_n,P)(t) = \exists t_1 \leqslant \cdots \leqslant t_n = t\ E_1(t_1) \wedge \cdots \wedge E_n(t_n) \wedge (P)$$

Within operator (W)：查询的 WITHIN 子句通常是给定一个时间窗 (T)，并要求指定的事件在该时间窗范围内出现，则该操作符的规范语义如下：

$$W(E_1;\cdots;E_n,T)(t) = \exists t - T \leqslant t_1 \leqslant \cdots \leqslant t_n = t\ E_1(t_1) \wedge \cdots \wedge E_n(t_n) \wedge (T)$$

设 $E=\{E_1,E_2,\cdots,E_n\}$ 是一个事件集合，$O=\{;,\Delta,\nabla,\Omega/\Pi,\neg,E^*/E^+/E^{\text{num}}\}$ 是上面定义的事件操作符集合，则把事件操作符集合 O 对事件集合 E(包括原子事件和其他复合事件)进行复合产生的所有事件的集合，称为一个事件空间[9]，事件表达式可以表示为 $A=\{E,O\}$。

5.3 乱序事件流复杂事件检测方法

5.3.1 物联网时间戳乱序问题的形式化描述

1)时间戳乱序问题的形式化描述

5.2.1 节给出了在物联网数据处理系统中最常用的 3 种类型的基本事件，可分别简写为事件的感知(*S*)、存储(*M*)和转发(*R*)。从复杂事件处理的角度来看，若一个完整的数据信息采集需要顺序执行这三类事件，则可表示为复杂事件 SEQ(*S*, *M*, *R*)。

定义 5.11 事件本体(event ontology)：EO=<*E*, *A*, *I*, *OP*>，其中，*E* 是概念集，*A* 是事件 *E* 的属性集，*I* 是实例集，*OP* 是事件 *E* 间的操作与约束。

定义 5.12 事件类型集(event type set)：$E=\{B|B\in \text{EO}\}$，*E* 为事件本体的事件类型集。

定义 5.13 事件实例集(event instance set)：$I=\{i|i\in \text{EO}\}$，*I* 为事件本体的事件实例集。

定义 5.14 事件属性集(event attributes set)：$A=\{a|a\in \text{EO}\}$，*A* 为事件本体的事件属性集。

定义 5.15 实例关系(instance relationship)：对于$\forall i\in I$，$\forall B\in E$，若符号 Ins 表示实例关系，则 Ins(i, B)表示 *i* 是事件类型 *B* 的一个实例。

定义 5.16 属性关系(attribute relationship)：对于$\forall B\in E$，$\forall a\in A$，$\forall i_b\in I$，且 Ins(i_b, B)，若符号 Attr 表示属性关系，则 Attr(a, i_b)表示 *a* 是事件类型 *B* 的一个实例 i_b 的一个属性。特殊地，

①对于$\forall B\in E$，$\forall t_b\in A$，$\forall\ i_b\in I$，且 Ins(i_b, B)，若符号 TAttr 表示时间属性关系，则 TAttr(t_b, i_b)表示 t_b 是事件类型 *B* 的一个实例 i_b 的发生时间；

②对于$\forall B\in E$，$\forall T_b\in A$，$\forall\ i_b\in I$，且 Ins(i_b, B)，若符号 TTAttr 表示传输时间属性关系，则 TTAttr(T_b, i_b)表示 T_b 是事件类型 *B* 的一个实例 i_b 将消息发送到处理器的传输时间。

定义 5.17 顺序事件(sequential event)：对于$\exists B, C, D\in E$，$\forall\ i_b, i_c, i_d\in I$，$\exists\ t_b, t_c, t_d\in A$，若事件类型 *B*，*C*，*D* 的实例 i_b，i_c，i_d 和时间戳 t_b，t_c，t_d 之间分别满足 TAttr(t_b, i_b)，TAttr(t_c, i_c)和 TAttr(t_d, i_d)，当$\exists\ t_b<t_c$ 且 $t_c<t_d$ 时，则事件 *B*，*C*，*D* 为顺序事件，记为 SEQ(B, C, D)。

定义 5.18　事件间隔(interval of events)：对于$\exists S, M, R\in E$，$\forall\ i_x, i_y\in I$，$\exists\ t_x, t_y\in A$，若 i_x 和 i_y 为事件类型 S，M，R 三者中的任意两者的两个实例，且 TAttr(t_x, i_x)，TAttr(t_y, i_y)，当且仅当$\exists\ t_x<t_y$，则 $\tau=t_y-t_x$ 表示复杂事件 SEQ(S, M, R)的两个事件实例 i_x 与 i_y 之间的事件间隔。

定义 5.19　时间戳乱序(timestamp out-of-order)：对于$\exists S, M, R\in E$，$\forall\ i_x, i_y\in I$，$\exists\ t_x, t_y\in A$，$\exists\ T_x, T_y\in A$，若 i_x 和 i_y 为事件类型 S，M，R 三者中的任意两者的两个实例，且 TAttr(t_x, i_x)，TAttr(t_y, i_y)，TTAttr(T_x, i_x)，TTAttr(T_y, i_y)，当且仅当 $t_x<t_y$ 且 $T_x>T_y+\tau$ 时，则在复杂事件 SEQ(S, M, R)的处理器处发生了时间戳乱序。

2) 时间戳乱序带来的问题

物联网数据在传输过程中，会因为硬件故障、网络拥塞、存储延迟等原因产生时间戳乱序现象。时间戳乱序可能会引起以下问题：

①可能产生不正确的匹配，降低了复杂事件检测的成功率；

②可能因乱序事件的延迟到达而将正确的匹配事件删除；

③无法准确判断复杂事件的发生时间，即无法利用同一个目标事件在时间上的先后关系，来判断复杂事件是否发生[17]。

如果这种乱序现象发生频繁，检测出的复杂事件的正确率会非常低，基于此所做出的决策也是不可信的，所以提出一种有效的机制解决时间戳乱序问题是十分必要的。

5.3.2　基于哈希法的复杂事件乱序修正框架

1) 框架结构描述

为了保证参与构成某复杂事件的原始事件的时间顺序，本节提出了一种基于哈希结构的复杂事件乱序修正框架，如图 5-3 所示。该框架通过局部排序来解决输入事件流乱序问题，主要采用哈希结构对原始事件进行归类，利用链式存储结构解决哈希冲突。

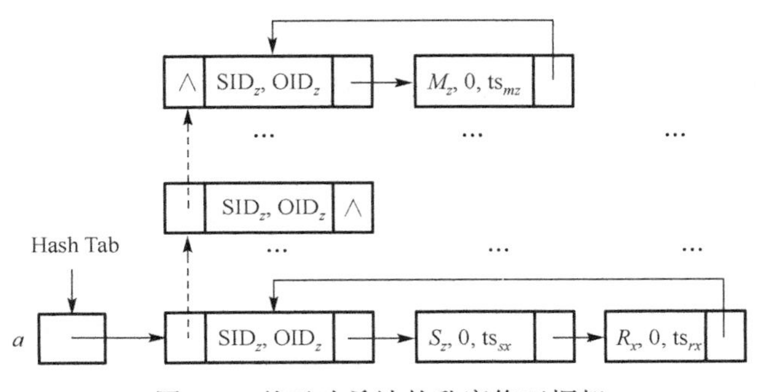

图 5-3　基于哈希法的乱序修正框架

(1) 哈希冲突。

Hash 结构可以确保查询在时间复杂度为 $O(1)$ 的时间内，找到所需数据的位置信息。当关键字集合很大时，不同的关键字可能会映射到哈希表的同一地址，即产生了冲突。通常情况下，通过构造性能良好的哈希函数，可以减少冲突，但一般不可能完全避免冲突。对于哈希函数中常见的冲突问题，本节采用链地址法处理。

(2) 结点结构。

为了有效地解决哈希冲突，下面给出基于顺序结构的复杂事件构造过程中用到的一些技术。

①非确定有限自动机。

在复杂事件的构造过程中，首先从语法上对查询的 PATTERN 子句进行分析，如果该查询的 PATTERN 子句为一个顺序结构，则将其转换成一个非确定有限自动机(nondeterministic finite automaton，NFA)表示。每个查询的 PATTERN 子句都唯一地确定了与之对应的非确定有限自动机的结构。

②链地址法。

框架中的复杂事件及其子事件通过主链结点 E 及其子链表表示。主链结点 E 使用二叉链表结构来存储所有哈希地址为 j 的冲突事件，如图 5-4 所示。其中，NextSibling 域指向该结点的下一个兄弟结点，本节中指向哈希地址为 j 的下一个事件，通过它可以找到哈希地址为 j 的所有事件；Data 域记录该结点的信息；FirstChild 域指向该结点的第一个孩子结点，本节指向构成该复杂事件的第一个子事件，通过它可以按时间顺序找到该事件的所有子事件。

子链表中的子链结点使用循环单链表的结点结构表示，如图 5-5 所示。其中，Next 域指向下一个符合要求的事件结点，Data 域主要用于存储与该子事件相关的信息，包括事件名、目标感知器的 ID 以及该事件发生的时间和其他相关信息。

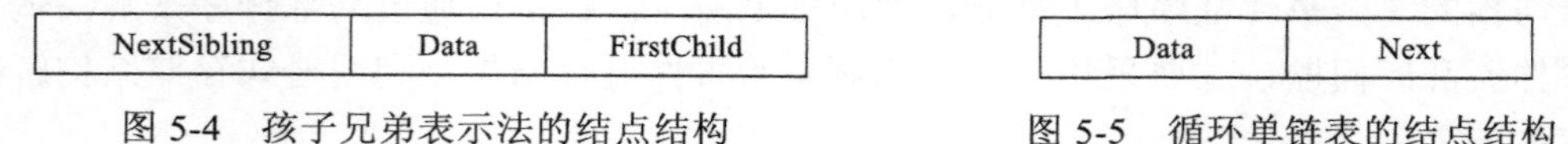

图 5-4　孩子兄弟表示法的结点结构　　　　图 5-5　循环单链表的结点结构

2) 基于哈希法的乱序修正框架

本节引入 Hash 结构来保存中间结果，Hash 结构由数据域和指向主链结点的指针域构成。主链结点使用基于树的孩子兄弟表示法表示，两个指针域分别指向该结点的第一个孩子结点和下一个兄弟结点，孩子结点则使用循环单链表表示。Hash 表是一种高效的数据结构[18]，采用 Hash 法可以在 $O(1)$ 时间内找到事件的存储位置。同时利用链地址法处理哈希冲突，可以将所有 Hash 地址相同的记录存储在一个线性链表中，便于根据时间戳顺序实时地在任何地方插入新的结点，同时也可以避免对同一数据的重复存储。

通过提取事件的两个特征，即事件感知器的 ID(Sensor_id，SID)和目标对象的 ID(Object_id，OID)，作为 Hash 表的键，设定哈希函数 H，使每对关键字和存储位置一一对应，构建 Hash 表。假设经过哈希函数 H 产生的哈希地址在区间[0, n–1]上，则设立一个指针类型向量 ChainHash[n]，每个 Hash 地址对应一个分量，指向主链结点[18]，每个分量的初始状态均为空指针。主链结点的 Data 域中只存储 Hash 表的键，即 SID 和 OID，若被接收事件的这两个属性值与主链结点中的相匹配，则将该事件依照产生时间从小到大的顺序存储于该主链结点的子链表中。为了避免信息的重复存储，同时保证信息的完整性，子链结点的 Data 域存储事件名 Name、目标感知器的 ID(Object_Sensor_id，OSID)和时间戳(Timestamp，ts)。所以，主链结点与子链结点存储的数据可分别表示为<SID, OIS>与<Name, OSID, ts>，当不涉及目标感知器时，可将 OSID 的值设为 0 或做其他处理。若 Hash 地址相同，但被接收事件的 SID 和 OID 属性值与当前主链结点不匹配，则通过主链结点的兄弟域指针进行新建或继续查找。

5.3.3　基于混合驱动的空间回收机制

1) 空间回收机制

定义 5.20　空间回收机制(space reclaim mechanism，SRM)：在复杂事件的检测过程中，满足 NFA 状态的事件，通过链表长期存储在内存中等待与之匹配的事件的到来。但随着检测的进行，大量被存储的中间结果可能导致系统的不稳定。时间窗约束要求只有在某一时间范围内成功复合的事件序列才有可能被输出，所以没有必要对那些过期事件进行长期保存。为了使这些无用数据不占用磁盘空间，使这部分未使用的存储空间真正成为系统的待分配空间，就必须采用空间回收技术将这些不满足条件的事件从存储区删除，使空间得以释放，供系统或其他用户使用。

下面给出在事件处理过程中需要回收的事件以及事件清除方法。

(1) 获取的原始事件 e 不是触发事件，则将缓存区中的事件 e 删除。

(2) 当子链结点的定时器触发时，则参照单链表的删除方法将该子链结点所在的子链表从主链结点删除，同时将 FirstChild 指针指向主链结点。

(3) 每当检测到一个符合要求的新的子事件，都会及时地利用时间戳判断该序列是否满足时间窗约束，如果不满足约束，则参照单链表的删除方法将该子链结点所在的子链表从主链结点删除，同时将 FirstChild 指针指向主链结点。

(4) 当事件序列成功匹配时，则参照单链表的删除方法将该子链结点所在的子链表从主链结点删除，同时将 FirstChild 指针指向主链结点。

根据上面的描述可知，只有当这 4 种情况发生时，才需要对内存空间进行清理，所以把这 4 种情况作为影响因素，将每一种情况的发生称为一个“脉动”。并非事件

流内的每一个事件 e 的检测都会有事件被删除，即并非每个事件的发生都会产生脉动，脉动的产生与许多因素有关。

假设 t 为系统时间，t' 为固定步长，$e_j (j=1,2,3,4,5)$ 为产生脉动的事件，假设这些脉动事件产生的概率为 P。

2) 时间驱动机制

定义 5.21 时间驱动机制(time-driven mechanism，TDM)：在固定步长确定后，系统时间根据确定的步长进行推进，当达到下一个步长时刻时，进行一次更新。并不考虑一个步长时间内有无脉动事件发生，更不考虑脉动事件发生的个数。利用时间驱动机制可能产生以下两种情况：①固定步长时间内没有脉动事件发生，如 $[t',2t']$；②在固定步长时间内多个脉动事件发生，如 $[2t',3t']$。时间驱动机制的原理如图 5-6 所示。

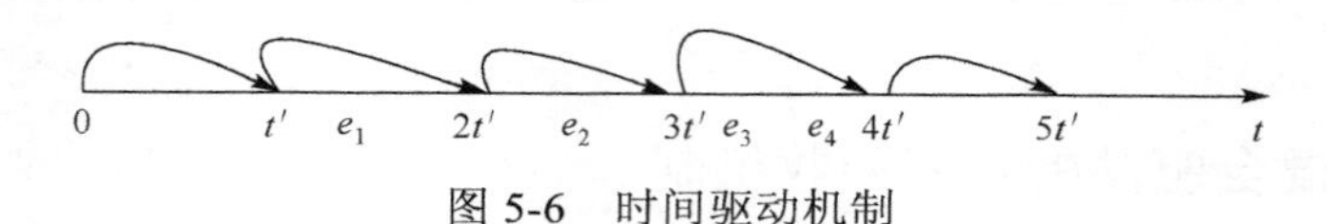

图 5-6 时间驱动机制

表 5-3 给出了时间驱动机制中频率的变化对检测效果的影响，从表中可以看出，系统的效率和准确度是一个相互对立的矛盾。

表 5-3 时间驱动机制中步长对效果的影响

步长	结果	
	准确度	效率
增加	降低	增加
减少	提高	降低

3) 事件驱动机制

定义 5.22 事件驱动机制(event-driven mechanism，EDM)：每个脉动事件的发生都会进行一次信任更新，因此事件驱动的准确度最高。但在系统中发生脉动事件的概率是不确定的，利用事件驱动机制可以避免不必要的更新。事件驱动机制的原理如图 5-7 所示。

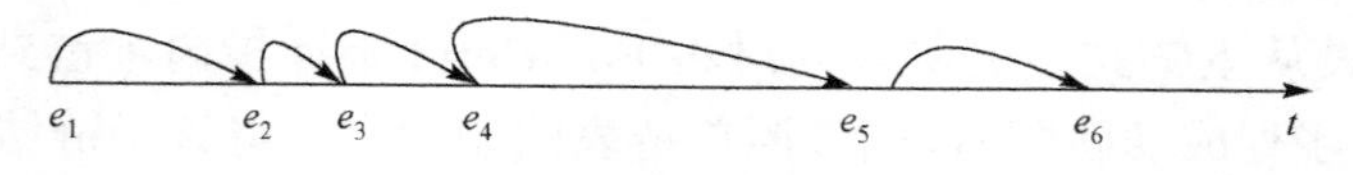

图 5-7 事件驱动机制

表 5-4 给出了事件驱动机制中频率的变化对检测效果的影响，从表中可以看出，频率的变化对系统的效率具有正反馈作用，对系统的准确度没有影响。

表 5-4　事件驱动机制中频率对效果的影响

频率	结果	
	准确度	效率
增加	不影响	增加
降低	不影响	减少

时间驱动和事件驱动各有其优缺点，在步长较大的时候，时间驱动可以有效地提高系统的效率，而事件驱动则能表现出良好的延迟性能。结合这两种更新机制的优点，提出了混合驱动机制。

4) 混合驱动机制

定义 5.23　混合驱动机制[19](mixed-driven mechanism，MDM)：如图 5-8 所示，MDM 采用时间驱动为基础，对固定时间步长内发生的事件进行评估，如果脉动发生则采用事件驱动进行更新，否则只在固定时间步长时刻对事件进行清除同时回收内存空间。采用混合驱动机制，具有以下优点：①当脉动发生时进行实时更新，提高了检测的准确度；②时间步长可以取的比较大，而准确度几乎不会发生变化。

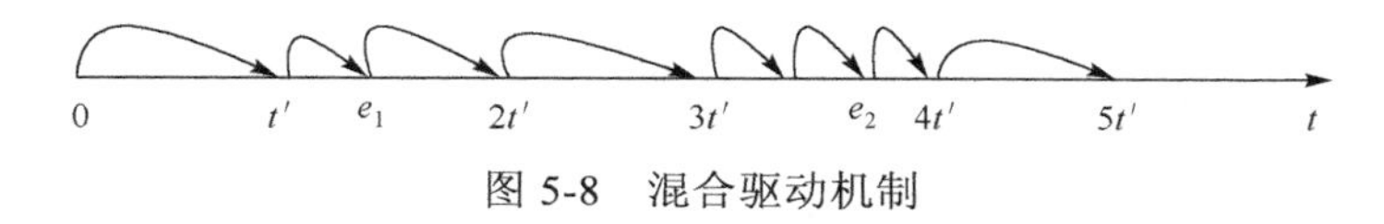

图 5-8　混合驱动机制

5.3.4　基于乱序修正框架的复杂事件检测模型

1) 改进的乱序修正框架

基于上述混合驱动的空间回收机制，本节对 5.3.2 节中提出的乱序修正框架做一些改进。

(1) 当子链表的第一个结点事件被插入时，在其对应主链结点创建并启动一个定时器 Timer，用于给所有子链结点限定一个生存期。若某一时刻复杂事件发生，则将子链表的复杂事件输出并将子链表删除，同时将主链结点的定时器删除；否则，如果定时器到期，而复杂事件尚未发生，则中断主程序的执行，调用子链表的删除程序将该定时器所在主链结点的子链表中的所有结点删除。

(2) 在主链结点中提供一个用于统计该主链结点对应的子链结点数目的计数器 i，当有事件插入时，计数器的值加 1，当该计数器与查询模式的长度相等时，表明复杂事件发生，则将复杂事件输出，同时删除该子链表。

改进后的主链结点可用一个四维向量 E<SID, OID, i, Timer>表示，具体的乱序修正框架如图 5-9 所示。

2) 复杂事件检测过程

依据事件之间存在的乱序问题对顺序操作符的影响，本节采用非确定有限自动机结构，并结合 Hash 技术，在检测过程中修正乱序问题。针对一组发生时间戳乱序的原子事件流(如图 5-9 所示)，复杂事件 SEQ(S, M, R)检测的具体过程如下。

(1) 当事件处理引擎接收到事件 s_k，通过哈希函数 H 将 s_k 的关键字对<SID_k, OID_k>映射到相应的哈希地址 b，因为哈希地址 b 对应的向量分量为空(即主链结点不存在，该类事件第一次出现)，所以在地址 b 的指针域中插入一个主链结点 E，并将相关信息<SID_{sk}, OID_{sk}, i=0>存入其中，同时在该主链结点的孩子域中插入一个子链结点，并将相关信息<Name_{sk}, OSID_{sk}, ts_{sk}>存入 Data 域；主链结点中计数器 i 的值加 1，同时创建并启动定时器，判断此时 $E.i$ 和 NFA 可识别的序列长度 Length(NFA)不相等，继续接收事件。

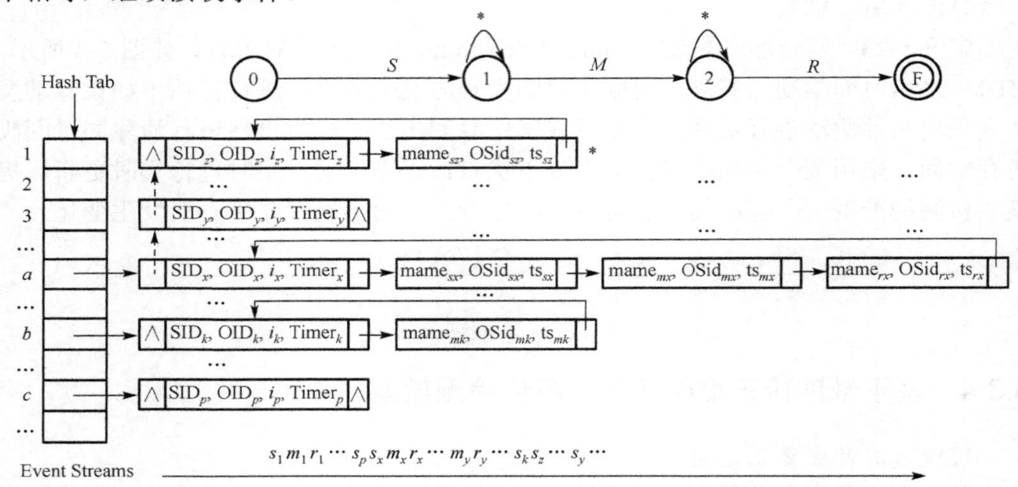

图 5-9 基于乱序修正框架的复杂事件检测结果

(2) 如果此时事件 s_p 所在的主链结点的定时器触发，则根据混合驱动的空间回收机制，立即调用子链表的删除程序将该事件所在子链表的所有结点从对应主链结点删除。

(3) 当事件处理引擎接收到事件 s_z，发现 Hash 表中哈希地址 a 对应的向量分量不为空，则将关键字对<SID_{sz}, OID_{sz}>与该主链结点 Data 域中的关键字进行比对，但匹配并未成功，则通过该结点的 NextSibling 域查找与<SID_{sz}, OID_{sz}>相匹配的主链结点。经查找并未发现相匹配的主链结点，则在主链表中插入一个主链结点 E，将当前主链结点的 NextSibling 域的指针指向新建的主链结点 E，并将相关信息<SID_{sz}, OID_{sz}, i=0>存入其中，同时在该结点的子链表中插入一个子链结点< Name_{sz}, OSID_{sz}, ts_{sz} >。主链结点中计数器 i 的值加 1，启动定时器，此时的 $E.i$ 和 Length(NFA)不相等，继续接收事件。

(4) 当事件处理引擎接收到事件 s_y，按照(3)中过程在 Hash 表的主链表中找到相应的主链结点。因为 ts_{sy}<ts_{my}，所以利用头插法将事件 s_y 插入到子链表中，并将相

关信息<$Name_{sy}$, $OSID_{sy}$, ts_{sy} >存入到子链表中新建的子链结点，同时启动定时器。将主链结点中计数器 i 的值增加 1，此时 $E.i$= Length(NFA)，说明复杂事件发生，将事件序列 $s_y m_y r_y$ 转换成复杂事件输出，同时删除该子链表的所有结点，继续接收事件，处理后的结果如图 5-9 所示。

3) 复杂事件检测算法

Hash 表是一种高效的数据结构，采用 Hash 法可以在 $O(1)$时间内找到事件的存储位置。同时利用链地址法处理哈希冲突，可以将所有 Hash 地址相同的记录存储在同一线性表中，便于根据时间戳顺序实时地在任何地方插入新的结点，同时也避免了对同一数据的重复存储。算法 5.1 描述了基于乱序修正框架的复杂事件 SEQ(S, M, R)的检测方法，具体 ORFCED 算法描述如下：

算法 5.1　基于乱序修正框架的复杂事件检测

输入：有效事件集合 S，变量 n 记录集合中有效事件的个数，复杂事件 SEQ，Hash 函数 H，定时器 Timer

输出：输出步骤 4 中成功检测的复杂事件构成的结果集，从 S 中抽取一个有效事件 e，并根据 e 的关键字计算 Hash 地址

1. 若 Hash 地址对应向量分量为空，则执行步骤 3 和 4
2. 增加主链结点 E 和子链结点 N，计数器增 1 并开启定时器
3. 若计时器的值等于 SEQ 的长度，则将该复杂事件输出，同时删除子链表
4. 若向量分量不为空，且事件 e 对应的主链结点不存在，则执行步骤 3 和 4
5. 若向量分量不为空，且事件 e 对应的主链结点存在，则按顺序插入子链结点 N，计数器增 1
6. 若未有定时器触发，则执行步骤 8；若某时刻某主链结点的定时器触发，则将该主链结点的子链表删除，执行步骤 8
7. n=n−1；若 n≠0，则执行步骤 1；若 n==0，则程序停止

在物联网数据处理系统中，除了对实时数据流的查询外，通常还会涉及对历史数据的查询与分析。在 Hash 表上进行查询的过程和哈希表的构造过程基本一致[20]。给定关键字，根据构造的哈希函数 H 求得哈希地址，若表中此位置上没有记录，则表明查找对象不存在，查找不成功；否则比较关键字，若和给定值相等，则查找成功；否则根据构造表时设定的链地址法处理冲突。

5.3.5　实验测试及分析

1. 仿真设置

本节采用 C 语言实现了算法模型，对其事件处理的性能进行了测试和分析。实验的软硬件开发环境如表 5-5 所示。

表 5-5　实验软硬件开发环境

软硬件	设置
CPU	Intel(R) Core(TM) i3-2100 CPU @3.10GHz 3.10GHz
内存	2G
OS	Windows 7
软件平台	Visual C++6.0

2. 仿真数据来源

由于目前国内外尚没有通用的物联网相关的数据集，且获取海量的物联网应用数据比较困难，因此，本节实现了一个用于不同系统仿真的事件序列产生器，用来获取物联网乱序数据流。实验通过事件产生器产生并存储事件，根据乱序率随机对事件进行乱序模拟。

为了对产生的事件进行存储，使用了以下的结构体类型来存储产生的事件：

```
typedef  struct ElemType
{
        int num;
        char Name;
        int Sid;
        int Oid;
        int OSid;
        char s[50];
        clock_t clock_e;
} ElemType;
```

其中，num 为产生的事件的序号，Name 为感知器的名称，Sid 为感知节点的 ID，Oid 为目标感知节点的 ID，OSid 为转发的目标感知器节点的 ID，s[50]用于存储时间的产生或处理器接收该事件的时间，clock_e 为取得从程序开始执行到本函数调用时的处理器时间。

在事件产生过程中通过 srand()函数从 1～100 中随机产生数据作为感知节点、目标感知节点和转发的目标感知器节点的 ID，要求感知器节点和转发的目标感知器节点的 ID 不同。同时将产生的事件以结构体的方式存储在 Event.txt 文件中，以备后续使用。

根据 5.3.1 节中对时间戳乱序问题的描述，假设查询的复杂事件为 SEQ(S, M, R)，实验过程中使用乱序率为 0、25%、50%、75%和 100%，基本事件数量为 1×10^4、2×10^4 至 6×10^4 的数据集，通过与 SASE-Sort 算法进行性能对比和分析，来测试 ORFCED 算法的处理效率。

3. 仿真流程

基于乱序事件流复杂事件检测方法的整个仿真过程如图 5-10 所示。

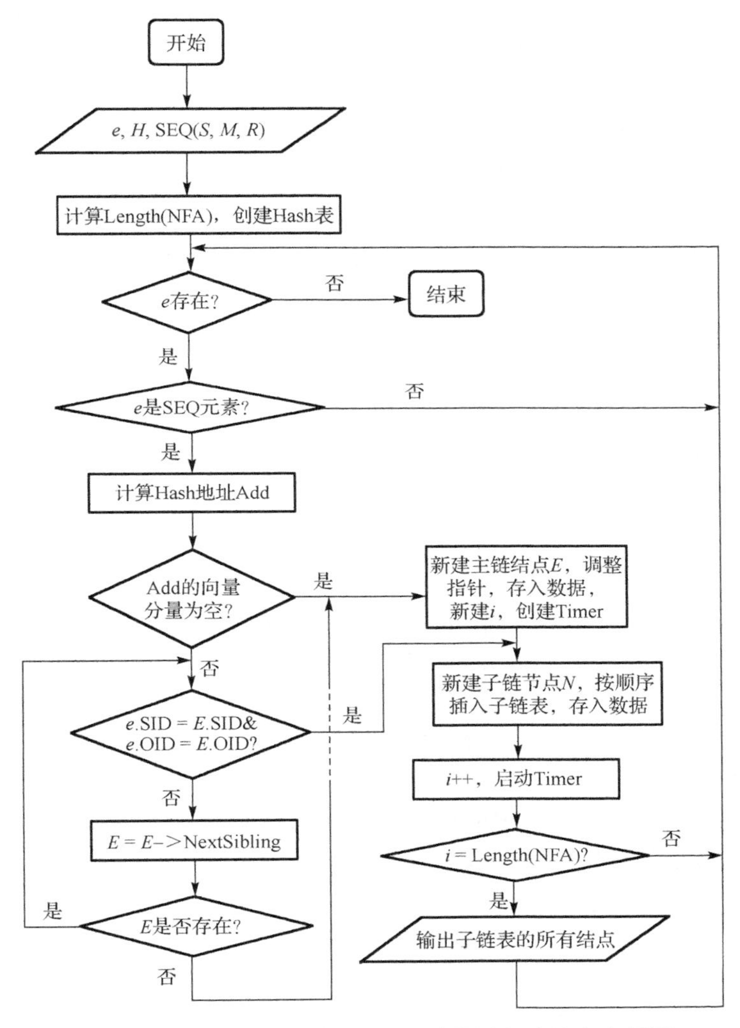

图 5-10　基于乱序事件流复杂事件检测方法仿真流程图

(1) 读取配置文件：该过程主要实现 NFA 结构的构建，计算 NFA 可识别的序列长度以及创建空的 Hash 表等功能，主要通过 length_NFA ()、InitHash () 等函数完成。

(2) 读入事件：主要是通过从文件 Event.txt 中读取原始事件实现，该文件中的事件由 5.3.2 节中的结构体表示。这里主要通过 Read_One_Event () 函数实现。

(3) 特征提取与哈希值计算：该步骤主要判断刚刚读取到的事件是否为 NFA 的触发事件，并对该事件的主要特征进行提取，也就是获取结构体的 Sid 和 Oid 值，同时计算该事件对应的 Hash 值。它主要通过 is_trigger() 函数、hash_compute() 等函数完成。

(4) 主链节点特征匹配：该步骤通过(3)中计算的 Hash 地址找到相应的主链节点，并将当前事件的 Sid 与 Oid 的值与主链节点中存放的 Sid 和 Oid 值进行对比。如果当前事件的 Sid 和 Oid 值与主链节点的 Sid 和 Oid 值相等，则按时间顺序将该事件插入到该主链节点的子链表中，否则，查找下一个主链节点进行匹配，直到匹配成功为止。如果找不到匹配的主链节点则在寻找的最后一个主链节点的后面插入一个新建的主链结点，同时插入该事件到相应的子链表。主要通过 main_CreateFromHead() 函数、sub_CreateFromHead() 函数、sub_CreateFromTail() 函数、sub_CreateFromMid() 函数等完成。

(5) 判断子链节点数是否为 3：该步骤主要对插入新事件后的子链表中的子链节点个数进行判断，这里主要通过主链节点中存放的计数器 i 的值判断 i 是否等于 length_NFA()，若相等则将子链表中的成功匹配的事件输出，同时将对应的子链节点删除，否则继续读取下一个事件。通过 output_del_successMsg() 等函数完成。

4. 仿真结果分析

1) 算法正确性验证

本实验在不同乱序率条件下，将未经修正及使用其他算法处理的结果的正确率与使用本章提出的乱序修正算法进行对比，验证 ORFCED 算法的正确性。

首先，通过 6×10^4 个基本事件、不同乱序率条件下，使用乱序修正框架前后复杂事件检测成功匹配率(即处理正确率)的对比，分析基于乱序修正框架的复杂事件检测算法的处理效果。由图 5-11(a)可以看出，随着乱序事件率的增加，无论是否使用乱序修正框架，复杂事件检测的成功匹配率总体均呈下降趋势，但经过乱序修正框架处理的复杂事件检测的成功匹配率明显高于未经处理的情况，且前者保持在较高水平。这表明，针对乱序事件流，乱序修正框架的处理效果很明显，可以大大提高复杂事件检测的正确率，提供精确的处理结果。

接着，通过不同乱序率条件下，ORFCED 算法与 SASE-Sort 算法的对比，分析基于乱序修正框架的复杂事件检测算法的处理效果。由图 5-11(b)可以看出，相同乱序事件率情况下，基本事件数量的增加对成功匹配率没有产生较大的影响，且保持在较高的水平，表明本算法具有很高的处理效率，故本实验把相同乱序率情况下的平均成功匹配率作为该乱序率对应的成功匹配率。由图 5-11(c)可以看出，随着乱序率的增加，两种算法的成功匹配率总体均呈下降趋势，但本章提出的 ORFCED 算法明显优于 SASE-Sort 算法。这是因为 ORFCED 算法通过链表结构可以很好地处理结点事件的增加、删除等操作，而 SASE-Sort 算法是基于活动实例堆栈(active instance stack，AIS)处理，在前栈实例(recent instance in the previous stack，RIP)的设置和右邻接栈的 RIP 修改过程中可能会由不完整的事件检索导致数据丢失，最终无法成功匹配。

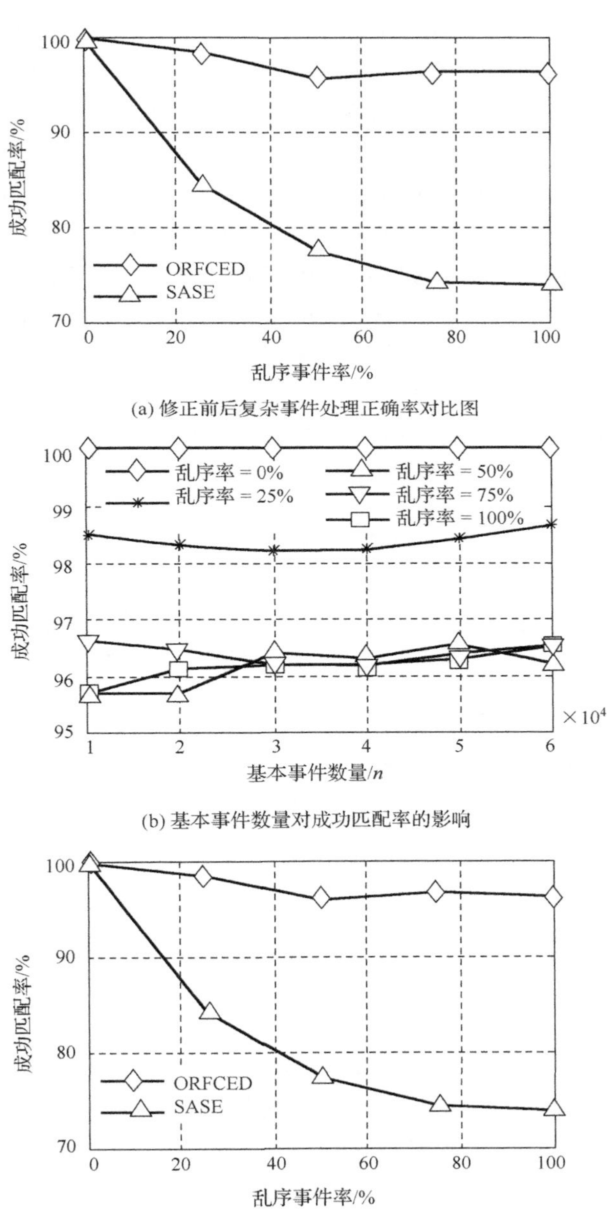

(a) 修正前后复杂事件处理正确率对比图

(b) 基本事件数量对成功匹配率的影响

(c) 乱序率对成功匹配率的影响

图 5-11　修正前后复杂事件处理正确率对比图

2) 算法时延效果验证

本实验通过乱序率为100%和全序两种情况下不同算法的对比，研究基本事件数量对算法执行时间的影响。由图 5-12 可以看出，随着基本事件数量的增加，两种算法的执行时间总体均呈增长趋势，但在基本事件数量相同的情况下，ORFCED 算法处理不同乱序率事件的执行时间大致相同，而 SASE-Sort 算法则随着乱序率的增加而增加。这是因为在乱序事件的处理过程中，ORFCED 算法无需遍历每个事件，只需查看主链表中有无与其相匹配的主链结点存在，同时利用空间回收机制对过期数据进行及时处理，减少了不必要的查询，且随着主链结点的构建，每个事件处理的平均时间会相应减少；而 SASE-Sort 算法不仅未对过期中间结果提出相应的处理方法，还需要在序列扫描和构建(sequence scan and construction，SSC)过程中对 AIS 中的所有事件进行遍历，事件数量越多，遍历的时间就越长。因此，本章提出的乱序修正算法 ORFCED 不仅可以大大提高复杂事件检测的正确率，还能对乱序事件流及时做出处理，减少不必要的延迟，缩短了系统响应时间，且当数据集增大时，该算法的优势也就更加明显。

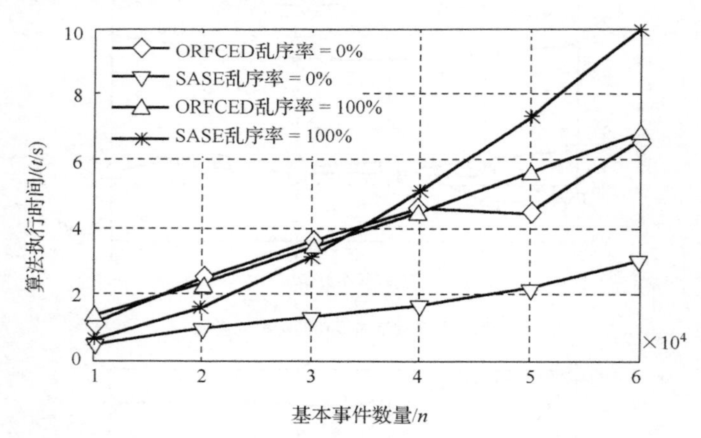

图 5-12 基本事件数量对算法执行时间的影响

3) 算法内存效率验证

本实验通过对不同数据集下两种算法的内存占用量进行分析，研究空间回收机制的应用对处理性能的影响。由图 5-13(a)可以看出，基本事件数量相同、乱序事件率不同的情况下，事件处理所需的内存量大致相同，故本实验把该情况下事件处理占用的平均内存作为处理该数据集所需的内存占用量。由图 5-13(b)可以看出，随着基本事件数量的增加，两种算法的内存占用量均呈现出增长的趋势，且 SASE-Sort 算法的增长速度更快。SASE-Sort 算法中并未提出相应的处理过期数据问题的解决方案，致使大量过期的中间结果长期存储在内存中，影响了系统的处理效率。相反，ORFCED 算法可以对乱序事件流及时作出处理，并使用空间回收机制对过期数据进行及时清理，减少中间结果对内存的占用，且数据量越多效果就越明显。

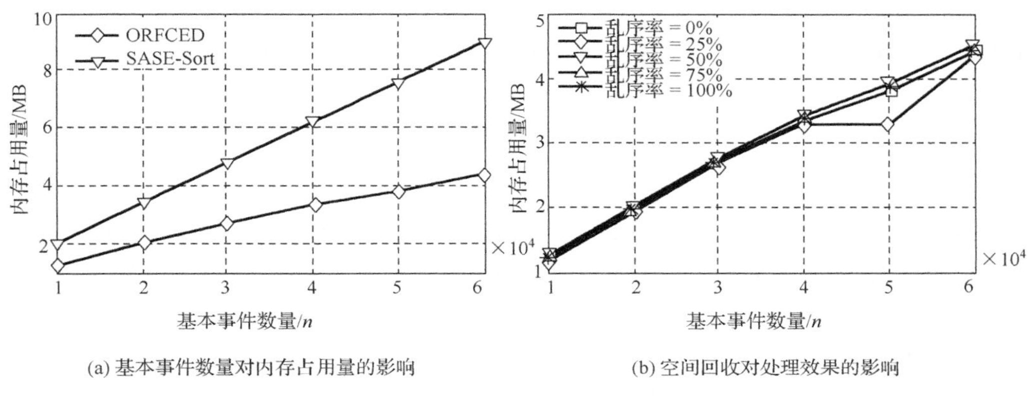

(a) 基本事件数量对内存占用量的影响　(b) 空间回收对处理效果的影响

图 5-13　基本事件数量对内存占用量的影响

5.4　事件共享机制

针对物联网复杂事件查询处理的过程中存在公共子事件，需要重复存储和重复处理的问题，本节提出物联网事件共享机制。物联网事件共享就是物联网事件查询与处理过程中，将可以共用的部分进行重组、合并、共用以及重用的过程，实现查询、存储和处理的共享。本节从以下三个方面对物联网事件共享机制展开研究。

(1) 从用户的角度定义公共的子查询，实现用户级查询共享。充分利用操作符间的组合关系与等价关系，对查询表达式进行重写，尽量减少操作符数目，实现相同子事件的共享。

(2) 从内部查询结构的角度构造公共结点，实现处理和存储的事件共享。在将查询表达式转换为内部查询结构的过程中，利用有向无环图作为描述公共表达式的有效工具，实现对相同子式的共享[13]。

(3) 从事件处理的角度设计使用策略，实现事件的使用共享。基于有向无环图的内部结构对数据进行处理的过程中，充分利用事件流中事件的可重复利用性，实现同一子事件的使用共享。

5.4.1　查询重写

与传统的关系数据库不同，当前对复杂事件处理系统的研究很少关注语言级的查询优化，没有充分利用操作符之间的语义等价关系将查询进行重写以达到高效的目的，限制了系统的延展性，最终影响了系统的执行效率[21]。同时，由事件操作符复合形成的事件表达式，从公共子事件的角度来讲，很少能实现子查询的共享，一定程度上提高了计算的复杂度同时增加了计算的重复率。为了解决以上问题，在不改变查询语义的基础上，系统每接收一个查询均对其进行查询重写。从有利于实现共享的角度出发，考虑到复合事件的语义以及查询重写的变换趋势，给出如下查询重写的等价变换方法，将所有复杂事件查询中的其他操作等价变换为仅含“Δ”、“;”与“¬”的小事件合取范式[22]。

1) 基于操作符定义的改写规则

根据 5.2.3 节中事件操作符的定义，事件 E_1，E_2，E_3 (E_1，E_2，E_3 同时代表一般事件和包含 Kleene Closure 操作符的 $E^*/E^+/E^{num}$ 事件) 及其操作符之间存在以下的改写规则。

规则 5.1　两个事件的或操作表示在时间 t 事件 E_1 和 E_2 至少有一个发生，其语义等价于两个非事件的与操作的非，即

$$(E_1\nabla E_2)(t)=\exists t\neg(\neg E_1(t)\Delta\neg E_2(t))$$

规则 5.2　5.2.3 节中各事件操作符的定义，此处略(可查看 5.2.3 节)。

2) 基于操作符性质的改写规则

设 E_1，E_2，E_3 (E_1，E_2，E_3 同时代表一般事件和包含 Kleene Closure 操作符的 $E^*/E^+/E^{num}$ 事件) 是事件空间中的任意事件，则对于事件操作符集合中的操作符具有如下性质。

性质 5.1　自反律。

$\neg(\neg E_1)=E_1$

性质 5.2　交换律。

$E_1\Delta E_2=E_2\Delta E_1$

$E_1\nabla E_2=E_2\nabla E_1$

性质 5.3　结合律。

$E_1\Delta(E_2\Delta E_3)=(E_1\Delta E_2)\Delta E_3=E_1\Delta E_2\Delta E_3$

$E_1\nabla(E_2\nabla E_3)=(E_1\nabla E_2)\nabla E_3=E_1\nabla E_2\nabla E_3$

$E_1;(E_2;E_3)=(E_1;E_2);E_3=E_1;E_2;E_3$

性质 5.4　分配律。

$E_1;(E_2\Delta E_3)=(E_1;E_2)\Delta(E_1;E_3)$

$E_1;(E_2\nabla E_3)=(E_1;E_2)\nabla(E_1;E_3)$

$E_1\nabla(E_2\Delta E_3)=(E_1\nabla E_2)\Delta(E_1\nabla E_3)$

$E_1\Delta(E_2\nabla E_3)=(E_1\Delta E_2)\nabla(E_1\Delta E_3)$

性质 5.5　狄摩根定律。

$\neg(E_1 \Delta E_2) = (\neg E_1) \nabla (\neg E_2)$

$\neg(E_1 \nabla E_2) = (\neg E_1) \Delta (\neg E_2)$

3) 改写步骤

任何一个复杂事件查询，可以通过以下三个步骤改写成小事件合取范式。

(1) 利用基于操作符定义的改写规则将复杂事件查询中的其他操作等价变换为“Δ”、“;”与“¬”操作；

(2) 利用狄摩根定律将否定符号“¬”移至原始事件之前；

(3) 利用基于操作符性质的改写规则将复杂事件查询中的其他操作等价变换为“Δ”、“;”与“¬”操作。

以上改写步骤不仅提高了复杂事件的表现能力，实现子查询的共享，同时也在一定程度上减少了事件的重复计算，为后续的代价模型改进做准备。

5.4.2　基于有向无环图的复杂事件处理共享层次模型

为了对查询进行处理，首先从语法上对查询表达式进行分析，将其转换成多个内部操作符树(operator tree)表示。每个操作符树对应一个复杂事件，操作符树的每个非叶结点对应一个操作符，如图 5-14 所示。这些树合并形成一个二叉树，图 5-15 所示为查询 5.1 的事件二叉树结构。仔细观察该表达式，可以发现有一些相同的子表达式，在二叉树中，它们也重复出现。若将这些重复事件进行共用，则形成一个可用于一系列复杂事件检测的事件图，该事件图是一个有向无环图(directed acyclic graph，DAG)，如图 5-16 所示。

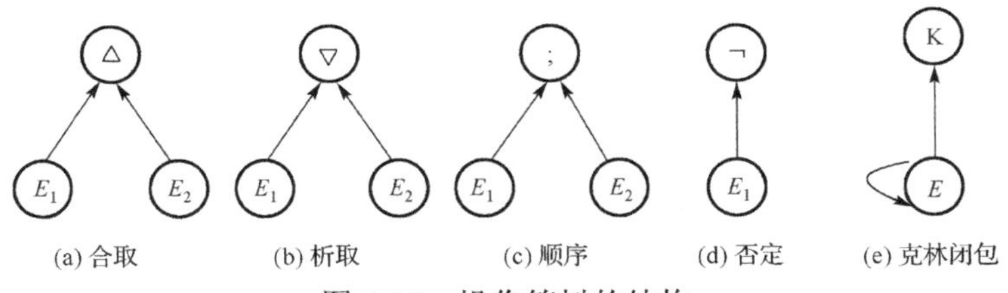

图 5-14　操作符树的结构

有向无环图作为描述公共表达式的有效工具，可以实现对相同子式的共享，避免对公共子事件的多次重复检测，在一定程度上降低存储要求。该有向无环图由叶顶点、非叶顶点和边组成，每个叶顶点表示一个基本事件，有一条入边，可能有多条出边；每个非叶顶点对应有一个事件操作符，可能有多条入边(最多两条)和多条出边。每个叶顶点都带有一个缓存区，用于临时存储新到达的原始事件；每个非叶顶点都有左右两个缓存区用于存储从子树的缓存区收集的中间结果，左缓存区用于存储从左入边传送过来的数据，右缓存区用于存储从右入边传送过来的数据。数据源连续不断地产生原始事件，产生的事件以时间顺序注入叶顶点的缓存区，并按照一定的规则转移至上层结点，图中弧的方向从起始点指向终端点，表明事件检测和流动的方向，从图中可以看出，所有事件都是以自底向上的方式进行传输。

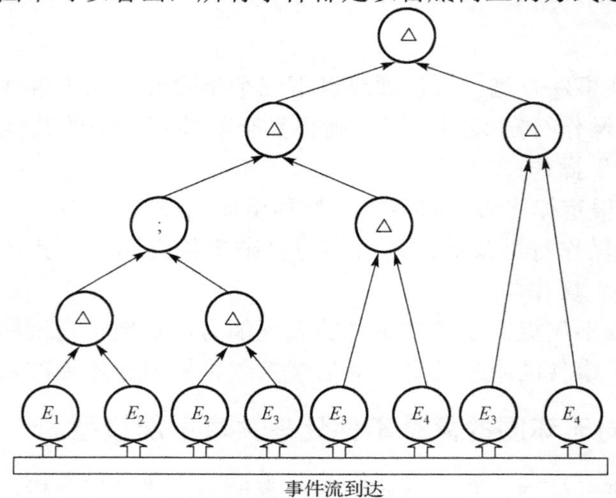

图 5-15　查询 5.1 的事件二叉树结构

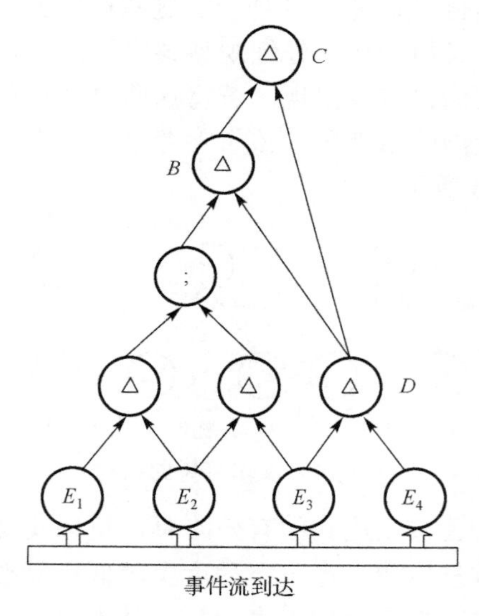

图 5-16　查询 5.1 的事件图结构

5.4.3　基于参数上下文的事件共享机制

有向无环图作为描述公共表达式的有效工具，可以在构建复杂事件处理层次模型的过程中共享子事件的检测，这样可以降低事件检测的冗余性，提高事件检测的效率，但这可能导致在事件检测的过程中产生资源冲突[23]。冲突在有向无环图的数据共享过程中是不可避免的，体现了处理过程中不同对象对共享资源的竞争。图 5-16 中复杂事件 B 和复杂事件 C 的公共子事件 $D=E_3\Delta E_4$ 可能会因为资源的分配不当而引起冲突。同时，参与复合的顶点的左右两个缓存区中存储的子事件也会因为没有确定的删除规则而引起资源冲突。

一个复合事件探测可能需要一个或几个连续的事件探测一个连续事件的一次或者多次的发生。同类或者不同类事件多次发生时，为了探测复合事件，在给定的一段时间内，当事件可能发生多次时，根据参数选择一种计算复合事件的方法，在发生事件的历史中计算复合事件。利用复合事件的最后一个要素事件的发生来标志这个复合事件的发生，然而当构成复合事件的最后一个要素事件可能是连续几个相同类型事件时，这几个相同类型的事件中只能有一个事件可以作为复合事件结束的标志。同样在一个复合事件开始时，也可能有几个满足要求的同类事件的发生，这时也只能取一个事件作为复合事件开始的标志。这样才能保证一个复合事件只有一个开始和一个结束的标志，要素事件本身就作为复合事件的开始和结束[24]。

一个复杂事件是由多个成员事件组成的，第一个满足事件语义的事件称为该复杂事件的起始事件，触发复杂事件的成员事件称为终止事件。在基于事件图的复杂事件检测处理的过程中存在以下问题。

(1) 在终止事件到来之前，可能其他的子事件(包括起始事件)已经发生了多次，这些事件都是满足事件语义的，究竟应该选择哪个事件作为复杂事件的触发事件呢？所以必须设定事件实例匹配策略来决定同类成员事件的选择问题。

(2) 参与复合的顶点的左右两个缓存区中存储的子事件，会因为没有确定的删除规则而引起资源冲突，所以必须设定已匹配事件的删除规则来决定左右两个缓存区中存储的子事件的去留问题。

(3) 参与复杂事件的公共子事件可能会因为资源的分配不当而引起冲突，所以必须设定公共结点上的资源分配策略来解决因资源共享而导致的资源竞争问题。

针对上述部分问题，1994 年 Chakravarthy 等提出了四种参数上下文语义约束的事件检测模型(以下简称参数上下文)，其目的是减少复合事件探测时的计算量及空间开销，提供一种在非限制上下文集合中选择出对实际应用有意义的子集的机制[8]。它用不同的方法来计算和探测复合事件以匹配应用语义，参数上下文的选择也意味着为了满足实际应用要求的复合事件的探测和存取[24]。常说的所描述语义事件信息的大部分内容都来自于该事件信息所处的相关上下文信息中，上下文越丰富，越有利于事情内容的完整、准确表达，相应的，事件越容易被理解与辨识[25]。

为了解决上述问题，基于数据处理的对象是经过乱序事件处理后的有序的事件流环境，本节结合 Chakravarthy 等提出的 Chronicle 参数上下文，对事件进行基于有向无环图的共享处理。Chronicle 参数上下文具有以下特点。

(1) 每一个新到来的起始事件都会启动一个新一轮的复杂事件检测，它可以和已存在的其他所有满足事件语义的子事件复合。

(2) 所有满足事件语义的子事件都有可能一次或多次参与同一个复杂事件的检测。

(3) 一旦复杂事件被触发，所有参与复合的初始事件被删除但终止事件保留。

现根据实际需要对其做如下改进和扩充。

(1) 如果一个结点有多条出边，则从左到右依次激活各条出边相连的结点。

(2) 激活这些结点的同时，将左右缓存区中存储的子事件通过结点表示的操作符复合后复制到这些结点。

(3) 激活每个结点所用的时间相同。

改进的 Continuous 参数上下文可以更好地适用于本节提出的复杂事件处理共享层次模型，充分利用事件的可重复使用性，实现对终止事件的使用共享。

下面通过具体实例来说明，图 5-16 所示为查询 5.1 的事件图结构，其中，叶顶点 E_1、E_2、E_3、E_4 为基本事件，非叶顶点均为复杂事件。图 5-17 描述了使用改进的 Continuous 参数上下文对查询 5.1 中的复杂事件进行事件检测的部分过程。

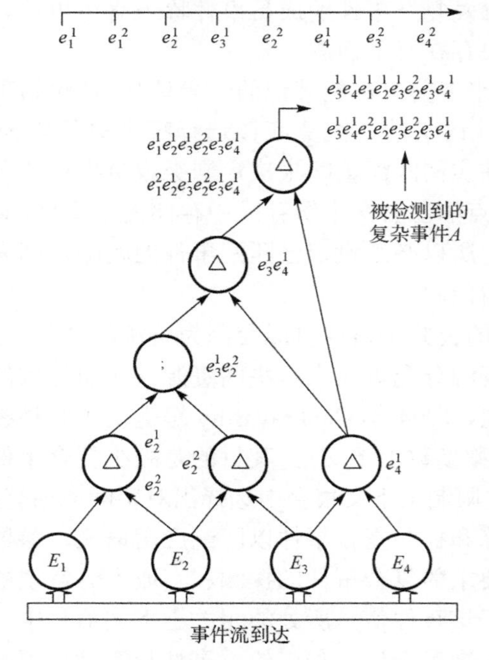

图 5-17　复杂事件 A 的检测过程

5.4.4　形式化查询计划语义模型

5.4.2 和 5.4.3 节对物联网复杂事件查询处理过程中的事件共享机制进行了深入而细致的研究，本节在其基础上提出了基于事件共享机制的语义形式化查询计划处理模型(semantic formalization query plan moel，SFQPM)，该模型可以将查询表达式自动转换成有向无环图结构，并对查询谓词进行处理，实现对复杂事件的自动检测。下面结合图 5-18 阐述根据查询 5.1 构建基于图的查询计划的过程。

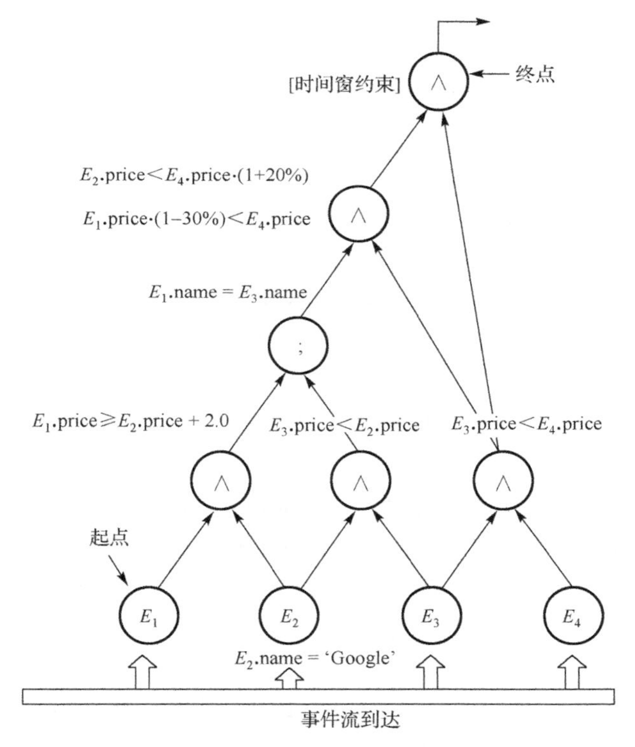

图 5-18　查询 5.1 基于图的查询计划层次结构模型

步骤 1　查询重写(query rewriting，QR)。查询重写主要针对查询的 PATTERN 子句部分，将查询表达式的所有谓词等价变换为仅含“Δ”、“;”及“¬”操作符的合取范式。

步骤 2　结构转换(structure transformation，ST)。为了对查询进行处理，首先从词法和语法上分析查询结构。因为有向无环图具有图形化和可执行化的特点，适合表示复杂事件的检测，其层次结构在模拟复杂事件表达式上有着很大的优势且可以很直观地反映复杂事件的层次结构，所以，本步骤将查询表达式转换成指定的有向无环图结构。

步骤 3 谓词解析(predicate analysis，PA)。主要针对查询的 WHERE 子句部分包含的两类谓词：简单谓词和参数化谓词。将这两类谓词分别安置到有向无环图相应的顶点上，过滤事件序列。

谓词解析主要针对查询的 WHERE 子句部分，该部分主要包括两大类谓词[9,14]：简单谓词(如 E_2.name = 'Google')和参数化谓词(如 E_1.price >= E_2.price + 2.0)，其中，参数化谓词又分为等值测试(如 E_1.name = E_3.name)和非等值部分(如 E_3.price > (1 + 20%) · E_4.price)。谓词解析的主要作用是利用提供的所有谓词过滤事件序列。

简单谓词就是谓词表达式的比较操作符(=、≠、>、<、≥、≤)两边只有一种事件类型的情况(即属性和常量进行比较的情况)。通过把简单谓词安置在叶缓存区，可以及时而有效地阻止不相关的事件进入叶缓存区，从而减少不必要的时间和空间花销。参数化谓词是指谓词表达式的比较操作符两边包含不同的事件类型的情况，通常被安排到尽可能低的非叶结点，以便不相关的事件可以在被转移到上层结点之前尽早地被过滤掉。来自相关子树的事件被传递到非叶结点进行复杂事件的组合，组合过程中，依照参数化谓词进行事件的过滤。

在进行谓词解析的过程中，需要考虑两类特殊的操作符：①当操作符为 SEQ (图 5-14(c))时，需要在现有约束的条件下增加哨函数 E_1.timestamp < E_2.timestamp，这种额外的时间约束同样需要在谓词解析的过程中被很好地利用，及时丢弃不满足约束的事件序列，减少中间结果的产生；②当操作符为 Kleene Closure(图 5.14(e))时，也要注意哨函数的存在。

步骤 4 时间窗约束(time window constraint，TWC)。时间窗主要针对查询的 WITHIN 子句部分，该部分的主要作用是根据规定的时间窗口的大小，对参与复杂事件构建的子事件(原始事件或复杂事件)进行约束。在终点(end point)处对产生的结果序列进行判断，判断序列的尾事件和首事件的时间差，是否不大于指定的时间窗 T，从而决定是否输出该序列。

步骤 5 周期约束(periodic constraint，PC)。周期约束主要针对查询的 EVERY 子句部分，系统读取查询结构中有关查询执行周期的命令，按照查询要求进行周期性的查询。

步骤 6 事件读取(event reading，ER)。当输入事件流中的一个事件到达处理结点，系统读取该事件，并送往处理器处理。

步骤 7 乱序修正(out-of-order revise，OOR)。乱序修正主要是在处理器端对读取的事件进行一系列的内部排序处理，处理后的结果为一个全序的事件序列，可供后续处理。

步骤 8 事件共享机制(event sharing mechanism，ESM)。利用 5.4.3 节提出的基于参数上下文的事件共享机制进行处理，利用 Continuous 参数上下文的事件选择策略对连续几个相同类型的事件进行选择，构成复合事件参与后续的处理。

步骤 9　序列转换(sequence switch，SS)。对终点处输出的满足条件的每个序列中的所有事件的属性进行关联，并将该事件序列转换成一个复杂事件输出。

根据以上模型，查询 5.2 的基于图的查询计划如图 5-19 所示，其具体转化和构造过程如下：

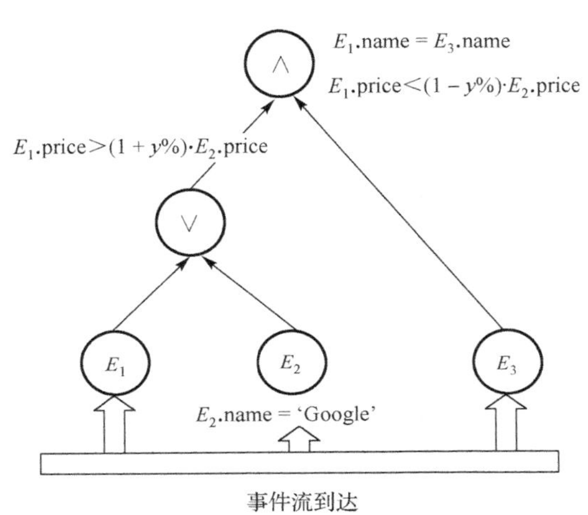

图 5-19　查询 5.2 基于图的查询计划

5.4.5　实验测试及分析

1. 仿真设置

本实验采用 C 语言实现了算法模型，对其事件处理的性能进行了测试并对结果进行了分析。实验的软硬件开发环境如表 5-6 所示。

表 5-6　实验软硬件开发环境

软硬件	设置
CPU	Intel(R) Core(TM) i3-2100 CPU @3.10GHz 3.10GHz
内存	2G
OS	Windows 7
软件平台	Visual C++6.0

2. 仿真数据来源

由于目前国内外尚没有通用的物联网相关的数据集，且获取海量的物联网应用数据比较困难，因此，本节实现了一个可以用于不同系统下仿真的事件序列产生器，用于获取物联网事件流，产生的事件存储在文档中，可以根据具体应用随机对事件进行模拟。

为了对产生的事件进行存储，使用以下的结构体类型来存储产生的事件：

```
typedef struct ElemType_t
{
        int num;
        char Name;
        float price;
        clock_t c;
} ElemType_t;
```

其中，num 为产生的事件的序号，Name 为事件的名称，price 为查询 5.1 中对应的价格(price)，在事件产生过程中通过 srand()函数获取 1～100 中的随机值，c 为取得从程序开始执行到本函数调用时的处理器时间。产生的事件以结构体的方式写入 Event.txt 文件中，备后续使用。

根据 5.4.4 节提出的处理模型对查询 5.1 进行处理，包括查询表达式、谓词及时间相关约束等。其中，基本事件数量为 1×10^4、2×10^4、…、6×10^4 的数据集，通过对图 5-15 与图 5-16 所示事件二叉树与事件图两种结构算法性能的对比和分析，来测试提出的有向无环图结构的处理效率。

3. 仿真流程

基于事件共享机制的复杂事件处理方法的整个仿真过程如图 5-20 所示。

基于事件共享机制的复杂事件处理方法的仿真流程主要包括两个部分：查询处理和事件处理。其中，查询处理主要是对用户发出的查询请求进行重写、转换等处理，包括查询重写、结构转换、谓词解析、时间窗约束和周期约束；事件处理主要是利用复杂事件处理技术对收到的事件进行处理，包括乱序事件处理和事件共享机制(具体内容可参阅 5.4.4 节，在此不再赘述)。

4. 仿真结果分析

1)共享机制对内存占用量的影响

图 5-21 为有向无环图结构(DAG)和二叉树结构(BTree)的内存占用量随基本事件数量变化对比图，可以看出，随着基本事件数量的增加，两种算法的内存占用量均呈现增长的趋势，且基于二叉树结构的算法的增长速度更快。这是因为二叉树结构中存在相同的子事件结点，且每个结点对满足要求的子事件都必须存储一次，针对这些重复存储，有向无环图结构通过事件共享机制对二叉树结构中的相同结点及相同子事件进行了共享，从而节省了内存空间。因此，当查询表达式中的公共子查询越多、基本事件数量越多时，有向无环图结构的内存占用量相对二叉树结构就越少，效果就越明显。

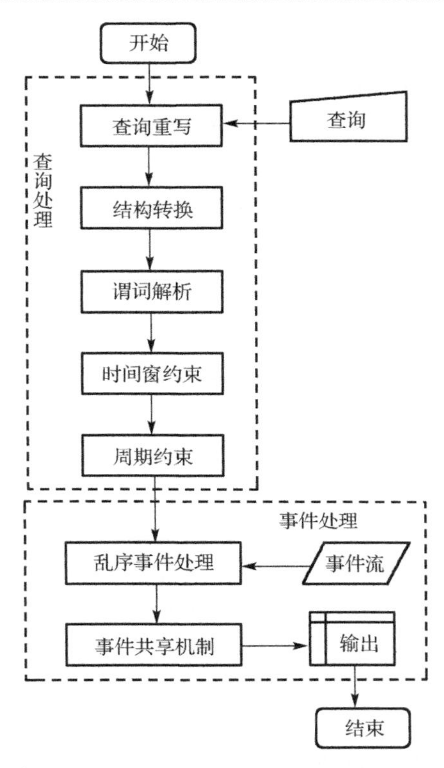

图 5-20　基于事件共享机的复杂事件处理方法仿真流程图

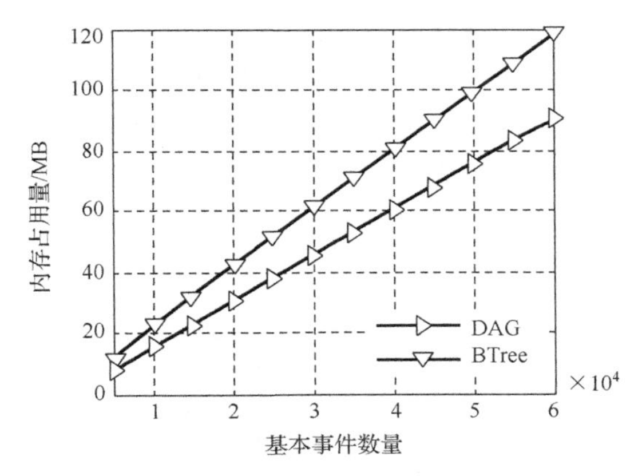

图 5-21　基本事件数量对内存占用量的影响

2) 共享机制对处理时间的影响

图 5-22 为有向无环图结构(DAG)和二叉树结构(BTree)的执行时间随基本事件数量变化对比图，可以看出，随着基本事件数量的增加，两种处理算法的处理时间

相差不大，但当基本事件数量相同时，基于事件共享机制的有向无环图算法的处理时间明显低于基于二叉树的算法。因为二叉树结构中重复的子事件结点在对事件进行重复存储的同时，还需要对这些事件进行重复的处理，共享机制的使用，可以减少中间结果的重复检测，从而减少复杂事件的处理时间。在实际应用中，需要处理的事件是海量的，当基本事件数量越多时，有向无环图算法的优越性就越明显。

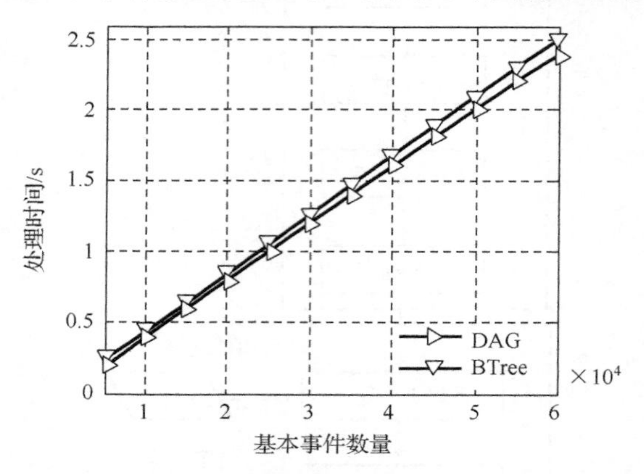

图 5-22　基本事件数量对算法执行时间的影响

3) 共享机制对复杂事件检测数量的影响

图 5-23 为 5.4.4 节提出的基于事件共享机制的语义形式化查询计划处理模型(SFQPM)与一般二叉树结构这两种方法检测到的复杂事件数量随基本事件数量变化对比图，可以看出，随着基本事件数量的增加，检测到的复杂事件数量大幅度增长，且在基本事件数量相同时，基于 SFQPM 模型检测到的复杂事件数量远大于一般二叉树结构。这是由于 SFQPM 模型中的事件共享机制使得保存在结点缓存区中的事件可以一次或多次参与复杂事件的复合，从而增加了复杂事件的检测数量。

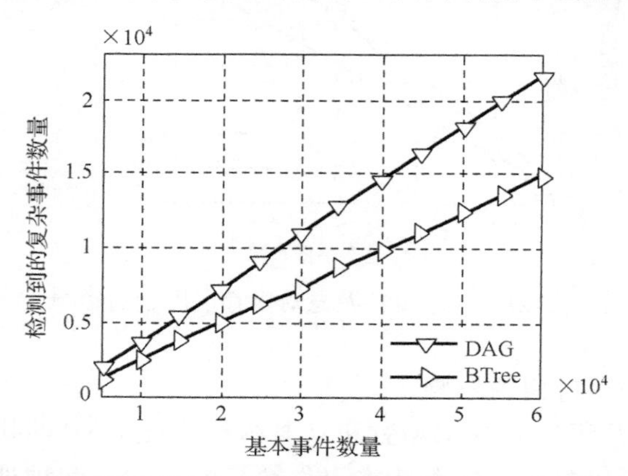

图 5-23　检测到的复杂事件数量随基本事件数量变化对比图

5.5　智能交通物联网复杂事件处理实例研究

交通物联网是在较完善的交通设施基础上，将新一代智能技术充分运用于交通运输系统而建立的一种智能化系统，即把智能传感器件装备到公路、水路、公交、地铁各相关系统的基础设施中，把车辆、船只等运动设施，还有桥梁、大坝、隧道、车站、港口等固定设施，网络、视频、广播、通讯、遥感等各种媒体设施，在互联网的支撑下经过互联构成“物联网”[26]。前面的 5.3 节构建了基于哈希结构的复杂事件乱序修正框架，并在此基础上结合混合驱动的空间回收机制给出了复杂事件检测模型；5.4 节构建了基于事件共享机制的语义形式化查询计划处理模型。本节力图在上述研究的基础上，基于智能交通应用场景，充分利用本章提出的复杂事件处理技术，设计一个功能较为齐全的实例研究方案，对上述研究内容进行验证，并对结果进行分析。

5.5.1　实例研究背景

目前，与物联网有关的技术日趋成熟，成为新的采集交通信息的思路，为交通提供了方便[27]。然而，智能交通应用系统在整个交通运输管理体系的应用过程中，常常会出现以下问题。

(1) 智能交通应用场景中的感知器可以感知到海量的交通数据流，这些数据流绝大多数对于用户来讲是毫无意义的。

(2) 智能交通应用场景中的感知器感知到的海量的交通数据流语义过于简单，有时不能提供任何对用户有意义的信息。

(3) 智能交通应用场景中的感知器感知到的海量交通数据可能由于网络故障、传输延迟、存储延迟等原因导致先产生的数据后到达，一定程度上影响了操作人员的判断和决策，可能给交通企业在经济上和时间上造成巨大的损失。

(4) 用户对于需求信息的查询过于集中，有时会导致系统的负载过高，致使系统崩溃。

这些问题，不仅会影响交通运输综合管理的效率，使工作人员对工作失去信心，还会误导驾驶人员的出行。物联网技术受应用需求的推动，针对上述存在的问题以及智能交通应用的需求，亟须一种可以及时且充分挖掘事件流中隐藏的信息、对产生的乱序事件进行及时有效地处理，同时还能对用户的查询进行有效处理、提高查询的处理效率的复杂事件处理机制。本节结合前面所做的研究，从以下几个方面入手，解决智能交通应用中存在的这些问题。

(1) 基于主动数据库的事件处理方法，结合已有的事件处理系统，从智能交通事件的构造层次出发，构建基于智能交通的语义事件模型，按照事件本身的语义复杂程度，对智能交通事件进行定义、分类和形式化描述，并给出相关事件操作符的描述。

(2)数据之间往往存在某些固有的语义关联性，如时空关联性、属性关联性和物理连接关系等，需要按照一定的规则，对这些交通数据流进行建模，提供事件查询语言，建立适用于应用水平的交互，最终提取出能体现业务逻辑的有价值的信息。用户可以根据需求对建模处理后的事件流进行查询，提取出能体现业务逻辑的有价值的信息。

(3)乱序问题主要会对顺序操作符产生影响，所以针对乱序问题，主要考虑解决其对一些与顺序相关的操作带来的不利影响。根据智能交通应用系统的需求，对交通场景中存在的时间戳乱序问题，通过局部排序建立相应的乱序修正框架，并在此基础上，提出了基于乱序修正框架的智能交通复杂事件检测模型，对实际应用中遇到的乱序问题进行实时处理。

(4)物联网事件共享就是在对智能交通事件进行查询与处理的过程中，将可以共用的部分进行重组、合并、共用以及重用的过程，实现查询、存储和处理的共享，通过共享处理对原来处理过程中存在的一些问题进行优化处理，减少存储所占用的空间以及处理所需要的时间，提高处理的效率。

5.5.2　智能交通语义事件模型设计

本节以智能交通应用场景为例，说明如何基于物联网数据流，利用乱序修正框架对基本事件或复杂事件进行物联网复杂事件检测。

假设一个智能交通场景为某智能交通灯对应的十字交叉路口，该路口由一条东西方向的主干道和一条南北方向的支道构成。在十字路口设置有左转的交通灯，并在直行道和左转道口安装环形线圈感应该车道是否有车辆通过。所有机动车辆应遵守国家道路交通安全法规定，按照交通信号通行：红灯表示禁止通行，绿灯表示准许通行，黄灯表示警示。以下部分主要介绍其建模过程。

1. 智能交通数据及事件

1)智能交通数据

智能交通应用场景中的数据，通常是由感知器(包括感应线圈、摄像头、交通灯等)获取的数据，根据 5.2.1 节中实体的语义形式化描述，智能交通应用场景中的数据可使用一个 $n(n\geqslant 3)$ 元组表示：

ITD (Data, Data_size, Data_type, Data_fuction, …)

其中，Data 表示数据的内容，Data_size 表示数据的大小，Data_type 表示数据类型，Data_fuction 表示数据功能等。

同时，其他实体对象也可以通过上述实体表示方法进行形式化描述。

(1) 感知主体可表示为 Subject (Subject_id, Subject_name, Subject_location, …)；

(2) 感知的目标对象可表示为 Object(Object_id, Object_name, …)；

(3) 相关标签可表示为 Tag(Tag_id, Object_t, …, ts_t)；

(4) 相关阅读器可表示为 Reader(Reader_id, Reader_name,…)。

智能交通应用场景中的数据具有语义隐含性、时空相关性、不可靠性、海量性、实时性等特点，它的这些有别于一般数据的特性，增加了系统处理的难度。

2) 智能交通事件

根据 5.2.1 节中事件的定义可知，智能交通应用场景中的事件(简称智能交通事件)即为智能交通应用场景中的感知器感知到的感知对象的相关信息，它是一些包含时间、空间、设备等属性的数据，具有一定的语义，同时对用户具有一定的现实意义。

智能交通事件类型是同一类型智能交通事件的统称，使用大写字母(如 E)表示。智能交通事件实例是某一个智能交通事件类型的一个具体事件的发生，使用小写字母(如 e)表示，为了区分同一 RFID 事件类型 E_i 在不同时刻发生的事件实例，使用 e_i^j 表示事件类型 E_i 在 j 时刻发生的事件实例。

2. 智能交通事件分类

根据本设计对物联网事件的分类方法，智能交通事件可以分为智能交通原始事件、智能交通基本事件及智能交通复杂事件。智能交通原始事件是对智能交通原始感知数据进行清洗、过滤等操作后产生的数据，是对原始数据进行简单预处理后的数据；智能交通基本事件表示具有一定语义的目标对象或目标对象间的某种时空关联行为的发生，基本事件是一类发生频繁且语义较简单的事件，但较原始事件而言，语义丰富；智能交通复杂事件是由智能交通基本事件构成，用于表达上层应用语义对象之间关系的发生，其具有较高的语义。

1) 智能交通原始事件

智能交通原始事件可定义为智能交通系统中感知器在具体时间感知到感知对象而产生的原子性、瞬时性的智能交通事件。智能交通原始事件的原子性是指原始事件的应用实例(e_i)要么根本不发生，要么完全发生，是智能交通复杂事件处理过程中的最小事件处理单元。

智能交通原始事件的实例都是由应用环境中用于感知和采集目标对象信息的前端感知设备感知获取的，所以感知设备和感知目标的特点决定了原始事件应该具有的属性。一般情况下的原始事件具有相同的起始时间和结束时间，可以用一个简单的时间戳来表示原始事件的产生时间，即智能交通原始事件具有瞬时性。所以原始事件实例同样使用一个三元组表示，即

(Subject_id, Object_id, Data, Timestamp)

其中，Subject_id 表示智能交通应用场景中感知主体的 ID，Object_id 表示感知对象的 ID，Data 表示感知过程中的相关数据，Timestamp 表示感知发生的时间。

2) 智能交通基本事件

智能交通基本事件是基于智能交通产生的原子事件流的，表示具有一定语义的目标对象或目标对象间的某种时空关联行为的发生。智能交通基本事件的检测可以仅关注一个或几个原子事件流，这样不仅可以很好地屏蔽底层操作流，使上层专注于事件查询处理，还可以减少查询的范围，以提高系统处理的效率。

通常，智能交通应用场景中的基本事件包含交通灯的切换以及感应线圈对车辆的感知等，具体如表 5-7 所示。

表 5-7　智能交通基本事件数据模型

基本事件的表示形式	数据模型
Toggle (Crossroad_num, Object_id, Toggle_state, Time_slot, ts)	编号为 Crossroad_num 的交通路口的编号为 Object_id 的交通灯，在 ts 时刻切换成 Toggle_state 状态，该状态持续的时间为 Time_slot
Induction (Crossroad_num, Sensor_id, Light_state, ts)	编号为 Crossroad_num 的交通路口的编号为 Sensor_id 的感应线圈在 ts 时刻，感知到有车辆通过，此时交通灯的状态为 Ligth_state

3) 智能交通复杂事件

智能交通复杂事件是在一定时间范围内，将智能交通基本事件或复杂事件与事件操作符进行复合，形成的具有一定语义逻辑的智能交通事件。通常智能交通复杂事件是由多个事件组合而成，所以，多个智能交通事件实例按照一定的时间先后顺序发生，经过组合而形成复杂事件，通常将第一个发生的满足事件语义的事件称为起始事件，触发复杂事件的成员事件称为终止事件[14]。智能交通中的复杂事件有别于原子事件和基本事件，其用于表达上层应用语义的对象之间关系的发生，如车辆经过 A 点而未经过 B 点，车辆 A 准时到达 B 点等。

基于智能交通应用场景中基本事件的定义，可将复杂事件定义为左转闯红灯，则参与左转闯红灯事件的基本事件为该复杂事件的子事件。该左转闯红灯事件由 3 个子事件构成，分别为左转交通灯由绿灯切换为红灯（G 事件）、机动车后车轮越过左转车道的停车线使感应线圈感知到车辆（A 事件），以及机动车过马路对面时感应线圈再一次感知到车辆（B 事件）。也就是说，一个完整的左转闯红灯事件应该依次执行 G 事件、A 事件和 B 事件，即该复杂事件可表示为 $\text{SEQ}(G,A,B)$。

若某一时刻，南北路上左转的交通灯由绿色跳转为红色，此时一辆机动车由南向北行驶进入左转车道，越过停止线并继续行驶。该过程中，机动车闯红灯事件符合智能交通应用场景中复杂事件的定义，即复杂事件 $\text{SEQ}(G,A,B)$ 发生，具体的基本事件如表 5-8 所示。

表 5-8　智能交通应用场景中的基本事件

基本事件的形式化描述	含义
G (001, 001, R, 30s, 2014/10/12 9:00)	编号为 001 的交通路口的编号为 001 的交通灯，在 2014/10/12 9:00 切换成红色(R)状态，该状态持续的时间为 30s
A (001, 100, R, 2014/10/12 9:05)	编号为 001 的交通路口的编号为 100 的感应线圈在 2014/10/12 9:05 感知到有车辆通过，此时交通灯的状态为红灯(R)
B (001, 101, R, 2014/10/12 9:10)	编号为 001 的交通路口的编号为 101 的感应线圈在 2014/10/12 9:10 感知到有车辆通过，此时交通灯的状态为红灯(R)

3. 智能交通中时间戳乱序问题的形式化描述

在智能交通应用场景中，感应器的部署具有分布式的特点，因此，不同的感应器将采集的数据传输到事件处理器所用的时间不相同。如果感应器在发送数据到事件处理器的过程中因硬件故障、网络拥塞等原因产生较大的通信延迟，就有可能产生时间戳乱序现象。假设在智能交通应用场景中，T_i 为从智能交通事件发生到被复杂事件处理器接收所经历的时间，$T_{A\to B}$ 为从事件 A 发生到事件 B 发生所经历的时间，事件 A 先于事件 B 发生，如果 T_A、T_B 和 $T_{A\to B}$ 之间满足：

$$T_A > T_B + T_{A\to B}$$

则在智能交通应用场景中产生了时间戳乱序现象。

5.5.3　复杂事件处理

本节以智能交通应用场景为例，说明如何基于物联网数据流，利用乱序修正框架对基本事件或复杂事件进行物联网复杂事件检测，并利用事件共享机制对基本事件或复杂事件进行处理。

1. 基于智能交通的乱序事件处理

1) 基于乱序修正框架的复杂事件检测

假设到达处理器的事件的顺序依次为 A、G_1、A_1、B_1、B、G_1、A_2、G_2、G，其中，G、A、B 为闯红灯事件 P_1 的子事件，G_1、A_1、B_1 为闯红灯事件 P_2 的子事件，G_2、A_2 为闯红灯事件 P_3 的子事件，且 P_1、P_2、P_3 为同一个红灯下的连续三个闯红灯事件，即 P_1.ts< P_2.ts<P_3.ts，G=G_1=G_2，具体如表 5-9 所示。

表 5-9　智能交通应用场景中基本事件实例

复杂事件	G 事件	A 事件	B 事件
P_1	G(001, 001, R, 30s, 14/10/12 9:00)	A(001, 100, R, 14/10/12 9:05)	B(001, 101, R, 14/10/12 9:10)
P_2	G_1(001, 001, R, 30s, 14/10/12 9:00)	A_1(001, 100, R, 14/10/12 9:10)	B_1(001, 101, R, 14/10/12 9:16)
P_3	G_2(001, 001, R, 30s, 14/10/12 9:00)	A_2(001, 100, R, 14/10/12 9:18)	

经过基于乱序修正框架的复杂事件检测模型的修正，事件流 A、G_1、A_1、B_1、B、

G_1、A_2、G_2、G 中的事件 G、A、B 可以被检测为复杂事件 SEQ(G,A,B) 的子事件，同样，事件 G_1、A_1、B_1 可以被检测为复杂事件 SEQ(G,A,B) 的子事件，具体检测过程如图 5-24(a)所示，这些子事件在复合形成复杂事件后，均被删除，检测的结果如图 5-24(b)所示。

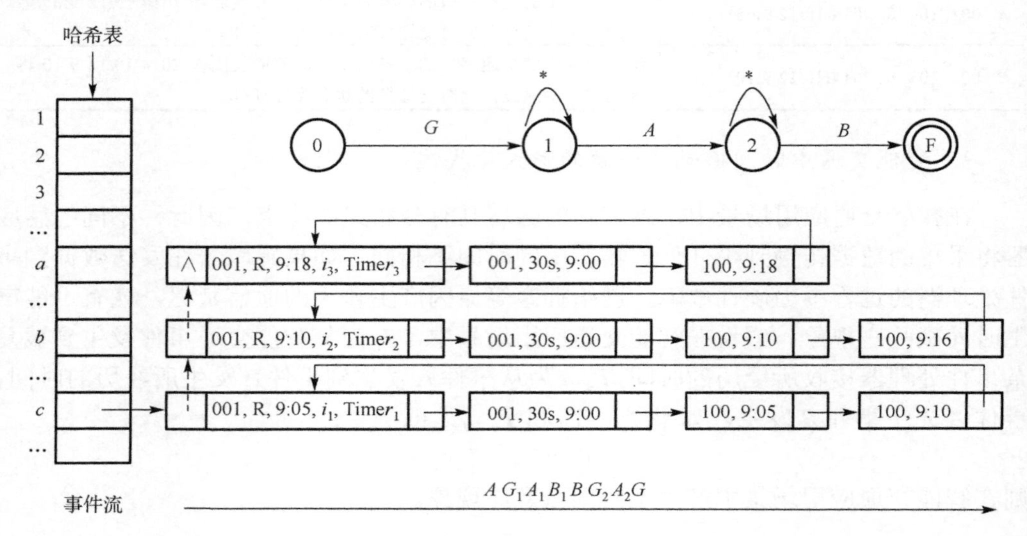

(a) 基于乱序修正框架的复杂事件检测过程

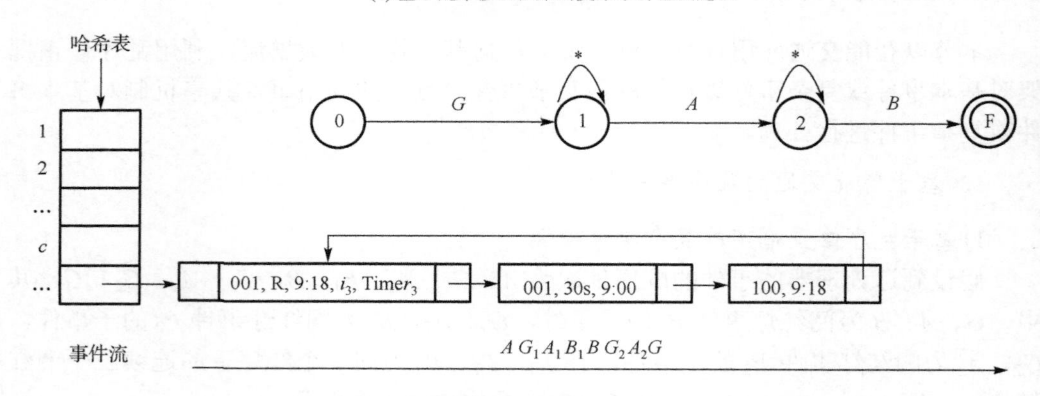

(b) 基于乱序修正框架的复杂事件检测过程

图 5-24　基于乱序修正框架的复杂事件检测

2)有效性分析

上述智能交通应用场景中，在没有使用基于乱序修正框架的复杂事件检测模型对事件流 A、G_1、A_1、B_1、B、G_1、A_2、G_2、G 进行修正的情况下，这些事件中仅有事件 G_1、A_1、B_1 作为复杂事件的子事件被检测出来，即无法检测出复杂事件。这意味着 ORFCED 算法较原有的方法可以提高检测的正确率，保证检测的准确性。当参与检测的事件规模逐渐增大时，使用 ORFCED 算法对海量的物联网事件进行修正，仍可以保证复杂事件处理的正确率及复杂事件检测的成功匹配率，且不会对准确性产生较大的影响。从而说明，本章提出的 ORFCED 算法针对智能交通应用领域的应用，满足准确性、有效性和可行性。

2. 基于智能交通的事件共享处理

1) 基于智能交通的复杂事件查询

若某交警执法人员需要对违规情况进行查询，具体查询如查询 5.3 所示。

查询 5.3 智能交通查询	
PATTERN	$\neg(\neg G\nabla\neg A);(G\Delta B)$
WHERE	$G.\text{ts} < A.\text{ts}$
AND	$G.\text{ts} < B.\text{ts}$
AND	$A.\text{ts} < B.\text{ts}$
WITHIN	25s

2) 基于智能交通的事件共享处理

(1) 查询重写。

为了方便描述，现将查询表达式$\neg(\neg G\nabla\neg A);(G\Delta B)$，根据查询重写的改写规则 5.2 和规则 5.3 以及查询重写的 3 个步骤依次对查询表达式进行改写，重写后的表达式为 $G\Delta(A;B)$。

(2) 基于有向无环图的共享层次模型转换。

根据 5.4.2 节基于有向无环图的复杂事件处理共享层次模型，将经过查询重写后的复杂事件表达式的合取范式，转换成有向无环图，转换后的有向无环图如图 5-25 所示。

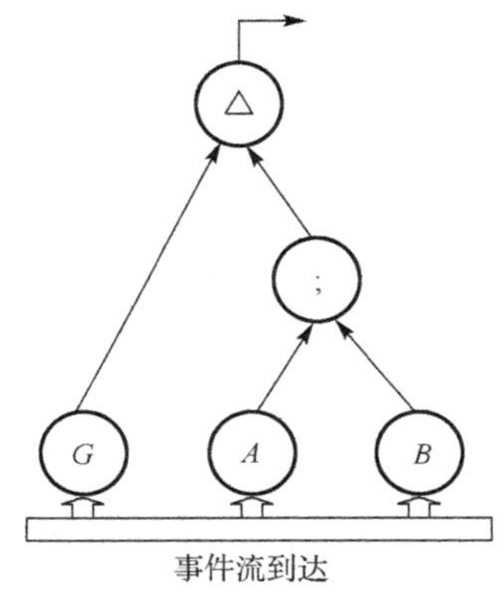

图 5-25　查询 5.3 的事件图结构

(3) 谓词解析。

针对查询的 WHERE 子句部分包含的谓词进行分类，该查询所包含的 3 个谓词均为简单谓词，将这 3 个谓词分别安置到有向无环图相应的顶点上，过滤事件序列，谓词安置后的有向无环图如图 5-26 所示。

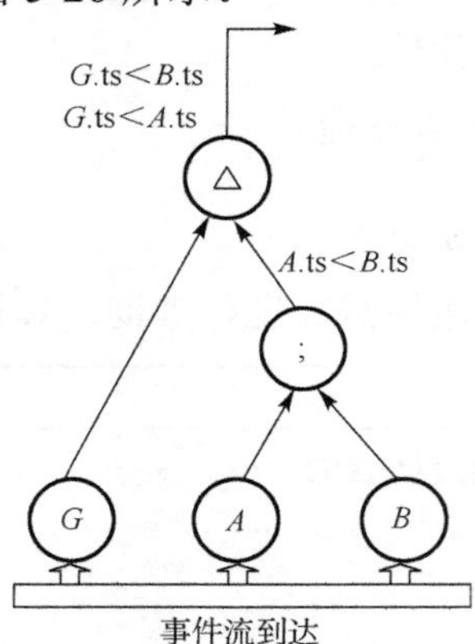

图 5-26　查询 5.3 谓词解析

(4) 时间窗约束。

时间窗主要针对查询的 WITHIN 子句部分，该部分的主要作用是根据规定的时间窗口的大小约束事件序列，满足条件的序列将被输出，这里主要是将时间窗约束安置到有向无环图上，备后续使用，时间窗安置后的有向无环图如图 5-27 所示。

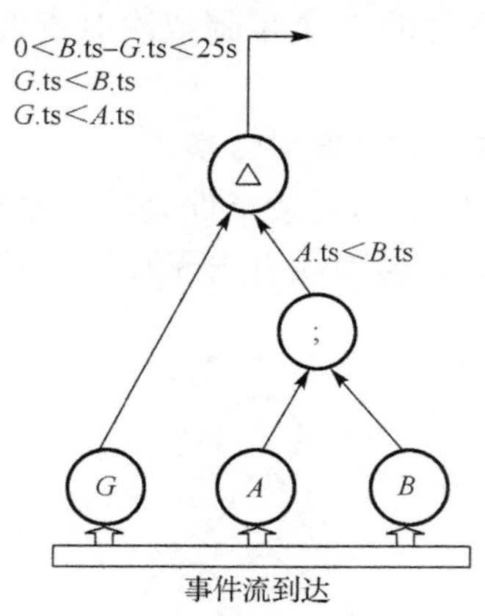

图 5-27　查询 5.3 基于图的查询计划层次结构模型

3) 基于事件共享机制的复杂事件处理

本节主要是利用基于有向无环图的复杂事件处理共享层次模型对智能交通应用场景中的事件流进行处理。假设 5.5.3 节中产生的事件即为智能交通应用场景中查询指定的时段内所产生的事件，经过乱序事件处理后，得到的事件为全序事件，具体的事件如表 5-9 所示。图 5-28 描述了使用改进的 Continuous 参数上下文对查询 5.3 中的复杂事件进行事件检测的部分过程，其中，加框的事件为本次接收到的下层事件或新产生的事件序列。图 5-28(m)所示为经过上述事件共享机制对事件流处理的结果。

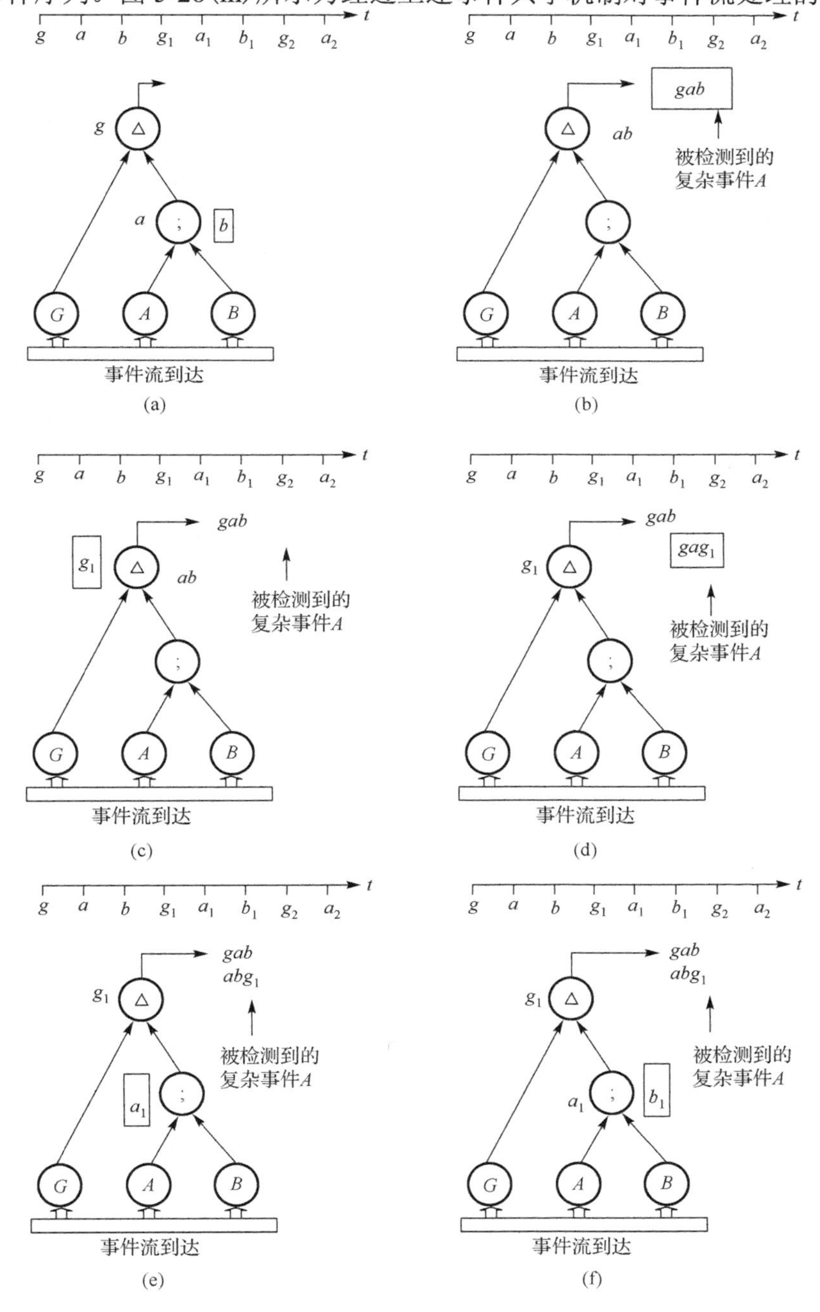

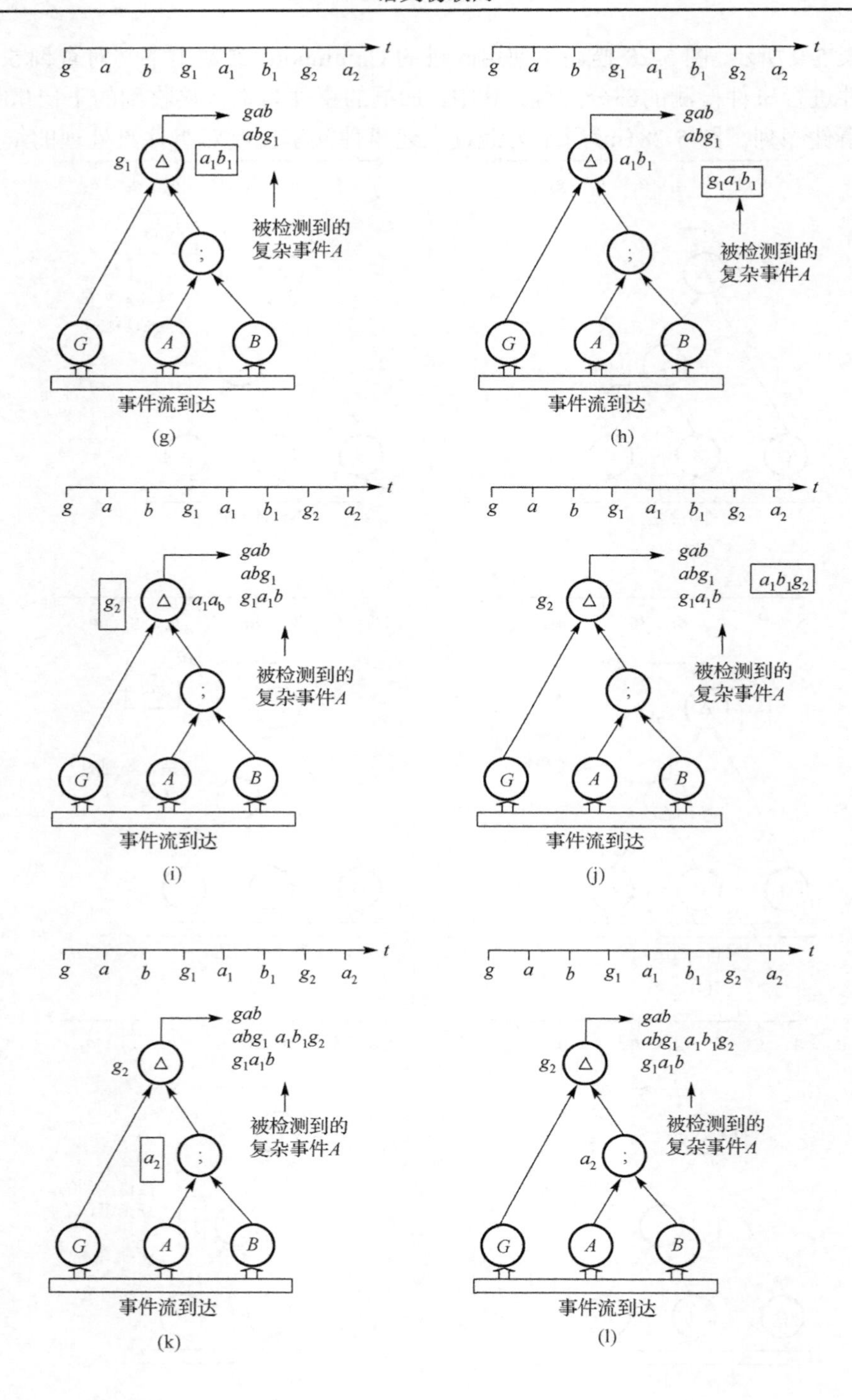
t
g a b g_1 a_1 b_1 g_2 a_2
gab
abg_1
g_1
a_1b_1
被检测到的
复杂事件A
G
A
B
事件流到达
(g)
$g_1a_1b_1$
(h)
g_2
a_1a_b
g_1a_1b
(i)
$a_1b_1g_2$
(j)
a_2
abg_1 $a_1b_1g_2$
(k)
(l)

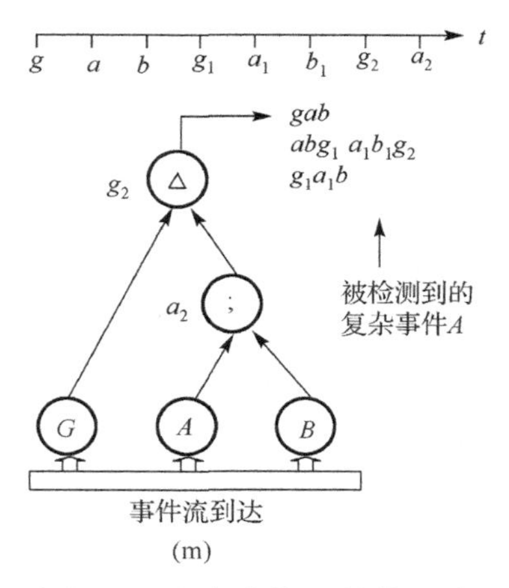

(m)

图 5-28　复杂事件 A 的检测过程

4) 事件共享处理结果分析

上述智能交通应用场景中，在没有使用基于事件共享机制的复杂事件处理方法对事件流 G、A、B、G_1、A_1、B_1、G_2、A_2 进行处理的情况下，仅有复杂事件 GAB、$G_1A_1B_1$ 被检测出来，未检测出复杂事件 ABG_1 和 $A_1B_1G_2$。也就是说，如果不使用本章提出的事件共享机制对事件流进行处理，一些满足条件的复杂事件很有可能被忽略。这意味着本章提出的基于事件共享机制的 SFQPM 模型较原有的方法可以提高检测的正确率，保证检测的准确性。当参与检测的事件规模逐渐增大时，使用 SFQPM 模型对海量的物联网事件进行检测和处理，仍可以保证复杂事件检测的成功匹配率及复杂事件处理的正确率，且不会对准确性产生较大的影响。同样，对于智能交通应用场景中的其他数据以及其他领域的相关数据，也可以利用本章所提出的语义事件定义方法对其进行事件化，并利用基于事件共享的复杂事件处理方法对事件流进行共享处理。

3. 基于智能交通的复杂事件处理结果分析

针对智能交通应用系统在交通运输管理过程中，由网络故障、传输和存储延迟等导致的事件乱序对顺序操作符产生的影响，设计了语义事件模型，利用物联网复杂事件处理技术对产生时间戳乱序的智能交通事件进行局部排序，使最终到达用户的信息为满足时间要求、准确的智能交通事件流，降低了因乱序对操作人员的判断和决策产生的影响，在经济和时间上减少了不必要的损失。

同时，针对智能交通应用场景中存在的问题，如用户对于需求信息的查询过于集中造成系统反应较慢、查询过程等待时间较长、系统的负载过高，致使系统崩溃等问题，在智能交通事件查询与处理过程中，将可以共用的部分进行重组、合并、共用以及重用，在原有的智能交通应用系统内部进行优化处理，提高了系统处理的自动化程度，实现了查询、存储和处理的共享，降低了查询事件的处理时间，减少存储所占用的空间，提高了处理的效率。

5.6 本 章 小 结

本章主要是将复杂事件处理技术与物联网相结合，解决物联网海量、异构原始感知数据的高效感知和处理问题，围绕物联网数据预处理技术体系架构的设计、物联网复杂事件检测模型的构建和物联网复杂事件处理方法的建立等三个问题展开研究工作。首先，提出一种基于复杂事件处理的物联网框架。通过分析当前物联网对于复杂事件处理的需求，提出了该处理架构模型，并给出了针对该架构的物联网复杂事件处理关键技术。其次，从事件的角度，提出了物联网语义事件模型，给出了物联网时间戳乱序问题的形式化描述，构建了基于哈希结构的复杂事件乱序修正框架，并在此基础上结合混合驱动的空间回收机制给出了复杂事件检测模型。再次，给出了事件操作符的语义形式化描述，提出了事件共享机制。针对物联网复杂事件查询处理过程中存在的公共子事件，需要重复存储和重复处理的问题，首先充分利用操作符间的组合关系与等价关系，对查询表达式进行重写；接着从内部查询结构的角度构造公共结点，提出了基于有向无环图的复杂事件处理共享层次模型并进一步提出了基于事件共享机制的语义形式化查询计划处理模型。

参 考 文 献

[1] Akdere M, Cetintemel U, Tatbul N. Plan-based complex event detection across distributed sources[J]. Proceedings of the VLDB Endowment, 2008, 1(1): 66-77.

[2] 曹科宁, 王永恒, 李仁发, 等. 面向物联网的分布式上下文敏感复杂事件处理方法[J]. 计算机研究与发展, 2013, 50(6): 1163-1176.

[3] 陈刚. 车联网条件下的混合动力客车车载传感器实时数据预处理研究[D]. 重庆: 重庆大学, 2014.

[4] Han J . Data Mining: Concepts and Techniques[M]. San Francisco: Morgan Kaufmann Publishers Inc., 2005.

[5] 周开乐, 丁帅, 胡小建. 面向海量数据应用的物联网信息服务系统研究综述[J]. 计算机应用研究, 2012, 29(1): 8-11.

[6] Yuan L Y, Wang X C, Gan J H. A semantic-based spatio-temporal data model for internet of things [J]. Journal of Convergence Information Technology, 2013, 8(6): 1159- 1168.

[7] Yuan L Y, Wang X C, Gan J H, et al. A semantic-based spatio-temporal RFID data model [C]// Proceedings of International Conference on Information Theory and Information Security, 2011: 334-339.

[8] Chakravarthy S , Krishnaprasad V , Anwar E , et al. Composite events for active databases: Semantics, contexts and detection[C]// International Conference on Very Large Data Bases, 1994, 94: 606-617.

[9] Wu E, Diao Y, Rizvi S. High-performance complex event processing over streams[C] //Proceedings of the 2006 ACM SIGMOD International Conference on Management of Data. ACM, 2006: 407-418.

[10] Cianeio A, Ortega A. A distributed wavelet compression algorithm for wireless multihop sensor networks using lifting [C]//Proceedings of International Conference on Acoustics, Speech and Signal Processing. IEEE, 2005, (4): 825-828.

[11] Luckham D, Schulte R. Event processing glossary [EB/OL]. [2014-7-1]. http:// complexevents.com.

[12] 叶蔚, 黄雨, 赵文, 等. 基于Petri网的RFID中间件中复合事件检测研究[J]. 电子学报, 2008, 36(12A): 1-8.

[13] 方明星. 物联网复杂事件处理与中间件技术研究[D]. 武汉: 湖北工业大学, 2012.

[14] Gyllstrom D, Wu E, Chae H J, et al. SASE: Complex event processing over streams[J]. arXiv preprint cs/0612128, 2006.

[15] 董赞强. 基于网络编码的数据通信技术研究[D]. 南京: 南京邮电大学, 2012.

[16] Krishnaprasad V. Event detection for supporting active capability in an OODBMS: Semantics, architecture and implementation [D]. Gainesville: University of Florida, 1994.

[17] 刘海龙, 李战怀. 基于 ENFA 的乱序 RFID 复杂事件检测算法[J]. 华中科技大学学报(自然科学版), 2010, 38(1): 25-30.

[18] 徐传飞, 林树宽, 乔建忠, 等. 高密度RFID事件流上的复杂事件检测[J]. 东北大学学报 (自然科学版), 2012, 33(5): 627-631.

[19] 马宝林, 孙济洲, 于策. 基于混合时间-事件驱动的信任值更新机制[J]. 计算机应用, 2006, 26(10): 2289-2291.

[20] 严蔚敏, 吴伟民. 数据结构(C语言版)[M]. 北京: 清华大学出版社, 2006: 251-162.

[21] Ariei T, Gedik B, Ahunbasak Y, et al. PINCO: A pipelined in network compression scheme for data collection in wireless sensor networks[C]//Proceedings of 12th International Conference on Computer Communications and Networks. IEEE, 2003: 539-544.

[22] 宋宝燕, 娄慧贞, 唐敏. RFID 事件流上一种扩展意义的子查询共享方法[J]. 小型微型计算机系统, 2012, 33(9): 1898-1902.

[23] 王钊, 马志峰. 基于有色网的 RFID 复杂事件检测模型的研究与分析[J]. 计算机应用研究, 2011, 28(4): 1425-1428.

[24] 裴仁林. 主动数据库在的事件探测机应用[D]. 上海: 东华大学, 2006.

[25] 胡宏宇. 基于视频处理的交通时间识别方法研究[D]. 长春: 吉林大学, 2010.

[26] 杨铁军. 智能技术在交通物联网中的应用和探讨[J]. 吉林交通科技, 2011,(4): 46-49.

[27] 邱保国. 物联网在智能交通中的应用探究[J]. 电子测试, 2003, (11): 76-77.

第 6 章　物联网时空语义数据描述与建模

物联网前端信息感知的海量性、高度冗余性和不确定性等增加了信息传输和处理的难度，基于语义技术对物联网数据进行统一化描述和表示，可极大地提高信息传输和处理的效率。在物联网数据描述过程中，时空关联关系是一个对其影响较大的因素，海量数据的大量冗余性大多由此产生。因此，对物联网数据进行描述和表示的过程中，进一步去挖掘其时空关联特性，描述物联网的时空变化，是数据处理过程中的一个技术热点。

本章针对物联网数据描述和处理，特别是时空数据的语义化描述和建模进行研究和探讨，包括物联网时空特性和需求挖掘、物联网时空语义描述和表示、物联网时空语义信息处理和融合等方面的研究工作。

6.1　时空语义概述

6.1.1　时空语义概念

“语义”一词在语言学中通常指词与它们所表述的事物之间的关系，引申到计算机学科中，即为数据内部及数据与现实世界之间的关系[1]。换个角度讲，语义是数据的一种含义，是人类对客观世界本质特征与规律的正确认识和理解后形成的一种概念。如何将这种概念借助于某种手段(如关系表、对象聚集和概括等)直观地放入数据库即是语义建模的根本任务。如果说数据库里的信息包括直观信息和隐含信息两部分，则直观信息即为数据模型的语义，而隐含信息为应用领域语义。自然地，模型的语义越强，数据库的信息会越丰富。

在时空系统中，时间、空间和属性是时空对象不可缺少的信息，而且时间信息常常伴随于空间和属性信息之中，即深层的时态语义在本质上是位于空间语义和属性语义之上的。从建立数据模型的角度可将时空对象(spatio-temporal object, STO)看作是空间对象(spatial object, SO)、时间对象(temporal object, TO)和属性对象(attribute object, AO)的抽象。时空语义一般分为时间语义、空间语义和属性语义[2]，其逻辑关系如图 6-1 所示。

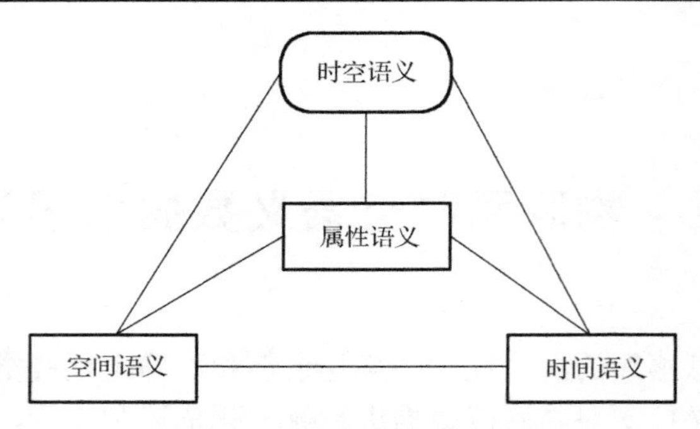

图 6-1 时空数据模型框架图

时空语义是一个综合概念，包含了空间语义、时间语义和属性语义。不同系统关注现实世界的不同方面，故模型对现实世界的地理事物和现象概念的抽象表达也各有侧重。基础型时空数据模型一般需要提供对不同地理事物和现象建模的能力，如时空离散变化的事物和现象可以抽象为对象方式(object-view)表达，空间连续分布的事物和现象可以用场的方式(field-view)来表达，而处于运动状态中的事物和现象以及处于缓慢演变过程中的事物和现象等需要更为综合的概念模型来进行描述。对于应用型时空数据模型，一般需要在基础型时空数据模型之上进一步抽象表达特定领域中的时空语义，突出强调模型在特定方面的表达能力[3]。时空对象之间存在着空间、时间和语义关系，其中，空间关系表现为拓扑、距离、方位等；时间关系表现为序列、延迟等；语义关系主要表现为相似、邻接、属于等。时空数据模型应能够全面抽象地理实体类型和时空语义，完整的时空语义应能够描述地理实体变化及变化机制，其描述框架体系为 S=f(E, EC, CM)，其中，S 为时空语义，f 为描述框架体系，E 为地理实体，EC 为地理实体变化，CM 为地理实体的变化机制[1]。

6.1.2 实体时空完整性描述与组织

时空实体的时空完整性用来衡量时空数据模型对实体的时空特性表达、数据组织及存储的完整性。它要求在空间上，面向实体特征建模而不是面向几何状态建模；时间上面向完整时态发展序列建模，不存在时态记录的断层(在时间粒度内未做充分表达)；时空结合上，应记录时空实体的生命周期，记录实体之间的更替演化关系等[4]。

实体时空完整性描述必须与时空数据组织效率做权衡考虑，因为时空语义的复杂性必然导致数据结构的复杂性，而过于复杂的数据结构将使数据查询与检索效率大大下降。另一方面，时空完整性必须考虑数据组织结构的冗余度问题。如何在充分表达时空语义的同时，高效、合理的组织海量时空数据是当前及未来时空数据表达与建模的一项重要挑战[4]。

6.1.3 时空数据类型

时空数据类型[4]一般分为基础数据类型和扩展数据类型。在时空数据建模过程中，一般需要定义时间数据类型、空间数据类型以及时空数据类型等。时间数据类型包括时间点、时间区间、时间域(时间点和时间区间的集合)三种数据类型，进一步划分为年、月、日、时、分、秒等时间数据格式。空间数据类型一般包括点、线、面、体等。时间和空间数据类型的结合可以产生多种时空数据类型，如时空点、时空线、时空面等，这些数据类型将时间类型内嵌于空间数据结构中，使所定义的空间几何对象具有时变特性。在描述时空连续运动的时空模型中，还有移动点、移动面等特殊的数据类型。

6.1.4 时空语义对象

时空对象是时空数据库中的语义对象。它由语义上的特征标识自己，与特定的时间和空间状态无关[3]。将时空对象与具体的空间和时间状态相分离，体现了空间、时间相对于对象的独立性。在时空数据库中定义的时空对象的集合称为数据库的对象。同样可以把数据库的空间定义范围称为数据库的空间域，数据库的时间定义范围称为数据库的时间域。

语义对象模型和 E-R 模型一样，是用来文档化用户需求并建立数据模型的。语义的含义是“有意义的”。语义对象的建模方法是用来部分地对用户数据的含义进行建模。和关系模型比较，语义对象模型着重考虑用户对数据的理解，并非将主要精力花在提供一致、高效的数据库存储和检索所依赖的物理结构的设计上，而是以进一步提高数据库模型的层次为出发点，尽量使用户从数据库的物理细节中脱离出来[5]。能从模拟真实世界实体或数据库环境的角度进行相对独立的操作，以便设计出较为实用的数据库结构。

语义对象模型中的语义对象是用户工作环境中某些可标识的事物。语义对象的属性可以是单值的简单属性，可以是一组属性，还可以是一个对象。对象的每一个属性都具有最小基数和最大基数。最小基数是对象存在所必需的属性实例的数目，通常为 0 或 1；最大基数是指对象的属性实例的最大数目，通常为 1 或 N[5]。

语义对象包括简单对象、组合对象、复合对象、混合对象、关联对象、父子类型对象和版本对象七类[5]。这些对象的分类主要是根据对象的属性类型以及对象之间的关系进行的。简单对象是指只包含简单属性的语义对象；组合对象和复合对象分别指至少包含了一个属性组或一个对象属性的对象；混合对象至少包含一个属性组和对象属性；关联对象是关联两个(或多个)对象并存储这种关联关系数据的对象；父子类型对象之间具有继承关系；版本对象是指产生其他表示原型的版本、修订本或版次的语义对象。各种不同类型的对象在数据库设计过程中的表达方式不同，但都有各自的描述模式。比如，复合对象的关系可以有 1 对 1、1 对多或多对多三种情况，这三种情况的表示方法各不相同。1 对 1 的关系只需将两个对象的关键字互置；1 对多的关系需将前者的关键字置于后者中；对于多对多的关系，应建立交叉关系对象。

6.1.5　时空变化类型

对象之间的空间关系往往随着时间而变化，与时间关系交织在一起就形成了多种时空关系。时空变化的类型[3]用于考察模型对不同时空变化特性进行建模的能力，可从以下两方面来考察。

1) 按时空对象自身变化的不同方面来划分

时空对象包含几何、拓扑、属性等特性，因此按变化的不同方面来分类，可以划分出时空变化的不同类型，如图 6-2 所示。

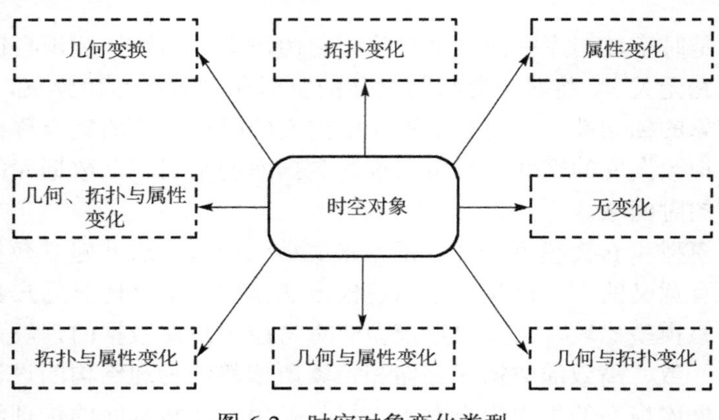

图 6-2　时空对象变化类型

2) 按时空对象时空变化的特性来划分

时空变化的特性反映了时空对象空间与专题变化的快慢与频率，一般可以分为离散型变化与连续型变化。离散型变化的建模相对简单，主要针对每一个变化发生的时刻或时段进行数据记录；而连续型变化相对比较复杂，其建模必须进一步通过分析变化的特点(如线性变化还是非线性变化)来对整个过程建立模型或对观测点之间进行数值内插。连续型变化还需要进一步考察模型是否能对地理事物的运动(movement)进行建模。

时空特性上的三类不同变化的含义如下。

(1) 连续变化：当某对象或现象在时间上不间断变化，可表示为从起点到终点的连续变化。连续点的变化如车辆的行驶和人的移动等；连续线的变化如气流的运动和水渠的流动；连续面的变化如燃料的扩散、火势的蔓延等；连续体的变化如大气循环、大陆漂移、岩体移动等。

(2)周期变化：事物与现象以规则或可预测的频率变化时，称为周期变化。周期点变化如动物迁移、工作劳作等；周期线变化如运输网络中定期的物流等；周期面变化如区域边界的变化、疾病发作等；周期体变化如潮汐、洪水等。

(3)间断变化：指时空上无规则的变化。间断点变化如移民、游牧等；间断线变化如航海探险、公用设施服务等；间断面变化如沙漠化、军事撤离等活动；间断体变化如某些形式的污染等。

6.2　物联网时空语义

6.2.1　物联网时空特性和需求

随着近年来物联网技术的发展，物联网设备的种类越来越丰富，感知和控制能力从广度和深度都达到了一个新的层次；与此同时，海量设备带来的异构性问题给物联网资源互操作带来了挑战。基于机器可理解的语义技术目前正逐步应用于资源描述、共享和信息整合领域，加入语义将有助于在物联网领域建立机器可理解的自描述数据。前端信息感知是物联网最基本的功能，但通过无线传感器网络等手段获取的原始感知信息常常具有显著的异构性和高度的冗余性。异构性主要体现在感知数据常常具备不同性质、不同类型、不同表达形式和不同内容等。这是由物联网系统本身的异构性造成的，包括异构的前端感知设备、标准、数据格式和协议等。前端感知设备存在多样性和异构性(如 RFID、传感器网络、红外等)，且离散性和移动性强，如何实现前端网元的自动部署、自动发现和异构接入是物联网实现信息全面感知的一大前提。

此外，物联网前端网元形态和数目正日趋增长。据预测，到 2020 年，将有 500 亿的设备连接到 Internet。如何实现不同应用场景中海量设备的互联、协同感知和通信是信息感知过程急需解决的又一问题。海量设备的增长同时带来的另一问题就是海量数据的产生，海量数据中必然存在大量的冗余。信息的冗余主要来源于数据的时空相关性，时空特性是物联网的显著特点，时空相关性指的是感知数据仅在特定时间和特定空间内才有意义，若过了相应的时间和地点，许多数据存在的意义并不大。然而，大量冗余信息却给感知网络在信息传输、存储和处理等方面带来了极大的挑战。大多数应用场景中，信息感知的目的是获取一些事件或语义信息，而不是所有的感知数据，并不需要将所有感知数据传输到汇聚节点或数据中心，只需传输观测者感兴趣的信息。因此，怎样挖掘物联网数据的时空关联特性，在前端节点级对原始感知数据做相应的处理，提取抽象语义信息进行交互或传输是实现物联网高效信息感知要解决的核心问题。

前端网元的有效管理是实现高效感知的基础，感知信息的统一表示是实现前端智能交互的前提，而这两大问题的解决都可从语义技术入手，因为语义技术被看作是解决异构系统集成和协作问题的关键技术。Brock 首先指出，物联网实质上应该称为语义物联网(semantic web of things, SWOT)，揭示了语义和物联网的高度结合性[6]。Buckley 针对语义技术对 IOT 的影响做了非常透彻的分析，指出物联网是物理世界与信息世界无缝连接的桥梁，前端感知设备不仅要能反映物理世界的变化，同时应能提供信息的上下文感知和推理能力，感知设备之间还应具备协同通信能力，语义描述和标记技术是实现上述功能的重要参考[7]。此外，前端感知设备获取的数据具有很强的时空特性，所以描述其时空语义特性非常必要。时空语义是地理信息系统领域用于描述地理实体的一种方法，包括地理实体的空间结构、有效时间结构、空间关系、时态关系、地理事件、时空关系等。空间刻画了地理实体的空间位置、空间分布及空间相关性；时间刻画了地理实体的存在时间、变化状况、时间相关性。时空语义通常被归纳为空间语义、属性语义及时间语义的共同表达。将时空语义概念引入到物联网，研究其感知过程中时空信息的表示、抽取及处理等关键问题，将是物联网信息感知和处理中不可或缺的部分。

在物联网应用中，原始数据通常是从一个时空网络的四维空间中收集上来的，如图 6-3 所示。每个点代表物联网中的一个个体，每条边代表物物相连关系。随着时间的推移，物物数量和物物之间的关系也会发生变化。以空间的时效性为例，空间时效性是物联网数据的必要属性。所有原始数据在缺省状态下都具有时间、空间和设备戳，即表示在特定时间、地点在特定设备上收集的数据。

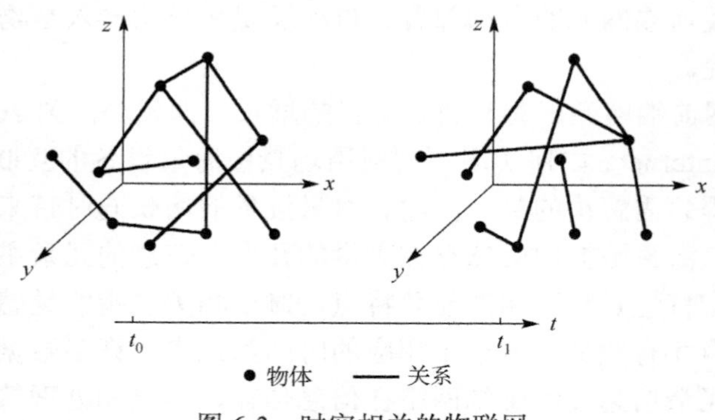

图 6-3 时空相关的物联网

6.2.2 物联网时空语义定义和挖掘

语义物联网指的是“基于标准通信协议建立的，面向可寻址的互联对象的全球性网络”。语义技术提供了机器可理解(或更适宜机器处理的)的数据描述，使计算机能够更好地反映相关信息。近年来，为了解决物联网系统中资源异构及分布式特征引起的互操作性问题，物联网研究逐步将语义 Web 技术引入到物联网中，同时为了实现这一目标，一些建模方法和本体被用于描述和注释物联网数据，语义描述和注释主要用来表述设备、真实世界的物体和事件、服务和业务流程模型。这些语义描述将支撑起自动化管理以及物联网系统中不同资源间的互联互通。

数据挖掘(data mining, DM)是从大量数据集中提取隐含而潜在有用的知识的过程。在人工智能和信息科学领域，知识可以根据用户兴趣表示为概念、规则、规律、模式等形式。常用的数据挖掘方法包括聚类、关联规则、预测、异常检测等。数据作为一种编码形式，不易直接被用户理解或利用。数据挖掘其实是一种由数据结构向知识结构转换的过程，转换过程中，不应该有新的知识产生，变化的仅仅是编码方式。数据驱动的数据挖掘是指通过数据学习产生知识并用于解决实际问题。基于数据驱动的思想，应用系统获得可以直接操纵的知识，并为特定的目标任务提供合适的动作或响应。为了确保数据挖掘过程中知识的不变性，需要在数据中选择一些特征，并使用这些特征控制数据挖掘过程。

时空数据挖掘(spatio-temporal data mining，STDM)指在时空数据库中提取隐含的知识，从而揭示出蕴含在数据中的时空规律、内在联系和发展趋势。时空数据挖掘涉及时空数据库、数据挖掘、空间可视化等领域的知识，如何快速、定量地挖掘时空知识是目前时空数据处理和分析的瓶颈问题。

时空数据挖掘分为时空数据准备、时空数据挖掘、时空知识解释和评估等阶段。不同于传统的数据挖掘，时空数据挖掘的过程中需要考虑数据及数据间的时空约束。时空数据准备主要是指采集数据的时间、空间和属性信息，提取数据间的时空关系，并按照用户兴趣进行数据组织和存储。时空数据通常具有动态、多源、异构等特点，数据准备期间需要复杂的数据转换、信息融合等处理。

物联网系统的传感终端分布在不同地区，每个传感终端采集到的数据均反映该时刻监控对象的状态及其他信息。感知数据在特定时间和特定空间内才有意义，如果不在这个地点或过了这个时间，数据的意义可能就不大了。因此，复杂的时空特性是物联网系统中数据的一个显著特点。

6.2.3 基于时空语义的物联网信息处理相关研究

信息的冗余来源于数据的时空相关性，然而，大量的冗余信息却给感知网络在信息传输、存储和处理等方面带来了极大的挑战。大多数应用场景中，信息感知是为了获取部分事件或语义信息，并不是所有的感知数据，也不需要将所有的感知数据传输到数据中心或汇聚节点，只需要传输观测者感兴趣的信息[8]。

前端感知设备所获取的数据一般针对物理世界中某个实体的某一属性，单一的数据并不具有很实际的意义，且数据间总是存在着某些固有的语义关联性，如物理连接关系、属性关联性和时空关联性等[9]。在缺省状态下，所有原始数据都具有时间、空间和设备戳(时间标识、空间标识和设备标识)，用于表示在特定时间和地点在特定设备上所收集到的信息[10]。

数据具有很强的时空特性，因此，描述其时空语义特性非常必要。而语义描述、语义协同技术是实现数据语义挖掘和多模态数据集成、物与用户间或是物与物间信息交互与共享的有效方法[11]。语义技术的应用不仅能提高物联网资源、信息模型和数据提供者与消费者间的协同能力，还有利于数据的获取和集成、资源的发现，以及语义推理和知识的提取等[12]。

在物联网信息描述与表示方面，Toma 等认为在物联网信息存储、表示、组织和查询等问题的解决过程中语义技术将充当起重要角色[13]，但目前直接针对物联网的语义化信息描述方面的研究偏少，更多的研究关注于如何应用语义技术解决传感器网络中的数据处理问题。语义传感器 Web(semantic sensor web, SSW)的概念是在这方面最具代表性的研究，主要针对传感器网络间由缺乏相应的通信、集成所导致的数据之间没有关联性、海量数据流孤立存在的问题，语义传感器 Web 解析感知的数据主要采用“时间、空间和主题”三元语义元数据[14]，这应该是物联网时空数据描述的一个开端性研究；SesnorData Ontology 是专门针对传感器观察和测量数据的描述而开发的本体模型[15]；SemSerGrid4Env 项目基于传感器网格结构，提出了传感器 Web 服务本体模型[16]；在感知数据标注方面，引用了 NASA SWEET 本体中的时空元数据概念[17]；Lewis 等根据实际应用项目“传感器对谷物生长条件和种子存储仓库条件的监控”，采用 OWL、RDF 描述和存储数据，并提出了基于本体的感知数据管理方法[18]。

在 GIS 中，目前已经提出了很多建立时空数据模型的方法和技术，可以很好地解决时空数据的描述，也有研究者利用 GIS 中的时空数据描述方法来建立 RFID 时空数据模型，典型的研究有：Wang 等提出了基于扩展 ER 模型的 RFID 时空数据模型，用于处理 RFID 信息在时间和位置上的动态关系[19]；Lim 等提出了基于轨迹查询的 RFID 时空数据缩影方案[20]；夏英研究了智能交通系统中的时空数据分析关键技术和基于不同数据元素下的时空相关性、时空相似性和时空关联性的表达方法[21]；臧传真等提出了面向智能物件的复杂事件处理，并从事件处理的角度分析了 RFID 时空数据的时空关系[22]；为解决 RFID 准确定位问题，李斌等提出与 GIS 和 GPS 相结合的、面向信息融合的 RFID 时空数据处理方法[23]。虽然这些研究在一定程度上解决了时间和位置的动态关联，但对于时间和空间仍还没形成统一的定义，存在着歧义和不一致性。

ER 方法和面向对象的方法是以往所提出的时空语义模型主要沿用的两种表示方法[24]，学者们也根据自己对时空语义的理解纷纷提出了不同的时空语义模型，例如，基于 ER 方法的 STER 模型、基于 UML 方法的 EXT UML 和基于 OMT 方法的 STOM 和 Patterns 等，其实时空语义模型的关键在于语义模型所蕴含的表达能力，不论采用什么方法表示，语义模型仅在图形符号上存在着差异。

常见的数据清洗方法之一是根据数据的时空关联性进行数据清洗，并在传感器网络中得到了很好的应用。其主要思想是：设置一个时间单位或空间单位，在该时间单位或空间单位内，读写器或者传感器所读出的数值具有相关性[25]。Jeffery 等提出了一种可扩展传感器流处理(extensible receptor stream processing, ESP)机制，可以用来清洗来自不同采集器的数据，并针对各种类型的脏数据的特点进行清洗。针对数据流的特性，引入了时间粒度和空间粒度的概念，使得该 SQL 查询模型考虑范围较广，主要根据数据的时空关联性(时间相关性和空间相关性)来进行数据清洗[26]。Jeffery 等还根据数据时间关联性提出了基于概率模型的数据清洗策略，主要采用基于滑动窗口的平滑过滤技术以解决数据漏读问题[27]。

Gu 等发现检测和分析物体间的时空关联性对 RFID 数据的清洗有很大帮助，从而提出一种基于分析目标对象相关性的 RFID 数据清洗策略。为维护监控对象之间的关系，还提出了单扫描策略(single scans strategy，SSS)、复合扫描策略(multiple scans strategy，MSS)及区间树策略(interval tree-based strategy，ITS)这三种对象关系维护策略[28]。Chen 等提出了用于源 RFID 数据流的贝叶斯推理方法，并充分利用时空数据冗余来改善数据质量，是一种基于时空冗余的 RFID 数据清洗模型[29]。此外，为了从后天学习经验中采样，特意设计了一种利用完整性约束的 Metropolis-Hastings 采样机制，它所包含的约束管理能有效、精确地进行 RFID 数据清洗。

6.3　基于时空语义的物联网信息处理架构

本节根据目前物联网信息处理的研究现状，在现有物联网架构模型的基础上，提出基于时空语义的四层物联网信息处理框架(为了方便理解，结合农业物联网这一具体应用加以说明)，如图 6-4 所示。

6.3.1　感知层

感知层实现对“物”的信息的识别和采集，即以 RFID、传感器、GPS、RS(remote sensing)、条码技术等，采集物理世界中发生的物理事件和原始的数据。

在感知层上，除了可以实现信息快速识别、实时和动态感知，还可以通过语义技术来实现物理实体的构建，以及感知设备的描述等。

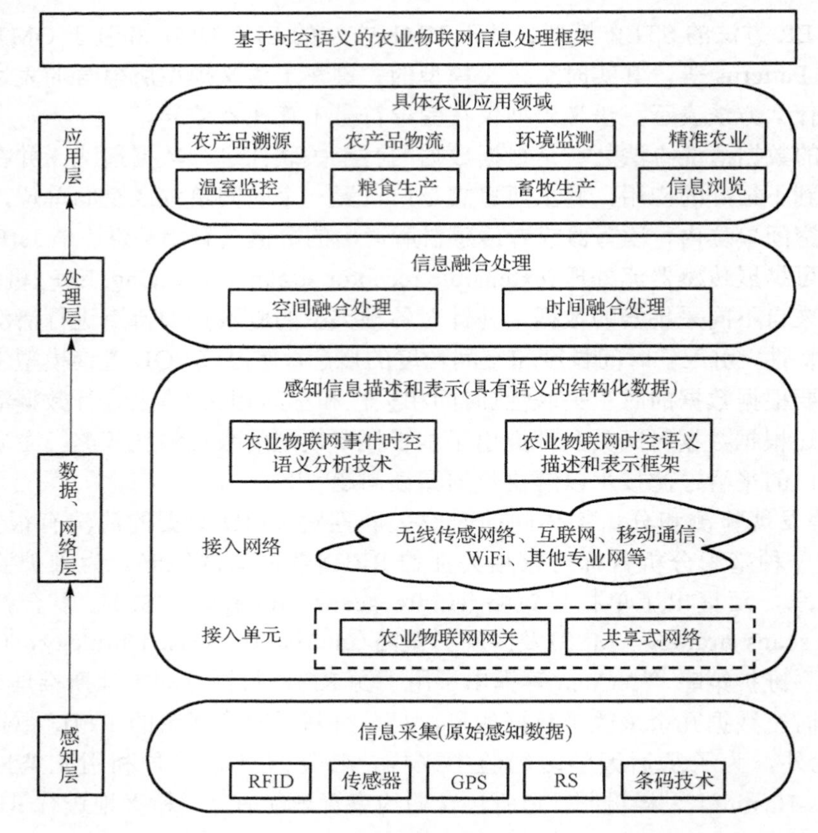

图 6-4　基于时空语义的物联网信息处理框架

6.3.2　数据、网络层

数据、网络层负责从各种形式的原始数据中产生具有语义的结构化数据，方便机器可理解及互操作。其中，网络层是在现有网络的基础上，通过有线或无线的方式将感知层采集的各类农业信息传输到应用层[30]，并将应用层的控制命令传输到感知层，使得感知层的相关设备采取相应措施操作。

在数据、网络层上，主要针对农业物联网感知信息的海量性、异构性、强时空关联性进行时空数据语义描述和表示。对农业物联网事件和时空信息特性进行分析，研究农业物联网事件时空语义分析技术，并构建可以完备描述各类时空变化的农业物联网时空语义描述和表示框架。

6.3.3　处理层

利用 RFID 数据的时空关联性，基于农业物联网前端感知信息的高度冗余性特征，并在数据、网络层完成感知信息语义化表示的基础上，在农业物联网感知网络中对感知信息进行融合处理，有效清除时间冗余数据和空间冗余数据，以达到减少数据量、减轻系统资源浪费的目的。

6.3.4　应用层

应用层是对前期数据处理方法的验证，以及经过前期处理的数据的简单应用，也为后期的应用做好充分准备。

农业物联网的应用主要实现大田种植、水产养殖以及农产品流通过程等环节的信息的实时获取和数据共享，从而保证产前正确规划以提高资源利用效率，产中精细管理以提高生产效率，产后高效流通、实现安全溯源等多个方面，促进农业的高效、高产、优质、生态、安全[30]。

6.4　物联网感知数据时空语义描述与表示

6.4.1　物联网时空变化类型

在面向对象的观点中，现实世界中的对象由对象标识来确定，对象的状态则通过对象的内部属性来确定，主题属性和空间属性是空间对象的内部属性，根据空间对象的内部结构，空间对象随着时间的变化可以分为以下两类[31]：

①空间对象标识的变化；

②空间对象内部属性的变化，包括主题属性变化和空间属性变化。

根据变化的特点，物联网时空变化有连续物联网时空变化和离散物联网时空变化两种类型[31]。连续变化是在一段或者几段时区里发生的，而离散变化是在一个时间点发生的。一个空间对象的物联网时空变化可以有以下几种，如表 6-1 所示。

表 6-1　物联网时空变化的类型

	对象标识变化	主题属性变化	空间属性变化
连续物联网时空变化	连续标识变化	连续属性变化	连续空间变化
离散物联网时空变化	离散标识变化	离散属性变化	离散空间变化

由于一个对象的标识变化和主题属性变化往往是突然的，连续标识变化是不存在的，因此只考虑连续空间变化、离散标识变化、离散属性变化和离散空间变化这四种物联网时空变化。

(1) 连续空间变化。空间对象的空间属性随着时间发生连续的变化，与一段时间相关联，如农产品的运输、空间位置连续变化。

(2) 离散标识变化。一个或者多个空间对象瞬间成为另一个或者多个空间对象。

(3) 离散属性变化。空间对象的主题属性随着时间发生离散的变化。

(4) 离散空间变化。空间对象的空间属性随着时间发生离散的变化，总发生在某个特定时刻。

6.4.2 物联网时空变化的描述

物联网时空变化通过对象级和属性级这两个层次来描述。对象级时空变化的表示基于历史拓扑的离散标识变化；属性级时空变化以连续空间变化、离散属性变化和离散空间变化三种类型的变化来表示[32]。

1) 描述子

一个空间对象的属性包括多个方面，为此，空间对象的属性级时空变化的表示引入了描述子。

在时间域上定义的函数 F(Time, SubObject) 是空间对象的描述子，Time 为时间域，SubObject 为空间对象的一个属性子集，根据空间对象的结构，描述子可以分为空间描述子和属性描述子[33]。

(1) 空间描述子。若空间对象的空间属性是 SubObject，那么称为空间描述子。

(2) 属性描述子。如果空间对象的主题属性集合的一个子集是 SubObject，那么称为属性描述子。

2) 对象级时空变化和属性级时空变化

(1) 对象级时空变化。若一个空间对象的物联网时空变化致使一个或者多个空间对象的对象标识发生变化，那么该物联网时空变化则是对象级时空变化。

(2) 属性级时空变化。若一个空间对象的物联网时空变化仅改变自身的内部属性，即主题属性变化和空间属性变化，对象标识未发生变化，那么该物联网时空变化则是属性级时空变化。

3) 物联网时空变化描述框架

对象级时空变化和属性级时空变化给出了物联网时空变化的描述框架。通过离散标识变化来表示对象级时空变化的描述，通过空间描述子和属性描述子来表示属性级时空变化的描述[34]。

图 6-5 以与或树型结构 (AND/OR 树) 的形式表示了物联网时空变化的描述框架。图 6-5 中的物联网时空变化的描述构成一棵完备的物联网时空变化描述树，说明了一个空间对象的物联网时空变化可以通过对象级时空变化和属性级时空变化来表示，对象级时空变化通过历史拓扑来表达对象的离散标识变化；属性级时空变化通过空间描述子和属性描述子表示了空间对象的空间变化及属性变化[31]。

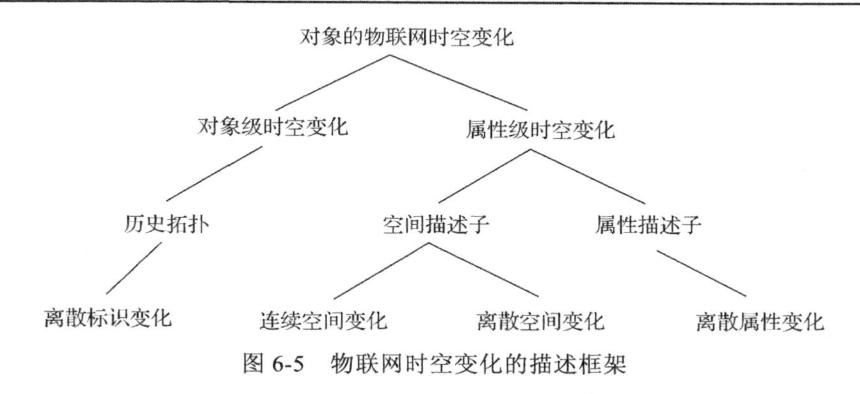

图 6-5　物联网时空变化的描述框架

6.4.3　对象级时空变化的表示

对象级时空变化采用历史拓扑显式表示，时空对象的历史拓扑会通过特定的数据结构记录该时空对象与其他时空对象间的历史关联。

本章采用离散标识变化来描述对象标识变化的对象级时空变化。从对象标识层面上看，离散标识变化描述了一个对象的历史演变过程。通过离散标识变化可以得到一个对象与其他对象的历史联系。为了更好地表示离散标识变化，引入了历史拓扑概念[31]。

一个历史拓扑是一个空间对象与其他空间对象在时间轴上的相互关联，也就是在时间轴上与其前趋对象及后继对象的相互关联。当一个空间对象在一个物联网时空变化中发生离散标识变化，则进行空间对象的历史拓扑更新，并记录空间对象标识的变化。

描述历史拓扑时采用显式的变化描述方式，在每次更新历史拓扑时都会显式地记录下对象所发生的离散标识变化类型，空间对象的离散标识变化分为以下几类。

(1) 创建。一个空间对象的创建意味着在现实世界中开始存在一个新的空间对象。

(2) 合并。多个空间对象的空间数据合并形成一个新的空间数据，并产生一个相应的新的空间对象，原对象的后继对象应该指向新对象，新对象的前趋对象应该指向原对象的集合[32]。

(3) 分裂。一个空间对象的空间数据分裂成多个新的空间数据，原对象的后继对象应该指向新对象的集合，每个新对象的前趋对象应指向原对象，而后继对象则为空。

(4) 消亡。一个空间对象的消亡意味着空间对象消失于现实世界中。

历史拓扑的结构由空间对象的历史拓扑状态来指定，如果空间对象 O 在时刻 t 发生了离散标识变化，那么称空间对象 O 在 t 时刻的状态为历史拓扑状态，记作

$E_h(O_p,O_n,C,t)$，其中，O_p 为空间对象 O 的前趋对象集，O_n 为空间对象 O 的后继对象集，C 为变化类型，t 为空间对象 O 的历史拓扑时间[31]。下面给出了历史拓扑进一步的定义。

空间对象 O 在$[t_0,\ t_n]$这一时间区间里的历史拓扑 $H(O)$ 是一个空间对象 O 的历史拓扑状态序列$<E_1, E_2, \cdots, E_m>$，每个 E_i 都是空间对象 O 的一个历史拓扑状态，其历史拓扑时间记为 t_h^i，且满足 $t_0 \leqslant t_h^i \leqslant t_h^{i+1} \leqslant t_n$，$1 \leqslant i \leqslant m$，定义指出了在$[t_0, t_n]$里空间对象的历史拓扑由$[t_0, t_n]$间的所有历史拓扑状态组成，每个历史拓扑状态记录着时空对象发生的一次离散标识变化[31]。

6.4.4 属性级时空变化的表示

属性级时空变化采用在时间域上定义的描述子隐式表示，通过定义在时空对象不同部分上的描述子可实现对不同类型的物联网时空变化的描述。属性级时空变化描述了单个空间对象的内部物联网时空变化，不引起对象标识变化的物联网时空变化即为单个空间对象的内部属性变化。

1. 空间描述子

空间描述子通过空间对象的离散空间存在状态和连续空间存在状态来表示空间属性的变化。

1) 离散空间存在状态

给定一个时间区间$[t_x,\ t_y]$，如果空间对象 O 的空间属性在$[t_x,\ t_y]$这个区间内保持不变，t_x 的前一时刻与 t_y 的后一时刻的状态和$[t_x,\ t_y]$这个区间内的状态均不同，那么称空间对象 O 在$[t_x,\ t_y]$这个区间的状态为离散空间存在状态，记作 $E_c(O, [t_x, t_y]) = <S_o, [t_x, t_y]>$，$S_o$ 为空间对象 O 在$[t_x, t_y]$里的空间属性。t_x 称为空间对象 O 的离散空间存在状态 E_c 的起始时间，t_y 称为空间对象 O 的离散空间存在状态 E_c 的终止时间。

2) 连续空间存在状态

时间区间$[t_x, t_y]$内，如果空间对象 O 的空间属性可表示为时间 t 的一个连续函数 $Y=f(t)$，其中 $t\in[t_x, t_y]$，t_x 的前一时刻与 t_y 的后一时刻均不满足函数 $f(t)$，那么称空间对象 O 在$[t_x,\ t_y]$这个区间的状态为连续空间存在状态，记作 $E_d(O, [t_x, t_y]) = <S_o, f(t), [t_x, t_y]>$，$S_o$ 为空间对象 O 在时刻 t_x 的空间属性。t_x 称为空间对象 O 的连续空间存在状态 E_d 的起始时间，t_y 称为空间对象的连续空间存在状态的终止时间。

时刻 t 空间对象 O 的空间状态可表示为 $\mathrm{State}(O) = (S_o, E)$，$S_o$ 为空间对象 O 的空间属性，E 为空间对象 O 的空间存在状态。

空间描述子通过离散空间存在状态和连续空间存在状态序列来表示。下面给出了进一步的空间描述子的定义。

一个空间对象 O 在$[t_0, t_n]$这一时间区间里的空间描述子 $S(O)$ 是一个空间存在状态序列$<E_0, E_1, \cdots, E_m>$，E_i 要么是离散空间存在状态，要么是连续空间存在状态，其起始时间记为 t_x^i，终止时间记为 t_y^i，且 t_y^0 等于 t_0，t_y^m 等于 t_n，t_x^i 等于 $t_y^{i-1}+1$。

一个空间对象 O 有且仅有一个空间描述子，可以通过空间描述子表示空间属性变化，图 6-6 为一个空间变化例子：空间对象 O 的空间属性在$[t_0, t_1]$为 S_o，t_2 时开始变为为 S_o^1，一直持续到 t_3 时刻；t_4 时变为 S_o^2，连续变化到 t_5 时刻后，从 t_6 时开始变为 S_o^3，一直持续到 t_7 时刻；在 t_8 时刻，空间对象 O 移动到一个新位置，相应的空间属性表示为 S_o^4，一直持续到 t_9 时刻；在 t_{10} 时刻空间对象 O 发生了旋转，并以新的空间属性 S_o^5 表示，一直持续到 t_{11} 时刻。

在图 6-6 的例子中，空间对象 O 从 t_0 到 t_{11} 的变化可表示为空间描述子：$S(O) = <(S_o, [t_0, t_1]), (S_o^1, [t_2, t_3]), (S_o^2, (1, 3+t, 1, 3+t), [t_4, t_5]), (S_o^3, [t_6, t_7]), (S_o^4, [t_8, t_9]), (S_o^5, [t_{10}, t_{11}])>$，$[t_4, t_5]$的变化以连续空间存在状态表示，是一个连续空间变化，其他的均为离散空间变化，以离散空间存在状态表示。

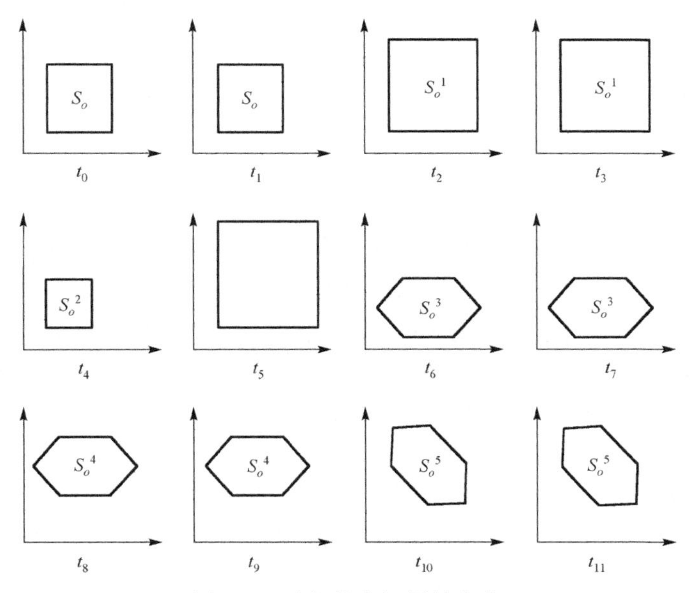

图 6-6　对象的空间属性变化

物联网时空变化的表示一般用特定的时空数据类型来表示，对于离散型物联网时空变化可以采用离散时空数据类型来表示，该数据类型通过时间分段技术以序对(region, period)表示时空变化，表示在时间区间 period 里离散时空数据类型的状态是一个 region 数据。连续型物联网时空变化则可以采用基于约束矩形的近似方法来表示，一个约束矩形表示在一个时间区间里一个矩形的连续物联网时空变化，对于连续变化的时空对象可将其表示为一个约束矩形的集合并通过约束矩形上的变化来表示连续物联网时空变化。

一个约束矩形是一个五元组(x_r, x_d, y_u, y_l, p)，其中，x_r，x_d，y_u，y_l都是时间t的一阶线性函数，p是一个时间区间 period 类型值，表示时间t的域。约束矩形表示了一个矩形在时区p里的连续变化，在t时刻，约束矩形的状态由x和y维上的约束函数表达式$x_r(t) \leqslant x \leqslant x_d(t) \wedge y_u(t) \leqslant y \leqslant y_l(t)$所确定的矩形给出。约束矩形以空间属性的最小外接矩形近似表示空间属性，连续空间变化以矩形在x维和y维上的约束函数表达式来表示，每个约束函数表达式是时间的一个线性函数。图 6-6 中，在$[t_4, t_5]$这一区间里空间对象 O 的空间属性$(S_o^2, (1,3+t,1,3+t), [t_4,t_5])$是由约束表达式“$1 \leqslant x \leqslant 3+t \wedge 1 \leqslant y \leqslant 3+t \wedge t_4 \leqslant t \leqslant t_5$”所规定的一个连续物联网时空变化的矩形。

2. 属性描述子

属性描述子的表示一般用离散属性存在状态来表示。属性描述子与空间描述子有以下不同[34]。

(1) 一个空间对象可以有多个属性描述子，不同的属性描述子描述不同的特性，但只有一个空间描述子。

(2) 属性描述子用于描述(主题)属性变化，而空间描述子用于描述空间对象的空间变化。

(3) 空间变化有离散空间变化和连续空间变化，空间对象的属性变化只有离散属性变化这一种。

给定一个时间区间$[t_x, t_y]$，如果空间对象O的主题属性在$[t_x, t_y]$这个区间内保持不变，且t_x的前一时刻与t_y的后一时刻的状态和$[t_x, t_y]$这个区间内的状态均不同，那么称空间对象O在$[t_x, t_y]$这个时间区间里的状态为离散属性存在状态，记作$E_e(O, [t_x, t_y]) = \langle A_o, [t_x,t_y] \rangle$，$A_o$表示空间对象$O$的主题属性集合，$t_x$称为空间对象$O$的离散属性存在状态$E_e$的起始时间，$t_y$称为空间对象$O$的离散属性存在状态$E_e$的终止时间，下面给出了进一步的属性描述子的定义。

空间对象O在$[t_0, t_n]$这一时间区间里的一个属性描述子$A(O)$是一个属性存在状态序列$\langle E_0, E_1, \cdots, E_m \rangle$，$E_i$是离散属性存在状态，其起始时间记为$t_x^i$，终止时间记为$t_y^i$，且$t_y^0$等于$t_0$，$t_y^m$等于$t_n$，$t_x^i$等于$t_y^i+1$。

6.5 基于时空语义的物联网数据融合处理

6.5.1 基于时空语义的物联网 RFID 数据融合算法

RFID 系统产生的原始数据结构简单，所携带的信息量非常少。通常是(TagID,

ReaderID, Timestamp)的三元组形式，元组是按顺序存储的。其中，TagID 表示物品的唯一标识电子产品编码 EPC；ReaderID 表示所读取的读写器的编号，也可认为是 RFID 读写器读取到物品的位置；Timestamp 是 RFID 标签数据的时间戳，表示 RFID 标签被读写器读到的时刻。由于数据的时空相关性，感知的原始数据包含有大量的冗余信息。利用 RFID 数据的时空关联性，基于物联网前端感知数据的高度冗余性特征，在完成感知数据语义化表示的基础上，根据冗余数据产生的特点来对感知数据进行融合处理，能够有效地减少数据量，并将其整合为可用的信息，以供服务。

基于时空语义的物联网数据融合处理算法的主要思想是，首先对同一时刻、不同空间位置的数据进行空间融合处理，然后按照时间的顺序，对同一设备、不同时刻的数据进行时间融合处理。时间融合处理是对空间融合处理结果的再一次融合，以得到最终状态。

1. 空间融合处理

对标签 $TagID_x$ 而言，在某个时间点有多个读写器对其进行阅读而产生的数据称为空间冗余数据。如果为了提高阅读的效果而在某个位置部署多个读写器，可将在这一空间内部署的所有读写器看作同一个逻辑上的读写器，那么只需用同一个逻辑读写器来对这些读写器进行逻辑上的代换，并将它们的阅读数据进行相应的合并、删除。

两台读写器产生空间冗余数据的场景如图 6-7 和图 6-8 所示，其中，长方体代表读写器，虚线所构成的扇形区域代表读写器的阅读范围，Tag 标记的矩形代表带标签的物体。在场景 1 中，左右两个读写器的阅读范围重叠。在场景 2 中，左右两个读写器由于存在阅读范围的交叉重叠，产生了空间冗余数据。

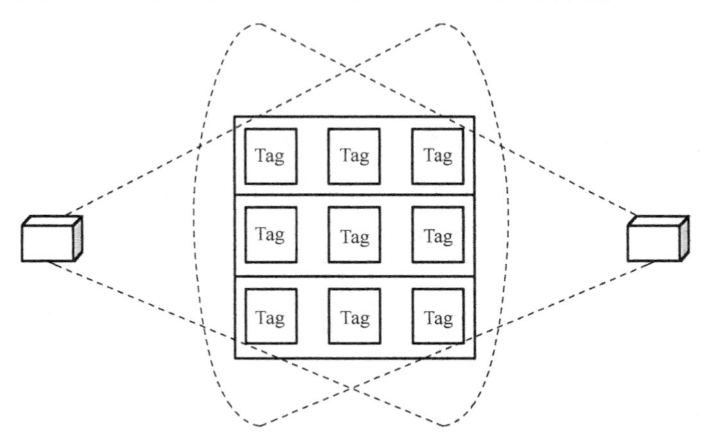

图 6-7　空间冗余数据产生场景 1

下面分析处理两台读写器存在空间冗余数据的情况，若干读写器的空间冗余数据的处理也可以应用此思路来进行。空间融合处理算法描述如下。

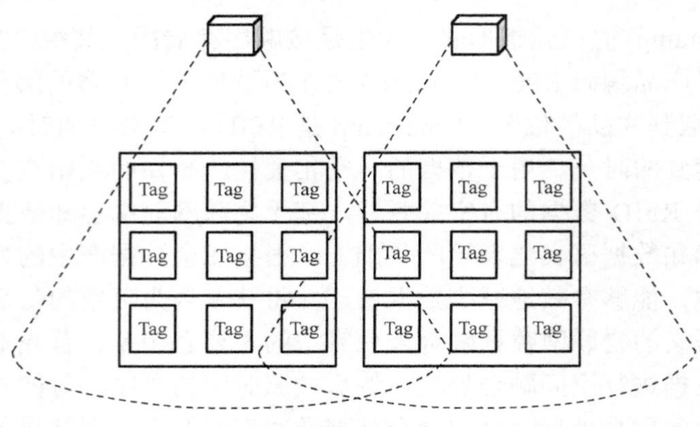

图 6-8　空间冗余数据产生场景 2

算法 6.1　空间融合处理

输入：RFID 原始数据

输出：清除空间冗余的 RFID 数据

1. 定义用于给文本数据赋值为 0 的元胞数组
2. 通过 length(*b*) 求得原始数据的总条数 *n*
3. 找出满足同一时刻，不同读写器读取的相同标签这一条件的数据行
4. 用元胞数组将其数据标记为 0，对应的读取时间片也赋值为 0
5. 找出数据为 0 的数据行，并将这些数据行删除

上述算法对同一时刻、不同空间位置的数据进行空间融合处理，达到清除空间冗余数据的目的。

2. 时间融合处理

读写器的读写范围内，标签停留时会产生多条关于标签的读数。完成对空间冗余数据的空间融合处理后，按照时间的顺序，对同一台读写器在不同时刻读取到的原始数据进行时间融合处理。对于同一个标签的多次重复读取，只有最早读取到的数据应该被保留下来。基于这样的思想，时间融合处理算法描述如下。

算法 6.2　时间融合处理

输入：清除空间冗余的 RFID 数据

输出：清除时间冗余的 RFID 数据

1. 通过 length(*b*) 求得数据的总条数 *n*
2. 找出满足不同时刻，相同读写器读取的相同标签这一条件的数据行
3. 进行一个标签多次读取的时间片比较
4. 找到时间片相对大的数据行
5. 删除读取时间片相对大的冗余数据行，留有时间片最小的数据行数据

上述算法达到清除时间冗余数据的目的。时间融合处理是对空间融合处理结果的再一次融合，以得到最终状态。

6.5.2 融合算法效果分析

1. 实验设置

读写器读取数据的不同频次对应着不同的冗余率，读写器间交叉或重叠的阅读范围越大，读写器对标签读取的频率越高，对应产生的冗余数据也就越多，冗余率也越大。以两台读写器 A 和 B 对标签 TagC 和 TagD 进行读取为例，分析读写器读取标签数据，并产生冗余数据的场景。

读写器读取标签数据的场景如下：两个长方体代表读写器 A 和 B，它们的阅读范围用两个同心圆表示，两台读写器的阅读范围存在一定的交叉。其中，半径大的圆与半径小的圆围成的环形区域表示此读写器的次阅读区范围，半径小的圆形区域表示此读写器的主阅读区范围。标签 TagC 和 TagD 则在读写器 A 和 B 的阅读范围内外来回移动。冗余数据产生的场景如图 6-9 所示。

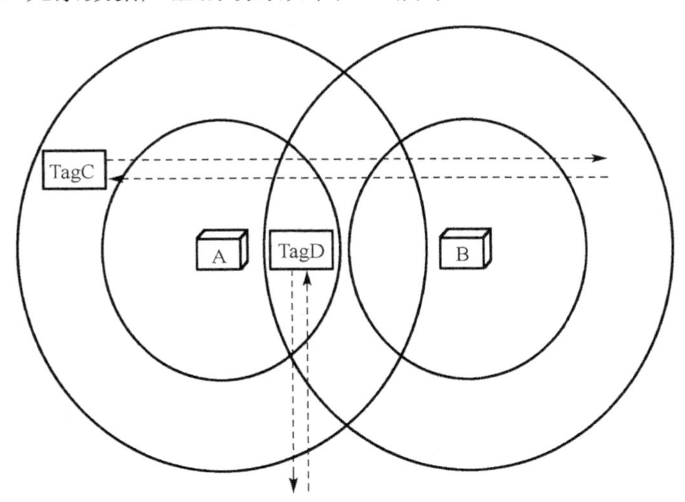

图 6-9　冗余数据产生场景

在图 6-9 中，读写器 A 和 B 的阅读范围存在着一定的交叉，标签 TagC 的初始位置处于读写器 A 的次阅读区和读写器 B 的阅读范围外，并沿着箭头所示的方向来回移动，标签 TagD 的初始位置处于读写器 A 的主阅读区和读写器 B 的次阅读区，也沿着箭头所示的方向来回移动。这样的部署就能产生很有代表性的时间冗余数据和空间冗余数据。

实验时，为使得读写器的阅读范围大小尽量相同，便把两台读写器的参数调整一致。为保证在实验周期内标签能够完成对应路线的移动，相应地调整了标签的移动速度。

2. 空间冗余处理效果分析

采集数据并对其进行格式处理后得到未经冗余处理的数据三元组，如图 6-10 所示。

实验中采用了两台读写器和 8 个标签，分别标记为读写器 A(ReaderA)和读写器 B(ReaderB)、TagA、TagB、TagC、TagD、TagE、TagF、TagG、TagH。图 6-10 中数据以时间序列先后输出，每行数据表示标签、读写器及对应的读取时间片这一三元组。上述数据中，读写器 A 对标签 TagA 共产生 4 条阅读数据，对标签 TagB 共产生 5 条阅读数据，对标签 TagC 共产生 3 条阅读数据，对标签 TagD 共产生 3 条阅读数据，对标签 TagE 共产生 2 条阅读数据，对标签 TagF 共产生 3 条阅读数据，对标签 TagG 共产生 2 条阅读数据；读写器 B 对标签 TagA 共产生 3 条阅读数据，对标签 TagB 共产生 3 条阅读数据，对标签 TagC 共产生 3 条阅读数据，对标签 TagD 共产生 3 条阅读数据，对标签 TagE 共产生 3 条阅读数据，对标签 TagF 共产生 2 条阅读数据，对标签 TagG 共产生 2 条阅读数据，对标签 TagH 共产生 1 条阅读数据。

TagC	ReaderA	1
TagD	ReaderA	1
TagC	ReaderB	1
TagD	ReaderB	1
TagC	ReaderA	2
TagD	ReaderA	2
TagD	ReaderB	2
TagC	ReaderB	2
TagC	ReaderA	3
TagD	ReaderA	3
TagC	ReaderB	3
TagA	ReaderA	3
TagA	ReaderB	3
TagD	ReaderB	3

TagA	ReaderA	4
TagB	ReaderA	4
TagA	ReaderB	4
TagB	ReaderA	5
TagA	ReaderA	5
TagA	ReaderB	5
TagB	ReaderB	5
TagB	ReaderA	6
TagE	ReaderB	6
TagB	ReaderB	6
TagE	ReaderA	6
TagA	ReaderA	6
TagB	ReaderA	7
TagE	ReaderB	7

TagB	ReaderB	7
TagE	ReaderA	7
TagE	ReaderB	8
TagB	ReaderA	8
TagF	ReaderA	8
TagF	ReaderB	8
TagG	ReaderB	9
TagF	ReaderA	9
TagG	ReaderA	9
TagF	ReaderB	9
TagG	ReaderB	10
TagH	ReaderB	10
TagF	ReaderA	10
TagG	ReaderA	10

图 6-10　未经处理的冗余数据剪影

使用空间融合处理算法来对数据进行处理，处理结果如图 6-11 所示。由图可以看到，标签 TagA、TagB、TagC、TagD、TagE、TagF、TagG 和 TagH 被读写器读取到的三元组数据的条数仅有 24 条，相比处理之前，数据量有明显的减少。

TagC	ReaderA	1	TagB	ReaderA	4	TagE	ReaderB	8
TagD	ReaderA	1	TagB	ReaderA	5	TagB	ReaderA	8
TagC	ReaderA	2	TagA	ReaderA	5	TagF	ReaderA	8
TagD	ReaderA	2	TagB	ReaderA	6	TagG	ReaderB	9
TagC	ReaderA	3	TagE	ReaderB	6	TagF	ReaderA	9
TagD	ReaderA	3	TagA	ReaderA	6	TagG	ReaderB	10
TagA	ReaderA	3	TagB	ReaderA	7	TagH	ReaderB	10
TagA	ReaderA	4	TagE	ReaderB	7	TagF	ReaderA	10

图 6-11　空间冗余数据处理结果

3. 时间冗余处理效果分析

完成对空间冗余数据的空间融合处理后，使用时间融合处理算法来对时间冗余数据进行处理，处理结果如图 6-12 所示。由图 6-12 可知，标签 TagA、TagB、TagC、TagD、TagE、TagF、TagG 和 TagH 被读写器读取到的三元组数据的条数仅有 8 条，说明在标签读取阶段，读写器读取到了唯一标识每个物品的最有价值的标签数据，这与实验中设有 8 个标签而得的预期实验结果完全一致。

TagC	ReaderA	1
TagD	ReaderA	1
TagA	ReaderA	3
TagB	ReaderA	4
TagE	ReaderB	6
TagF	ReaderA	8
TagG	ReaderB	9
TagH	ReaderB	10

图 6-12　时间冗余数据处理结果

4. 时空关联冗余处理效果分析

图 6-13 描述了 8 个标签经过 2 台读写器的阅读范围区域所产生的原始数据的数据元组数量，以及经过本章所提出的数据融合处理算法处理后得到的数据元组数量。从图中可以看出，原始数据的数据元组数量增长的速度比较快，经过冗余处理算法处理后的数据元组数量也有所增长，但并不明显，基本处于比较稳定的状态。

最后，采用冗余数据消除率来对基于时空语义的物联网数据融合处理算法进行性能评估。设采集到的原始数据条数记为 N_o，用基于时空语义的物联网数据融合处理算法处理后的数据条数记为 N_p，冗余数据消除率则可定义为

$$R = \frac{N_o - N_p}{N_o} \tag{6-1}$$

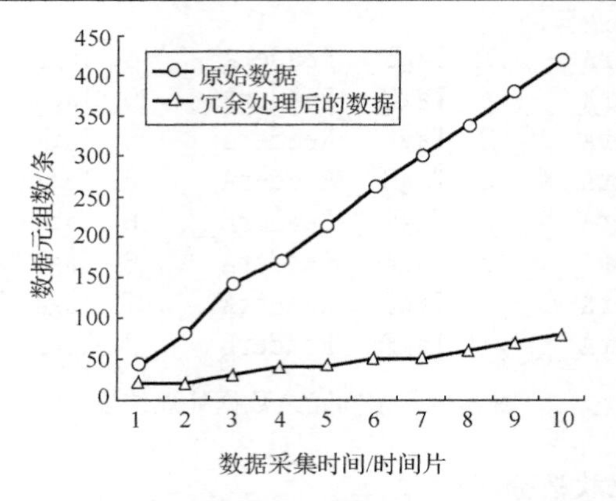

图 6-13　冗余处理前后数据元组数变化趋势

应用本章算法对冗余数据进行处理所得的冗余数据消除率如图 6-14 所示。从图 6-14 中可以看出，随着数据采集时间的增长，冗余数据消除率在 80%左右，尤其当停留时间过长时，冗余数据消除率趋于 85%，因此，基于时空语义的物联网数据融合处理算法大大地减少了数据量，能有效地清除冗余数据，从而减少了系统资源的浪费。

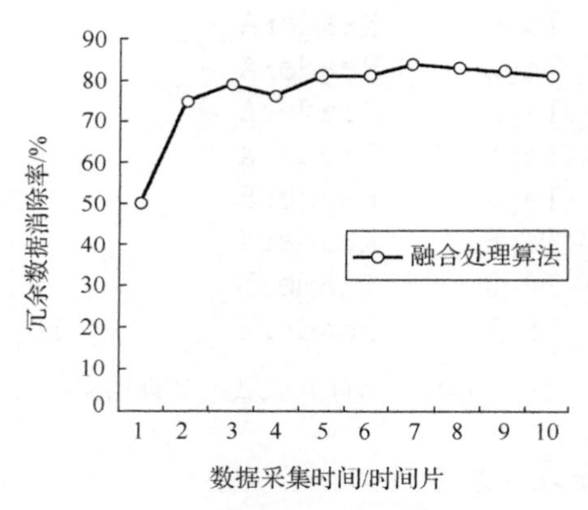

图 6-14　冗余数据消除率

6.6　实 例 演 化

6.6.1　农业物联网时空变化描述

1) 时空对象的表示

利用四元组 $O=\{ID, S, A, H\}$ 表示时空对象，其中，ID 表示时空对象的标识，S 表示空间描述子，A 表示属性描述子，H 表示历史拓扑。

本节以农业物联网为例，时空对象的一个特性是物联网时空变化，不仅包括主题属性和空间属性，还包括这些属性随着时间所发生的变化。农业物联网时空变化总是和时空对象的某部分特性相关联，这些特性可能是整个对象、主题属性，或是空间属性。

一个时空对象如果只有一个属性描述子，整个对象则是属性描述子的变化描述粒度，时空对象如果有 n 个主题属性，每个主题属性指定一个属性描述子，单个属性则是属性描述子的变化描述粒度。这一结构将农业物联网时空变化集成到了时空对象的内部，表示了时空对象的自身属性以及时空对象特有的农业物联网时空变化。

2) 农业物联网时空变化

时空对象的农业物联网时空变化是时空对象 O 的空间描述子 S、属性描述子 A 和历史拓扑 H 的集合，形如 $C = \{S, A, H\}$，空间描述子 S 表达了时空对象 O 的空间变化，属性描述子 A 表达了时空对象 O 的属性变化，历史拓扑 H 表达了时空对象 O 的标识变化。

6.6.2　农业物联网时空语义模型

物联网最基本的功能是信息感知和处理，时空特性对于物联网数据感知和处理有着特殊意义。时空语义，包括地理实体的有效时间结构、时态关系、空间结构和空间关系，以及时空关系和地理事件[35]。时间刻画了地理实体的存在时间、时间相关性和变化状况；空间刻画了地理实体的空间分布、空间位置及空间相关性[36]。时空语义通常被归纳为时间语义、空间语义，以及属性语义的共同表达。

1. 农业物联网时空语义定义

相较关系、层次或对象等结构化的数据模型，时间和空间是一种更为具体的概念。在农业物联网系统中，农业物联网实体的存在时间、时间相关性和变化状况由时间来刻画，农业物联网实体的空间分布、空间位置及空间相关性由空间来刻画[37]。时间、空间和属性是农业物联网实体的三个基本特征。

完整的农业物联网时空语义应该包括农业物联网实体、农业物联网实体变化、农业物联网实体的变化机制(即引起变化的原因)。农业物联网时空语义描述框架体系为[37]

$$S = f(E, \mathrm{EC}, \mathrm{CM})$$

其中，S 为农业物联网时空语义，f 为描述框架体系，E 为农业物联网实体，EC 为农业物联网实体变化，CM 为农业物联网实体的变化机制。离散变化的农业物联网实体主要由农业物联网实体的外部因素来驱动，连续变化的农业物联网实体主要由农业物联网实体内部的信息能量的变化来驱动。

2. 农业物联网实体的基本类型描述

农业物联网实体类型的划分是进行时空表达与建模的前提，本节从农业物联网时空认知理论和人的行为习惯出发，并根据农业物联网实体的属性、关系等在时空域上的变化特性将农业物联网实体分为 7 种基本类型，如图 6-15 所示。

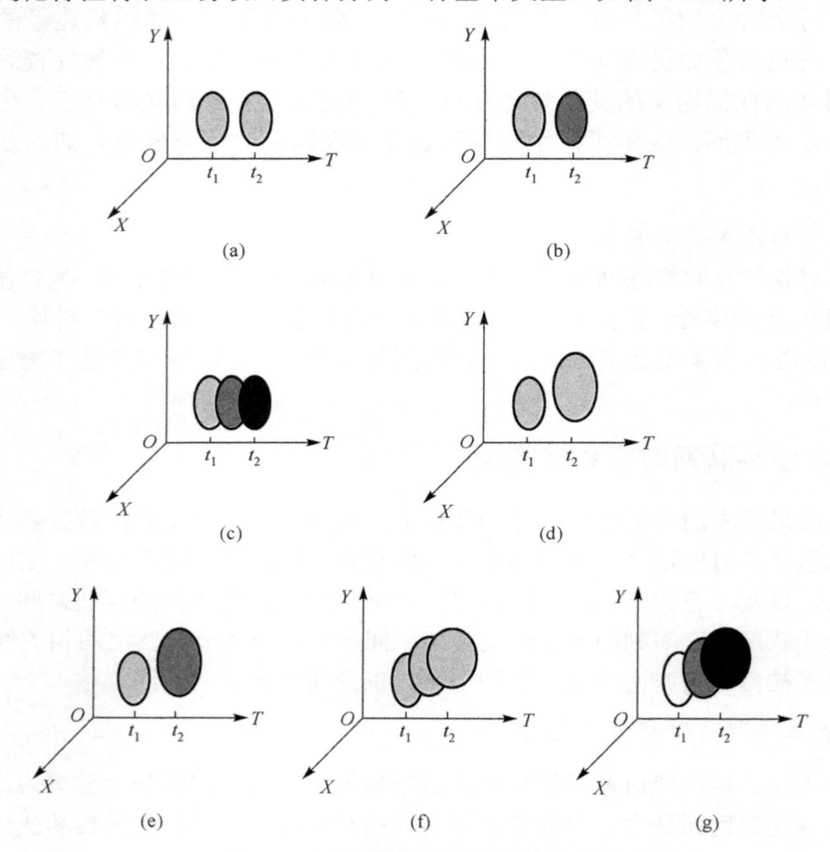

图 6-15　农业物联网实体的基本类型

其中，T 代表时间轴，XOY 代表二维地理空间，椭圆的形状和尺寸代表农业物联网实体的空间信息，颜色的深浅度则代表属性信息。农业物联网实体基本类型的语义描述如下[37]：

①空间位置相对不变，属性信息相对不变；

②空间位置相对不变，在某一时刻，属性信息发生变化；

③空间位置相对不变，在某时段内，属性信息连续发生变化；

④属性信息相对不变，在某一时刻，空间位置信息发生变化；

⑤在某一时刻，空间位置信息发生变化，属性信息也发生相应变化；

⑥属性信息相对不变，在某时段内，空间位置信息连续发生变化；

⑦在某时段内，空间位置信息连续发生变化，属性信息也连续发生变化。

3. 农业物联网时空语义模型构建

模型是对现实世界的抽象和简化表达，农业物联网时空语义建模抽象程度高，独立于数据库管理系统(database management system，DBMS)和计算机系统，它是按照用户的观点对数据进行建模后所得到的模型，一般都以图形化的方式进行表达。农业物联网时空语义模型的目的是表达现实世界中时空对象的结构，以及时空对象间的联系，是一种对现实世界的时空数据特性进行抽象的语义模型。随着时间的变化，时空对象的结构、时空对象间的联系也会发生变化，在构建农业物联网时空语义模型时需要考虑时间因素及对象随时间而发生的变化。

1) 农业物联网时空语义模型中的符号

农业物联网时空语义模型中的符号如图 6-16 所示。

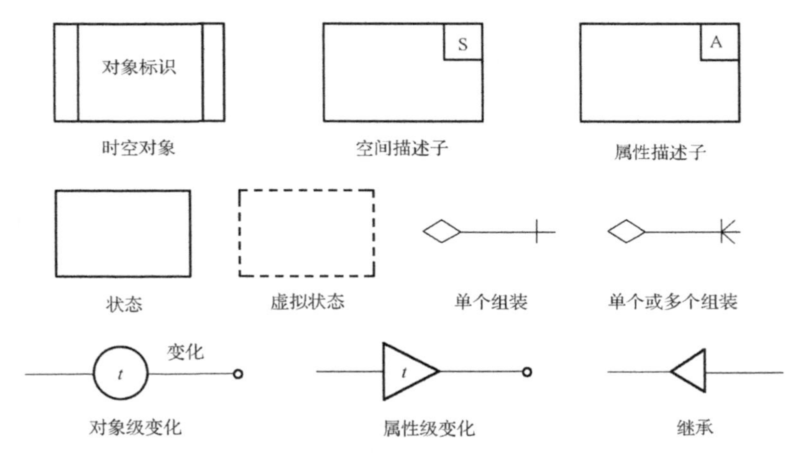

图 6-16　农业物联网时空语义模型中的符号

2) 对象级变化图

对象级变化图(object-level diagram，OLD)是一个由时空对象(spatiotemporal object)符号和对象级变化(object-level change)符号构成的图，对象级变化符号按其变化的时间从左至右排列，同一时间的则排列在同一垂直方向上，对象级变化图如图 6-17 所示。

3) 属性级变化图

属性级变化图(attribute-level diagram，ALD)是一个描述每个时空对象属性级时空变化的图，在属性级变化图中，一个时空对象表示为一个对象标识、空间描述子和属性描述子的集合，属性级变化图如图 6-18 所示。

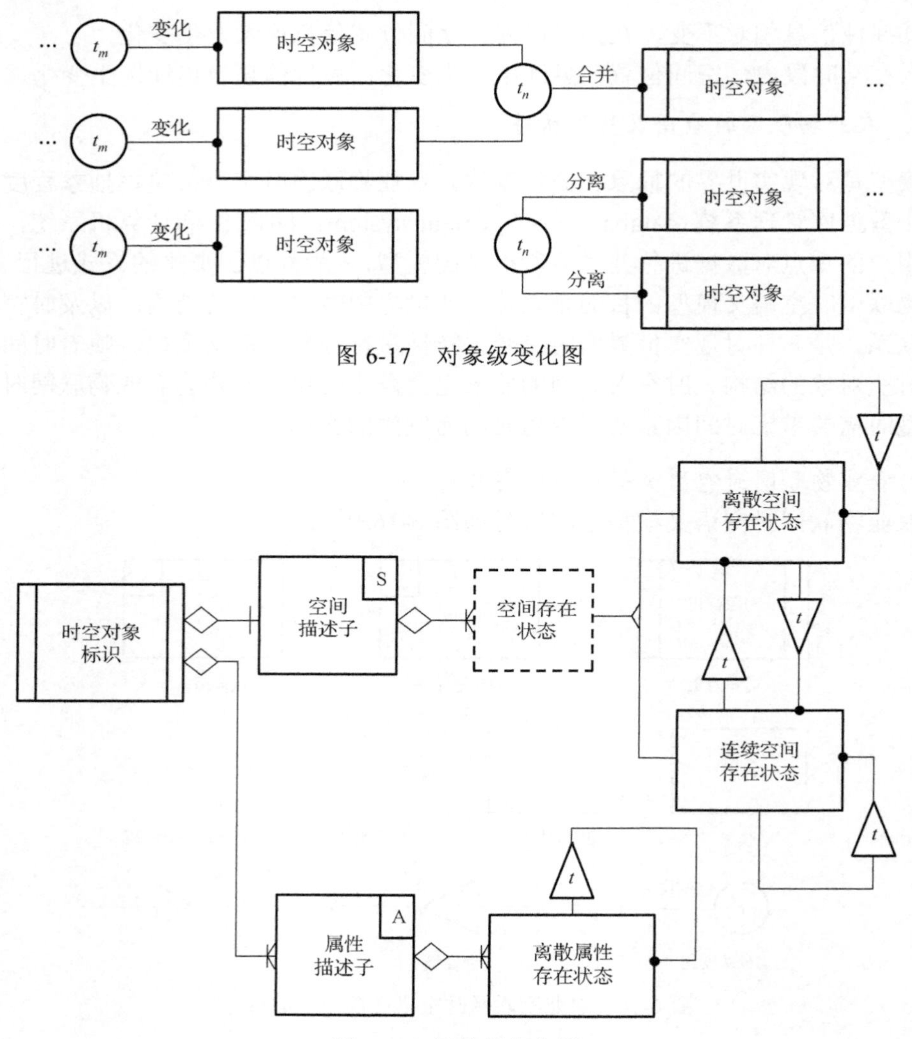

图 6-18　属性级变化图

对象标识唯一标识一个时空对象，空间描述子描述时空对象随着时间而发生变化的空间属性，属性描述子描述随着时间变化时空对象也随之变化的主体属性。

在农业物联网时空语义模型中，通过空间描述子隐式表示静态时空联系，也就是每个特定时刻的静态时空联系在对象的内部没有相应的属性，而是通过时空对象的空间存在状态计算而得；动态时空联系是一个时空对象与其“父母”、“子女”间的时空联系，动态指的是这种时空联系表示的并不是某个时刻的时空联系，而是沿着时间轴方向的时空联系。在农业物联网时空语义模型中，通过历史拓扑来表示动态时空联系。

6.6.3　基于农业物联网某应用过程的时空语义验证

本节通过一个例子来说明农业物联网时空语义模型的建模过程。图 6-19 显示了农产品的农业物联网时空变化，而这种农业物联网时空变化在农产品追溯系统中是常见的。

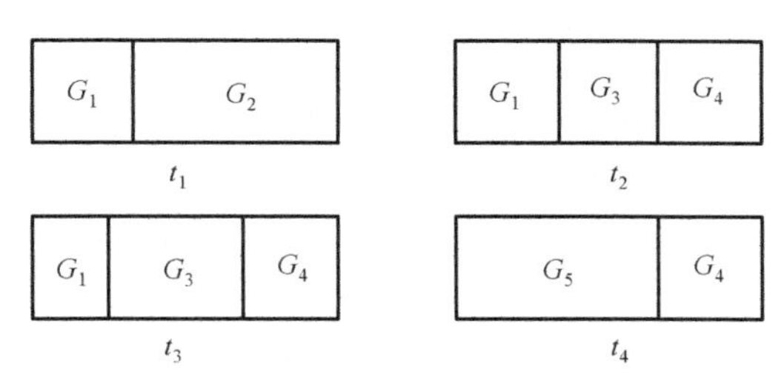

图 6-19　农产品的农业物联网时空变化

假设现有的每件农产品都是通过以下信息进行描述：农产品(农产品编号，农产品生产或加工所处的环节，农产品的生产或加工部门，农产品的生产或加工负责人，农产品的重量)。每件农产品都有一个生产或加工负责人，以及一个空间位置。

假设有以下农业物联网时空变化：

①初始时刻 t_1 有 G_1 和 G_2 两件农产品，生产或加工负责人分别为“A”和“B”；

②t_2 时刻农产品 G_2 分裂为两件农产品 G_3 和 G_4，“B”成为 G_3 和 G_4 的生产或加工负责人；

③t_3 时刻 G_1 的空间区域减小、G_3 的空间区域增加，同时 G_1 的生产或加工负责人由“A”变为了“C”；

④t_4 时刻 G_1 和 G_3 合并为农产品 G_5，G_5 的生产或加工负责人为“D”。

在构建农业物联网时空语义模型时，首先需要确定对象标识、空间描述子和属性描述子，以及历史拓扑。通过一个属性描述子和一个空间描述子来描述农产品的信息，属性描述子(AD)用于描述农产品的生产或加工负责人的变化历史，农产品对应的空间描述子(SD)用于表示农产品的空间信息的变化历史，历史拓扑则用来表示一件农产品与其他农产品间的历史关联。

对应的对象级变化图 OLD 如图 6-20 所示。图中每个圆代表一次对象级变化，即历史拓扑[37]，t_2 时的历史拓扑表示在 t_2 时刻 G_2 分裂成 G_3 和 G_4 这一农业物联网时空变化；t_4 时的历史拓扑表示在 t_4 时刻 G_1 和 G_3 合并成 G_5 这一农业物联网时空变化。

农产品 G_1 对应的属性级变化图 ALD 如图 6-21 所示。农产品 G_3 对应的属性级变化图 ALD 如图 6-22 所示。

本例中一共发生的两次空间变化为：在 t_3 时刻 G_1 的空间变化和 G_3 的空间变化，分别通过 G_1、G_3 的空间描述子 SD(G_1)、SD(G_3)表示，在图 6-21 和图 6-22 中以右上角带标记 S 的矩形框表示。空间状态 $Sd_1(G_1)$ 和 $Sd_2(G_1)$ 构成了 G_1 的空间描述子，这两个空间状态间的变化代表着空间属性的变化，是一次属性级变化，在图 6-21 和图 6-22 中以三角形表示。G_3 的空间变化表示与 G_1 类似。

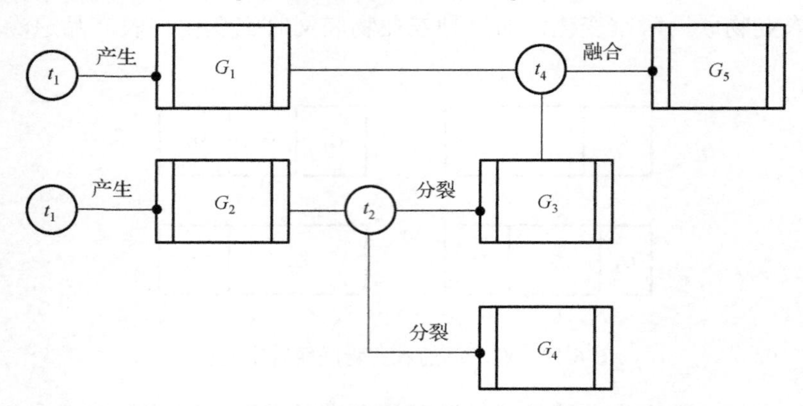

图 6-20　农产品变化的对象级变化图

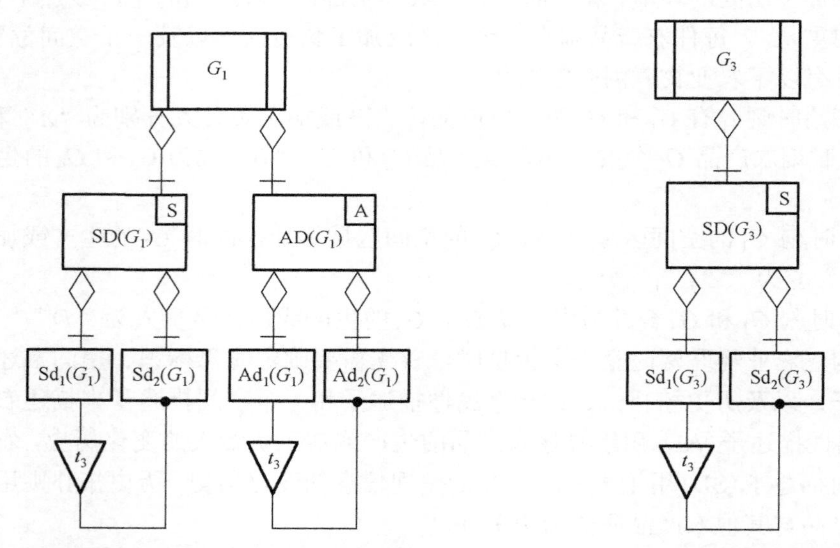

图 6-21　农产品 G_1 的属性级变化图　　　图 6-22　农产品 G_3 的属性级变化图

例子中 t_3 时刻 G_1 的生产或加工负责人发生了改变，因此，共发生一次主题属性变化，以 G_1 的属性描述子 $AD(G_1)$ 表示，在图 6-21 和图 6-22 中以右上角带标记 A 的矩形框表示，$AD(G_1)$ 包含 $Ad_1(G_1)$ 和 $Ad_2(G_1)$ 两个主题属性状态，这两个状态间的变化是一次属性级变化。由此可见，该农业物联网时空语义模型具有一定的有效性，对象级变化图表示了涉及多个时空对象的农业物联网时空变化历史，属性级变化图表示了各个时空对象内部结构的农业物联网时空变化历史。

6.7 本章小结

信息感知和处理是物联网最基本的功能，时空特性对其具有特殊意义。本章在探讨物联网感知数据的语义描述和表示这一大问题基础上，着重探讨时空关联特性下的时空语义数据表示和处理，相当于构建更细粒度的物联网数据表示模型。从基于时空语义的物联网信息处理框架、物联网感知信息的时空语义描述和表示，以及物联网时空语义元数据融合和处理等方面呈现了作者所在课题组的研究成果，力图为物联网数据的描述及物联网更宽广和深入的应用提供一定理论支撑。

参考文献

[1] 刘扬, 郑逢斌, 姜保庆, 等. 基于多模态融合和时空上下文语义的跨媒体检索模型的研究[J]. 计算机应用, 2009, 29(4): 1182-1187.

[2] 舒红, 陈军, 杜道生, 等. 面向对象的时空数据模型[J]. 武汉大学学报信息科学版, 1997, 22(3): 229-233.

[3] 徐真. 面向对象的时空数据模型研究[D]. 青岛: 山东科技大学, 2007.

[4] 谢炯. 无缝时空的多域集成时空数据模型研究[D]. 杭州: 浙江大学, 2005.

[5] 廖明潮,高洪波,何健.语义对象模型及与 E-R 模型的比较[J]. 武汉: 武汉工业学院学报, 2003, (4):7-9.

[6] Brock D, Schuster E. On the semantic web of things[C]//Proceedings of Semantic Days 2006, Stavanger, Norway, 2006.

[7] Buckley J. From RFID to the internet of things: Pervasive networked systems[J]. European Union Directorate for Networks and Communication Technologies, 2006: 1-32.

[8] 袁凌云, 王兴超. 语义技术在物联网中的应用研究综述[J]. 计算机科学, 2014, 41(26): 239-246.

[9] 许冬冬. 基于 CEP 的物联网数据处理技术研究[D]. 昆明: 云南师范大学, 2015.

[10] 范伟, 李晓明. 物联网数据特性对建模和挖掘的挑战[J]. 中国计算机学会通讯, 2010, 6(9): 38-43.

[11] Sheth A. Computing for human experience: Semantics empowered cyber-physical, social and ubiquitous computing beyond the web[J]. Kno.e.sis Publications, 2011.

[12] Selvage M, Wolfson D, Zurek B, et al. Achieve semantic interoperability in a SOA, patterns and best practices[R]. IBM Report, 2006.

[13] Toma I, Simperl E, Hench G. A joint roadmap for semantic technologies and the internet of

things[C]//Proceedings of the Third STI Roadmapping Workshop, Crete, Greece, 2009, 1: 140-53.

[14] Sheth A, Henson C, Sahoo S S. Semantic sensor web[J]. IEEE Internet Computing, 2008, 12(4): 78-83.

[15] Barnaghi P, Meissner S, Presser M, et al. Sense and sensability: Semantic data modelling for sensor networks[C]//Conference Proceedings of ICT Mobile Summit, 2009.

[16] Garcia-Castro R, Hill C, Corcho O. SemserGrid4Env deliverable D4.3 v2 sensor network ontology suite [EB/OL]. [2019-6]. http:// www.doc88.com/p-646853378003.html.

[17] Berners-Lee, T. Artificial intelligence and the semantic web(keynote)[EB/OL]. [2019-6]. http: //www.w3.org/2006/Talks/0718-aaai-tbl/Overview. html.

[18] Lewis M, Cameron D, Xie S, et al. ES3N:A semantic approach to data management in sensor networks[C]//Semantic Sensor Networks Workshop(SSN06), 2006.

[19] Wang F, Liu S, Liu P. A temporal RFID data model for querying physical objects[J]. Pervasive and Mobile Computing, 2010, 6(3): 382-397.

[20] Lim D, Hong B, Cho D. The self-relocating index scheme for telematics GIS[C]//Proceedings of International Workshop on Web and Wireless Geographical Information Systems, Berlin: Springer, 2005: 93-103.

[21] 夏英. 智能交通系统中的时空数据分析关键技术研究[D]. 成都: 西南交通大学, 2012.

[22] 臧传真, 范玉顺. 基于智能物件的制造企业信息系统研究[J]. 计算机集成制造系统, 2007, 13(1): 49-56.

[23] 李斌, 李文锋. 智能物流中面向 RFID 的信息融合研究[J]. 电子科技大学学报, 2007, 36(6): 1329-1332.

[24] 金培权. 时空数据库研究[D]. 合肥: 中国科学技术大学, 2003.

[25] 李晓静. RFID 复杂应用中数据预处理技术的研究[D]. 沈阳: 东北大学, 2008.

[26] Jeffery S R , Alonso G , Franklin M J , et al. A pipelined framework for online cleaning of sensor data streams[C]// Proceedings of the 22nd International Conference on Data Engineering. IEEE, 2006:773-778.

[27] Jeffery S R, Garofalakis M, Franklin M J. Adaptive cleaning for RFID data streams[C]// Proceedings of the 32nd International Conference on Very Large Data Bases. VLDB Endowment, 2006: 163-174.

[28] Gu Y, Yu G, Chen Y, et al. Efficient RFID data imputation by analyzing the correlations of monitored objects[C]//Proceedings of International Conference on Database Systems for Advanced Applications, Berlin: Springer, 2009: 186-200.

[29] Chen H, Ku W S, Wang H, et al. Leveraging spatio-temporal redundancy for RFID data cleansing[C]//Proceedings of the 2010 ACM SIGMOD International Conference on Management

of data. ACM, 2010: 51-62.

[30] 郭理, 秦怀斌, 邵明文. 基于物联网的农业生产过程智能控制架构研究[J]. 农机化研究, 2014, (8): 193-195.

[31] 金培权, 周英华, 岳丽华, 等. 基于历史拓扑和描述子的时空变化表示[C]// 第二十届全国数据库学术会议论文集(研究报告篇), 2003.

[32] 陈浩然. 面向移动区域的移动对象数据库研究[D]. 合肥: 中国科学技术大学, 2008.

[33] 金培权, 岳丽华, 龚育昌等. 基于历史拓扑和描述子的时空数据模型[J]. 测绘学报, 2004, 33(3): 274-279.

[34] 胡永利, 孙艳丰, 尹宝才. 物联网信息感知与交互技术[J]. 计算机学报, 2012, 35(6): 1147-1163.

[35] 胡颖. 家谱 GIS 中古今地名的时空关系研究[D]. 南京: 南京师范大学, 2008.

[36] 柏禄一. 时空数据 XML 建模方法的研究[D]. 沈阳: 东北大学, 2010.

[37] 朱明丽,袁凌云.物联网时空语义模型构建[J].云南师范大学学报(自然科学版), 2015, 35(5): 37-43.

第7章　语义物联网在教育信息化中的应用研究

《中国教育现代化2035》提出要加快推进教育现代化，建设教育强国。让教育向信息化、数字化的迈进步伐更加快速。教育信息化发展的新阶段便是出现了与物联网紧密相连的智慧教育，智慧教育主张借助信息技术的力量，创建智慧的学习时空环境，旨在促进学习者的智慧全面、协调和可持续发展。物联网、云计算、大数据、泛在网络等是智慧教育的关键支撑技术，尤其物联网技术是智慧教育环境搭建所不可或缺的。物联网不仅是一个技术范畴的概念，更是一个载体。借助物联网技术，通过对人的行为习惯的数据获取、加工、分析后形成感知特性，从而进行感知识别活动，将其应用于教育过程中，将极大地推动教育信息化的发展。

本章重点就基于物联网的智慧教育环境构建这一主题展开讨论，包括智慧校园建设、智慧教室建设与优化，以及智慧校园精细化、个性化动态信息推送等，呈现作者所在团队在该方面的一些新的研究成果。

7.1　智慧教室概述

7.1.1　智慧教室概念

智慧教室[1]又称为未来教室、智能教室(smart classroom、intelligent classroom、future classroom等)，指的是一种增强型教室，基于物联网技术，实现学习无所不在，视听设备智能化、人性化，有利于资源无缝接入，能为各种先进的教学设计提供技术支持。国家教育发展的目标是构建全民学习、终身教育、随时随地可学习的学习型社会，“智慧教室”为教育形式的多元化提供了契机。与以课本和课堂为主要学习平台的传统学习模式相比，以任务为导向，通过师生互动、生生互动、课堂与社会互动等形式获取知识、解决问题的现代学习将在智慧教室中得到普及。而智慧教室中无处不在的网络和不断普及的移动终端，则为学生提供了无时无刻、无处不在、或零或整的泛在学习环境。

智慧教室是为了精细化管理教学过程，通过对教室中的人、设备、环境、师生情绪等的精确感知和监控，然后通过智慧教室的应用，对信息进行收集、分析与综合，并结合探究式学习的要求，提供情景教学、课堂交互式学习以及精确推送学习相关信息和智能学习辅助工具，并通过灯光、位置、座椅、空气温度、湿度的监控和调节，对师生的情绪进行分析与控制，最终达到提高教学质量和学生能力的效果。

同时远程用户也能通过网络使用移动设施参与学习。智慧教室主要包括教学系统、LED 显示系统、人员考勤系统、资产管理系统、灯光控制系统、空调控制系统、门窗监视系统、通风换气系统、视频监控系统等。

7.1.2　智慧教室常用功能架构

智慧教室的常用功能架构如图 7-1 所示。总体架构部署上，智慧教室中要部署两类智能传感器，一类是情绪健康类传感器，包括智能手表传感器，这种传感器内置纽扣电池、电子表芯片，扬声器、温度传感器、气压传感器、加速度传感器和电压传感器，可以实现电子表、电子闹钟、温度计、气压计、高度计等功能，并在加速度传感器的帮助下，实现基于学生手势的课堂互动反馈，让老师对每一个学生的认知结果做出分析，同时也作为学生身份识别的标志，完成学生校园内的定位功能。可穿戴式力学反馈传感器系统，能对学生的动作进行感知并能实现力学反馈，有对虚拟过程的现实体验的效果。通过座位的震动与倾斜等，来感知学生的安静程度以及专注程度。

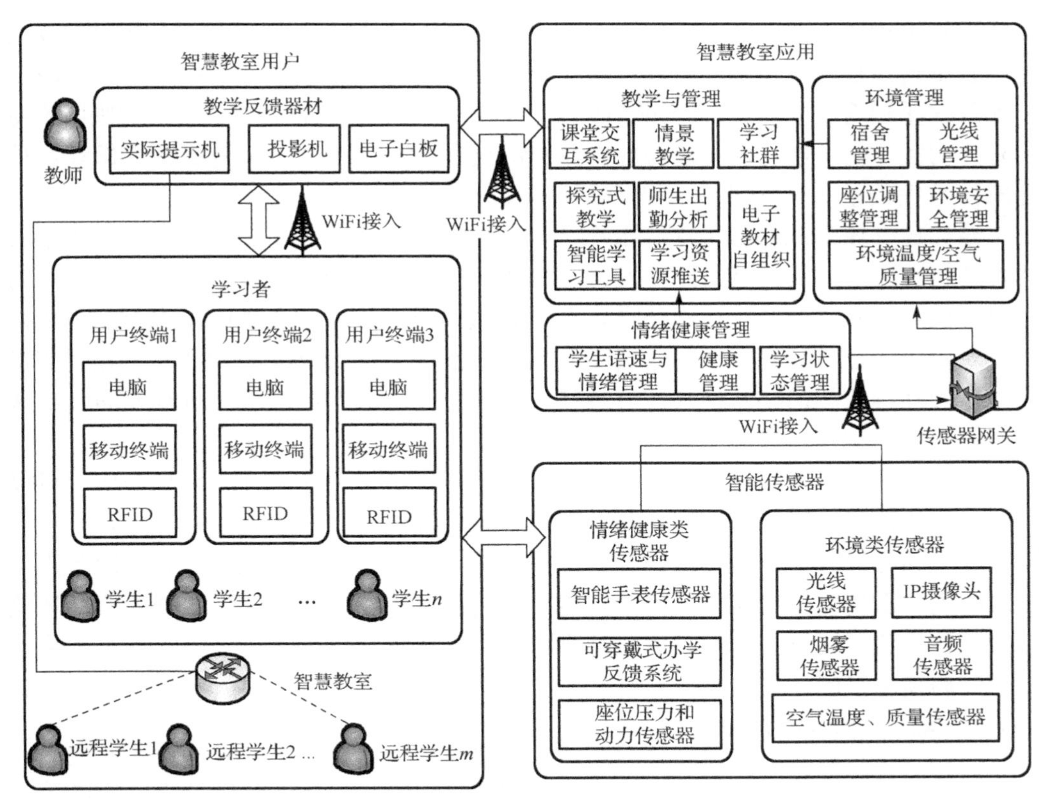

图 7-1　智慧教室功能与系统结构图

第二类是环境类传感器，其中，光线传感器控制每个位置上的灯光，以满足每个人的特定需求和情绪需求；IP 摄像头和音频传感器除了对环境进行监控，还可以用精细的摄像和音频对脸部表情和声音中的细微情况进行分析，供情绪管理应用模块进行分析并产生积极反馈。这些传感器的数据通过 WiFi 网络传送到网关，并进入智慧教室应用，所有传感器和智慧教室应用协同起来，把教学效果提升到一个新的层次。

7.2　基于物联网海计算架构的智慧教室设计

7.2.1　物联网海计算架构特点

目前，物联网比较公认的是三层架构模式，即自顶向下分别为应用层、网络层和感知层。而未来物联网的研究方向应该是一个由“云+端”(海计算)组成的庞大网络[2]。其中，云计算是一种基于互联网的信息化服务模式，它的基本原理是通过将计算分布在大量的分布式计算机上，而非本地计算机或远程服务器中，使个人和企业能够将资源切换到需要的应用上，根据需求访问计算机和存储系统。云计算可以为用户提供包括大规模计算、数据存储与管理等服务，同时用户可以通过互联网接入云平台，通过发送简单的命令就可以从云端得到大量的共享网络资源。相较于云计算注重后台的管理，海计算则更加注重物联网中前端的运用。根据物联网本身具有异构性、混杂性，以及超大规模性的特点[3]，物联网的前端需要具有保存和处理感知数据的能力，因此海计算应运而生。

海计算[4](sea computing)是 2009 年 8 月 18 日，通用汽车金融服务公司董事长兼首席执行官 Molina，在 2009 技术创新大会上所提出的全新技术概念。海计算为用户提供基于互联网的一站式服务，是一种最简单可依赖的互联网需求交互模式，其实质就是通过将计算器、通信设备和智能算法融入现实世界的物体中，让现实世界中各种互不依赖的物体能够相互连接，在事先不可预判的环境下进行判断，实现物与物之间的交互。

海计算的计算方式近似于分布式并行运算，通过对分布式并行运算的研究可以得出海计算模式下的计算架构。与分布式并行运算相比，该模式的特点是舍弃了中控节点，同时加入了协助节点。权力主要下放至各个分散的智能节点。协助节点用来协助整个系统的正常运行。每个智能节点将同时担任数据存储、数据处理和环境感知三种角色。这样设计的目的主要是在不同的需求环境下尽可能的实现本地化运算，以提高系统的处理能力。

7.2.2　海计算架构模式

海计算架构如图 7-2 所示。该模式包含了三大节点：智能传感节点、协助节点和数据汇聚节点。

(1)智能传感节点。智能传感节点是指加入微控制单元的节点，集数据采集、少量数据存储、数据处理以及信息传送于一身的高性能节点。智能传感节点的加入确保了海计算模式在智慧教室建设中的实现。

(2)协助节点。设计协助节点的目的主要是考虑到这一情况，即当智能传感节点出现差错且没有及时发现导致系统不能正常运行现象的发生。例如，当所有智能传感节点正常工作时协助节点处于休眠状态，一旦工作中的智能传感节点报错，处于休眠的协助节点将开启，顶替已经死亡的智能传感节点继续工作以确保系统的正常运行。

(3)数据汇聚节点。当正常的智能传感节点工作一个周期后会把自身采集到的数据，以及自身的健康情况传送回数据汇聚节点进行存储，以便于管理人员对教室环境变化以及节点健康情况进行及时的分析与处理。

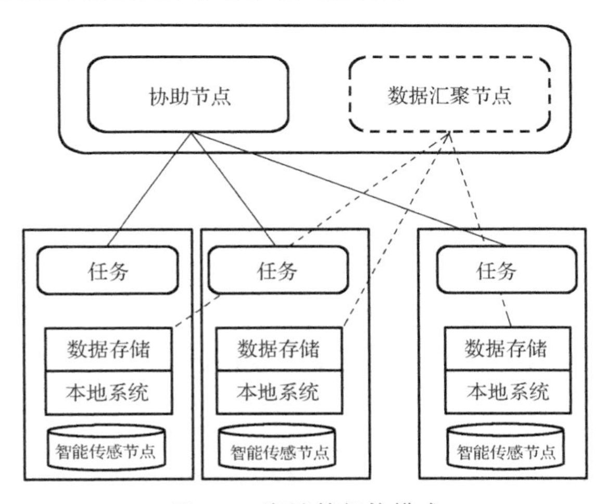

图 7-2　海计算架构模式

7.2.3　基于海计算的智慧教室体系架构

目前的智慧教室系统的教室端是由各类不同的终端和一个智慧教室中央控制器组成。其中，终端包括智慧教室传感器节点、教室内用电设备、个人电脑、手机终端等。智慧教室系统通过中央控制器对各种不同的终端实行统一的管理和控制。

基于上文对海计算以及智慧教室的研究，本节将海计算技术思想融入智慧教室系统中来，将中央控制器与传感器节点相结合，使智能传感节点采集数据后无需传送回中央控制器，直接对采集到的数据进行决策控制。这里将智慧教室体系结构分为两个层次，从上到下依次为：应用层、集成物理层。图 7-3 所示为基于海计算的智慧教室体系结构示意图。

两层模型中实际上是将网络层集成到物理层上，这样可以减少层与层之间由网络传输对系统造成的多余开销等问题，提高系统的实时性。两侧模型中上下两层都有相应的软硬件设备相对应。

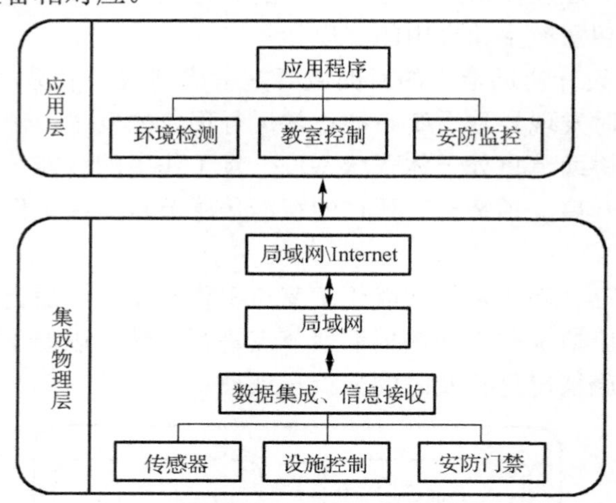

图 7-3　基于海计算的智慧教室体系结构

(1)集成物理层。

集成物理层具体由智慧教室的终端设备构建而成，根据教室功能的不同，其种类和通信方式也多种多样，具体可以通过连线、WiFi、RFID、蓝牙等进行通信。根据学校教室的功能，集成物理层可以按功能具体划分为：传感器设备用来感知教室内环境的变化；教学类设备用来完成教学任务；监控设备用来观察教室内实时的情况。各设备之间通过网络层进行通信，而我们的设计中将通信设备集成到各类不同的教室设备上，因此传感器采集来的数据通过自身的微控制单元(micro control unit，MCU)进行分析判断直接将操作指令通过通信链路发送到控制器执行指令。

网络层与物理层在硬件上的结合，可以通过将数据传输层模块化加到各类传感器设备以及物理终端的控制器上，既减少了网络布线的繁琐又增加了教室的美观性。网络层的具体功能是实现物理层与应用层的衔接，将网络层所需要的设备集成到传感器和控制端上就可以实现传感器端与控制端直接衔接，无需中间繁琐的步骤，实现点对点的控制，给物理层终端的各类教室设备的进一步研发带来了便利性。根据后期不同的研发人员技术优势，在面对不同的教室需求的情况下可以仅对物理层上的通信模块进行更改，开发基于不同通信方式的智慧教室设备，无需对整个系统进行改造。

(2)应用层。

应用层的主要功能是给用户提供一个简洁友好的交互界面，以便用户实时观察到教室内各设备的工作状态。而现今个人终端已不再是 PC 机独占，个人电子终端多种多样，它们都是基于不同厂家制造的，自带的软硬件平台也不尽相同。因此具体的应用程序应面向不同的个人电子终端，学校应用层平台应接入互联网云平台，通过云平台统一接口进行设计，通过接入云平台，可对教室内不同的设备进行观测。

基于海计算的智慧教室的网关与以往的智慧教室网关不同，该模式下的智慧教室只需承担整座教室的数据中心，无需承担整个教室的控制中心。控制权力下放至加入 MCU 的智能节点端。智慧教室网关只需保证用户与各种终端设备交互时提供历史数据、工作状态以及辅助整座教室的正常运行。

当前较成熟的经典智能家居系统工作的“主-从”模式，可以将其移植到智慧教室系统的工作模式，智慧教室的网关为“主机”，智慧教室的终端设备为“从机”。智慧教室中所有的终端设备都要连入智慧教室的网关。由智慧教室网关负责用户与智能终端交互的中转站。图 7-4 所示为智能节点功能示意图。

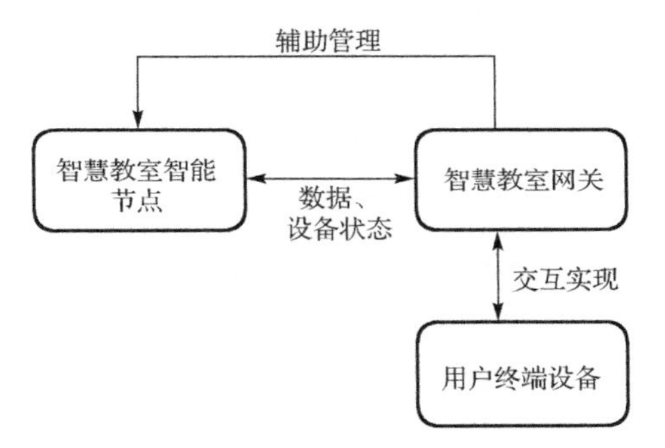

图 7-4　智能节点功能示意简图

智慧教室中可以将多个智能节点连接到智慧教室的网关上，一座智慧教室中可以有多个智能节点，只需一个智慧教室网关即可。通过智慧教室的网关，可以实时监测到智慧教室中的所有智能节点的健康状况，同时可以掌握教室内各项数据的历史信息以便管理人员进行分析处理。整个智慧教室可以组成一个星型拓扑的局域网络，如图 7-5 所示。

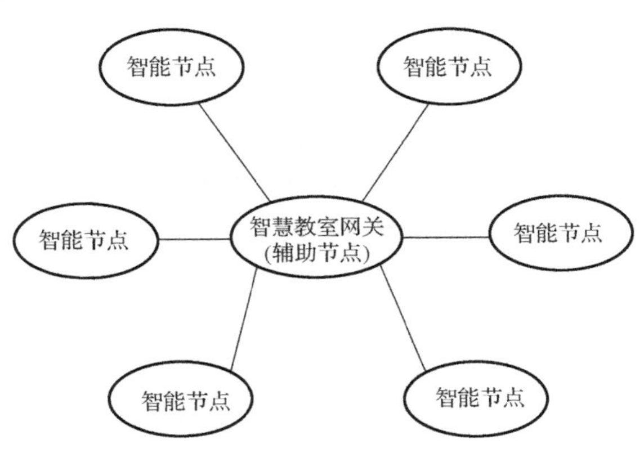

图 7-5　智慧教室星形网络示意图

每一个智能节点都拥有一个唯一的编号对应自己在局域网络中的身份信息。用户接入智慧教室网关，通过智能节点的身份信息来区分不同的智能节点。用户可以通过智慧教室网关实现对智能节点采集到的信息进行浏览，从而了解教室内的环境状况以及智能节点的健康情况。

7.2.4　基于海计算的智慧教室智能节点设计

1. 智能节点功能设计

智能节点在整个智慧教室系统中起到了至关重要的作用。它不仅担任着教室内环境信息的采集工作，而且每一个智能节点都对应教室内唯一的用电设备，智能节点通过控制用电设备的电源开关来实现对用电设备的自动控制和远程控制。智能节点的模块和功能示意图如图 7-6 所示。

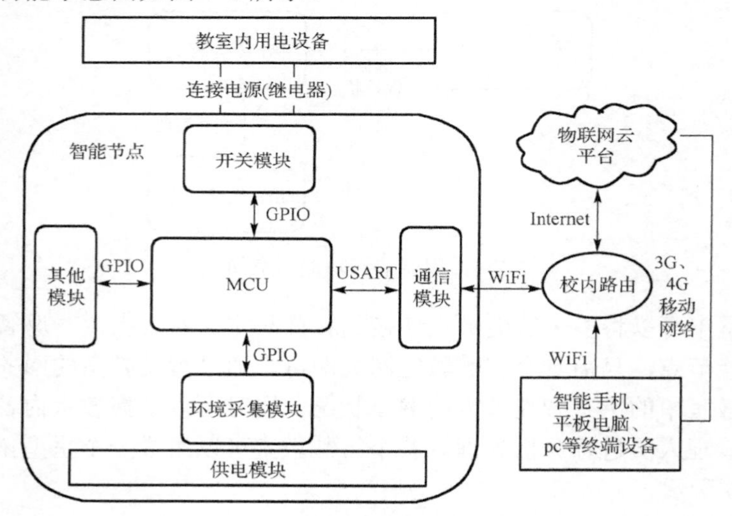

图 7-6　智能节点模块示意图

(1) MCU。

智能节点的核心部分就是 MCU。智能节点上的 MCU 应该是可编程的，是传感器节点的中央处理器。根据写入的程序，自动执行数据的读取、智能判断以及完成对电源的开关控制等动作。因为传感器节点直接搭载在 MCU 上，所以传感器收集到的数据直接传送至 MCU 上作为智能节点的中转站。它同时与 WiFi 模块连接，进行双向通信，既可以通过 WiFi 连接互联网将数据上传至云平台又可以通过 WiFi 接收来自外部的控制信息。同时作为智能节点的核心，应具备普遍性，根据实际需求可以在智能节点上拓展不同的功能模块，拓展出来的模块也可与 MCU 实现信息的交互与控制。

(2) 环境采集传感器。

环境采集传感器作为智能节点的一部分，通过简单的耦合电路将其直接与 MCU

的输入输出(I/O)接口连接，传感器采集到的数据，直接由 MCU 进行接收或通过数模转换后进行接收。根据智慧教室的具体要求，可将满足其条件的传感器设备都搭载在智能节点上。

(3) 开关模块。

智能节点通过开关模块对教室内用电设备进行开关控制。当设定的阈值低于或高于预期值的时候，智能节点通过 WiFi 模块发送信号对外接在插座上的继电器发送控制命令，继电器发生相应的动作实现用电设备的接通或断开。当智能节点处于非健康状态时，管理人员可以通过云平台发送控制指令，实现远程开关控制。

(4) 通信模块。

智能节点上的无线通信采用 WiFi 模块实现。WiFi 模块内置无线网络协议 IEEE802.11 协议栈以及 TCP\IP 协议栈，它的轻量级特性使其可以直接嵌入硬件设备，直接通过 WiFi 连入互联网，是实现智慧交通、智慧校园等物联网应用的重要组成部分。

(5) 其他模块。

智能节点上除了以上提到的传感器、通信、开关模块外，预留了足够的 I/O 引脚，以便根据不同的教室应用需求来拓展不同的功能模块。

2. 智能节点电路设计

根据上文中对智慧教室以及智能节点的功能分析，本着设计简单、易于扩展、低功耗的目的，设计了应用于智慧教室中环境监测与控制的智能节点，其主要电路图如图 7-7 所示。电路主要由主控模块、数据采集模块和通信模块三部分组成。

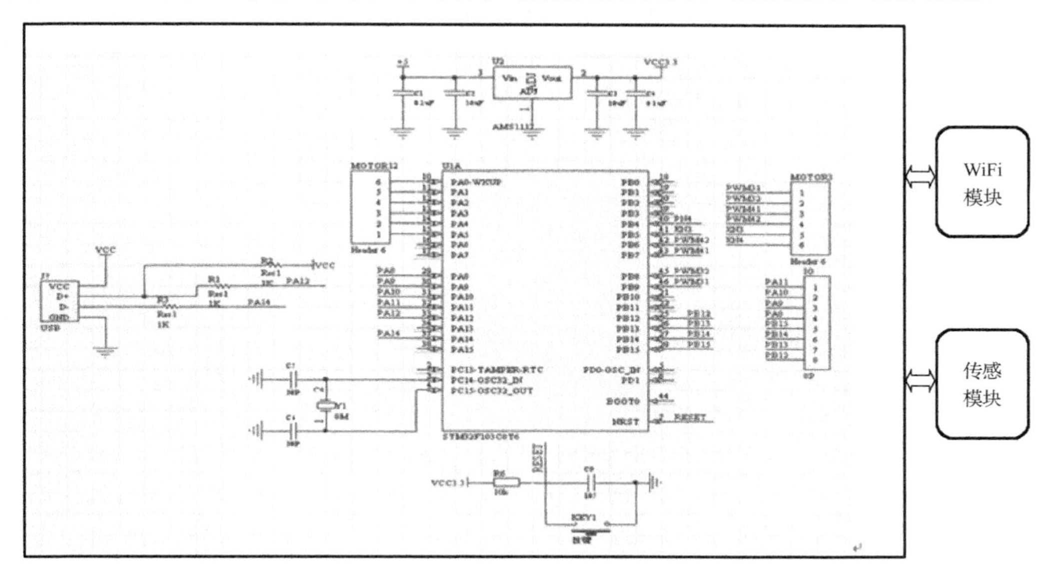

图 7-7　智能节点原理图

智能传感器节点除了以上主要模块外，片上还增设了 8 路 I/O 引脚，可搭载不同的传感器设备，根据不同的实验环境可以增设不同的电器模块，将不同设备以及实际应用模块化，延长了设备的使用寿命，增加了智能节点的扩展性。智能节点上同时增加了 USB 接口，可以直接与终端对接进行信息交换。因此当智能节点工作一个周期后可以对节点进行历史信息分析、过时信息清理等操作，更加方便对节点进行管理。

(1)智能节点微控制单元。

智能节点需要搭载多种不同功能的模块，因此对 MCU 的要求也相应提高。这里选择意法半导体公司的 STM32FC8T6 芯片作为智能节点的 MCU。STM32FC8T6 是一款基于 ARM32 位 Cortex-M 3 架构的高性能芯片，最高可以达到 72MHz 工作频率，在存储器的 0 等待周期访问时可以达到 1.25DMIPS/MHz。其中，芯片采用 2.0～3.6V 电源供电，拥有 64～128K 字节的闪存程序的存储器，高达 20K 字节的静态随机存取存储器(static random-access memory，SRAM)。它还具备 2 个 12 位模数转换器，1μs 转换时间多达 16 个输入通道。多达 9 个通信接口，其中包括 3 个通用同步/异步串行接收/发送器(universal synchronous/asynchronous receiver/transmitter，USART)接口以及控制器局域网络(controller area network，CAN)总线接口和 USB2.0 全速接口。3 个 16 位定时器，1 个 16 位带死区控制和紧急刹车，用于电机控制的脉冲宽度调制(pulse width modulation，PWM)高级控制定时器，2 个看门狗定时器。芯片可以使用内部自带的 RC 振荡器提供时钟信号或使用外部时钟源提供时钟信号。其余片上主要资源还有 80 个快速 I/O 端口，几乎所有端口都可以容忍 5V 信号，增加了片上系统的可拓展性。STM32FC8T6 芯片的引脚示意图如图 7-8 所示。

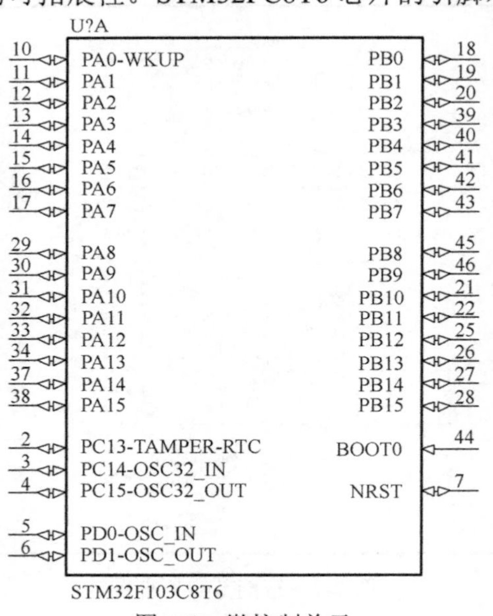

图 7-8　微控制单元

(2) STM 片上资源描述。

USART (universal synchronous/asynchronous receiver/transmitter) 包含并行通信\串行通信\单工\半双工\同步通信\异步通信，是一个全双工通用同步/异步串行收发模块，该接口是一个高度灵活的串行通信设备。STM32F103 系列芯片内置 3 个通用同步/异步收发器和 2 个通用异步收发器。所有 USART 接口的通信速率都可以达到 2.25Mb/s，而且所有接口都支持成组数据传送 (direct memory access，DMA) 操作。

数字/模拟信号转换器 (analog-to-digital converter，ADC) 是指将连续变化的模拟信号转化为离散的数字信号的器件。现实世界采集到的信号如温度、湿度、光照等都是模拟信号，计算机无法直接读取，因此第一步需要将模拟信号转换为计算机可以处理的数字信号进行读取、储存、处理。ADC 转换器就是将模拟信号转换成数字信号的硬件设备。

STM32F103 系列芯片的 ADC 是一种逐次逼近型模/数转换器，具有 12 位分辨率，有多达 18 个通道，可测量 16 个外部信号源以及 2 个内部信号源。其中，16 个多路通道可以分为规则组和不规则组。规则组中转换的总数写入 ADC_AQRx 寄存器的[3:0]位中，不规则组写入 ADC_JSQR 寄存器[1:0]位中。

通用输入/输出接口 (general purpose I/O，GPIO) 定义每个 I/O 端口。其中，端口的每一位根据需求的不同，可以配置成多种模式，如输入上拉、输入下拉、模拟输入等。面对智慧教室中多种不同的需求，STM 芯片拥有强大的 I/O 端口来满足智慧教室的需求。

(3) 时钟电路。

本设计中采用外部晶振实现智能节点的时钟功能，通过设置时钟信号控制器 RCC_CR 中的 HSEBYP 位和 HSEON 位来选择该模式。外部晶振频率范围为 4～16MHz，为了配合芯片内部的时钟频率同时为了比特率更加准确，片上选用 8MHz 的晶振。同时为了振荡器更易起振且同时保持振荡器的稳定，加入两片 20pF 的陶瓷电容。外部时钟电路如 7-9 所示。

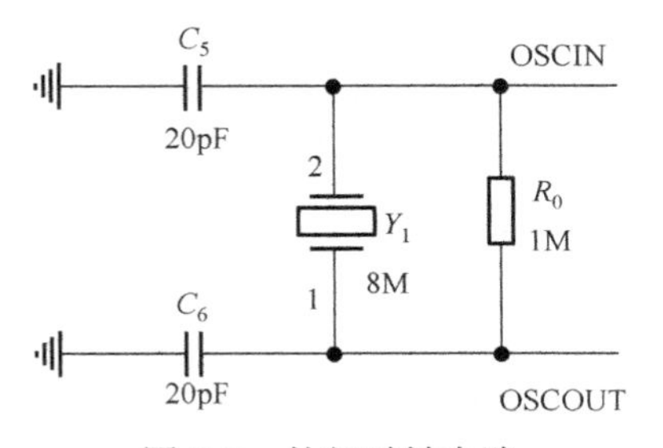

图 7-9　外部时钟电路

从图 7-9 中可以看出，外部时钟电路并联上一个 1M 的电阻 R_0，这样做可以配合内部锁相环(Phase Locked Loop，PLL)电路工作在更加稳定的状态，同时可以降低振荡器的阻抗，使振荡电路更易启动。在时钟频率精度较好的情况下获得更高的工作效率。

(4)复位电路。

STM32F103C8T6 支持 3 种形式的复位，依次为上电复位、备份区域复位以及系统复位。STM32F103C8T6 有一个相对完善的复位系统，当电源供电电压到达 2V 时，系统就可以正常工作，只要电压低于特定的阀值便无需配备外部复位电路，芯片就一直处于复位状态。图 7-10 所示为外部复位电路图。

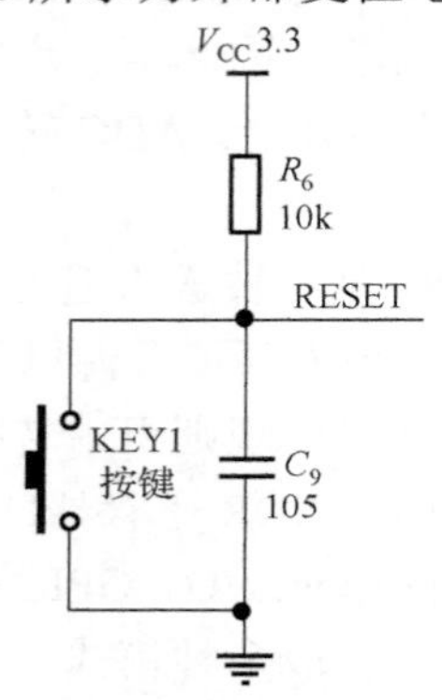

图 7-10　外部复位电路

系统复位可以将除了时钟控制器的控制/状态寄存器(control and status register，CSR)和备用域的寄存器以外的所有寄存器复位。电位复位则只能将除了备份区域寄存器以外的寄存器复位。无论复位源产生在哪里，它最终都将作用于 RESET 引脚，此外，该引脚在复位过程中始终保持着低电平。

3. 传感器模块连接设计

传感器是一种检测装置，能感知到被检测对象的信息，并能将感知到的信息，按一定规律变换成电信号或其他所需形式的信息输出。本节用到的传感器模块皆选用模块化的传感器，每个模块只有单一的监测功能，这样选择的目的是为了最大程度的展现模块化的优点，即根据教室的不同需求可以自己对智能节点的传感器模块进行增减，无需再对电路进行修改，只需在软件层面对 I/O 端口进行编程即可。

(1)温湿度传感器模块。

温湿度传感器模块选用较为常用的 DHT11 温湿度一体传感器板，可以检测周围环境的温度以及湿度。DHT11 模块温度的检测范围是 0～50℃，温度测量误差在±2℃，湿度的检测范围在环境温度 0～50℃为 20%～50%，测量误差为±5%。考虑到室内温度的变化范围，DHT11 温湿度采集板完全可以达到检测要求，因此选用 DHT11 作为智慧教室中温湿度采集模块。

(2) 光照强度模块。

光照传感器部分选用 BH1750FVI 光照传感器模块。该模块是一种用于两线式串行总线接口的数字型光强度传感器集成电路。具有高分辨率，可以探测较大范围的光强度变化，且线性度较高，具有安装简单、使用方便等特点。该模块对光源的依赖性较弱，因此适用于各种复杂的环境中。该模块还具有接近视觉灵敏度的光谱灵敏度特性，完全适用于智慧教室的光照采集要求。

图 7-11 所示为传感器节点工作流程图。集成的传感器节点在内部完成信号转换，即将电信号转换成数字信号，通过 GPIO 引脚与智能节点相连，用于传送教室环境数据。智能节点完成对数据的判断处理，将感知到的数据通过局域网络传送至智能终端，智能终端通过 Internet 将数据传送至物联网云平台以供工作人员检测分析。另一方面，智能节点通过 WiFi 通信控制智能电源插座，用以控制用电终端的开关，以达到控制教室内环境的目的。在此期间传感器节点一直处于开启状态，实时了解教室内环境变换情况，使智慧教室形成一个高度自治的系统。

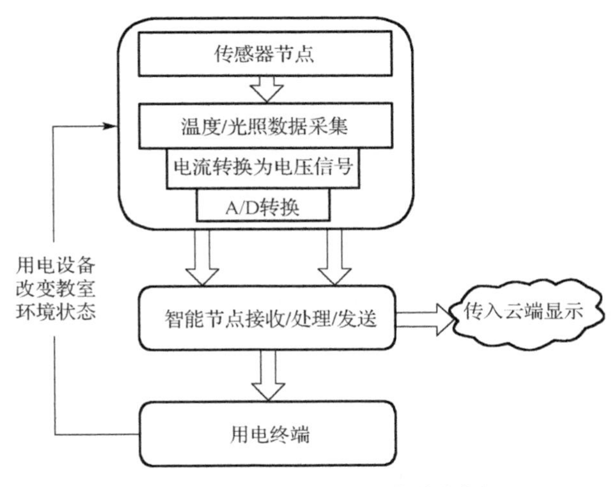

图 7-11　传感器节点工作流程图

4. 智能节点测试与分析

(1) 实验设置。

为了实验测试，选用学校内可容纳 40 人左右的小班教室作为海计算模式智慧教室的实验区域。将传感器节点分别部署到 8m×15m 的教室区域，所用到的环境传感器覆盖范围在 30～90m 之间，设置 8 个传感器节点完全可以覆盖 8m×15m 的教室区域。同时为了展现智能节点性能方面的提升，本节选用了具有代表性的传感网络制造商美国克尔斯博科技公司(Crossbow)制造的无线传感网络产品来搭建智慧教室的无线传感网络。选用 MIB520 USB 基站作为网关，完成传感器节点与上位机的通信工作；选用 XMT310 IRIS 信号接收设备与传感器板相连接组成智慧教室的传感器节点，实时监测教室内的环境变化。

测试环境布置好后，分别将本章设计的智能节点与 Crossbow 传感器节点悬挂于相同的位置，同时覆盖整间教室，当所有节点布置好后相对位置固定不变，其网络拓扑结构如图 7-12 所示。两组传感器节点的环境参数设置如表 7-1、表 7-2 所示。

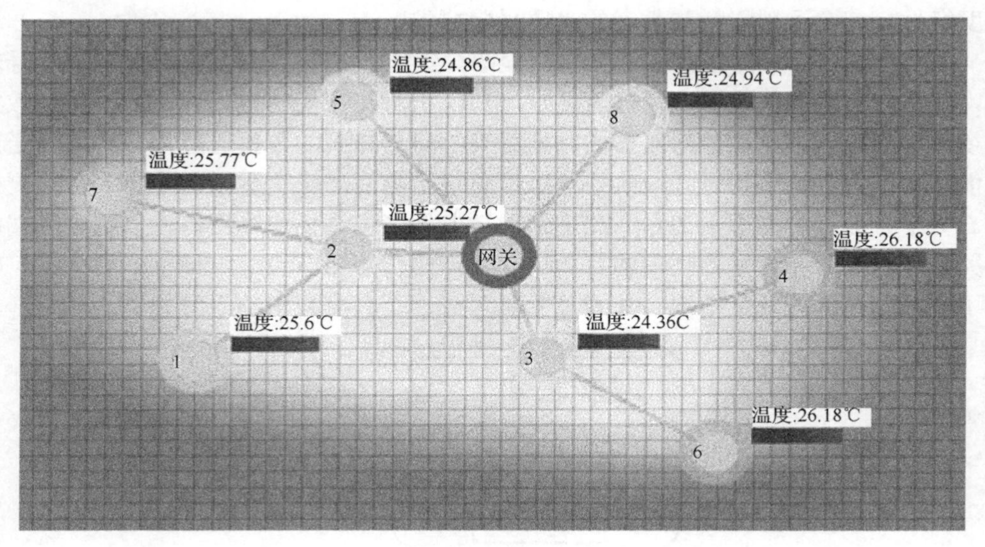

图 7-12　网络拓扑图

表 7-1　对比节点实验参数

对比节点参数	参数值
实验时间	14 小时
节点数	8 个
单个节点初始能量	10J
收发频率	315MHz～916MHz
单个节点覆盖面积	$50m^2$
实验区域	8m×15m

表 7-2　智能节点实验参数

智能节点参数	参数值
实验时间	14 小时
节点数	8 个
单个节点初始能量	20J\10J
收发频率	2.24GHz～2.83GHz
单个节点覆盖面积	50～$300m^2$
实验区域	8m×15m

(2) 智能节点能耗测试。

作为智慧教室功能一部分的物理环境检测，应以最小的代价获取到准确实时的数据参数。图 7-13 所示为加入海计算模式的智慧教室耗电量与未加入海计算模式的智慧教室在相同区域内工作相同时间的耗电量对比图。

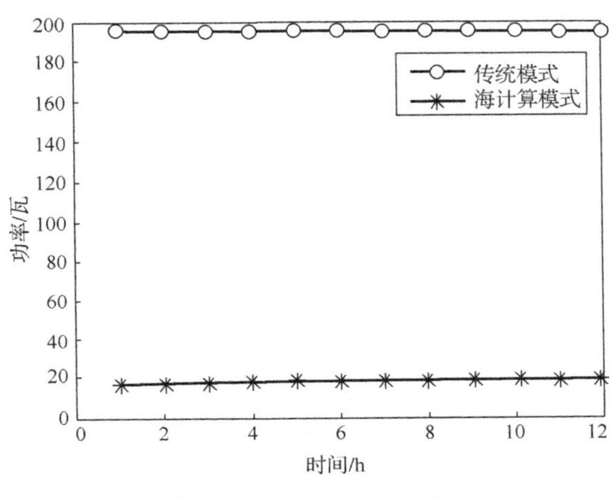

图 7-13　耗电量对比图

实验对比发现，加入海计算模式的智慧教室功耗较低，而未使用海计算模式的智慧教室能量消耗较大。这是由于智能节点无需将实时的数据传回到智能终端，从而减少了传输数据以及终端机对数据处理时的能耗开销。同时实验结果表明，随着时间的推移，本章所提的智慧教室的能耗始终保持在较低的水平，相对稳定性较好。

(3) 智能节点网络丢包率分析。

由于丢包率的多少是衡量无线传感网络好坏的重要指标之一，所以本节将提出的海计算模式下的智慧教室与未加入海计算模式的智慧教室进行网络传输丢包率的对比。通过对节点接收到的数据包数量和控制终端接收到的数据包数量进行分析，可以得到数据包在传输过程中的丢包率，如图 7-14 所示。使用了海计算模式的智慧教室丢包率与未使用海计算模式的智慧教室对比，丢包率降低了 70%左右。在需要传输的数据总量相同的情况下，本章所提到的智能节点能传送更多有效的数据，且保证更长时间内数据传输的效率，因而有效提高了数据传送的实时性与准确性。

(4) 智能节点检测环境稳定性分析。

良好的教室物理环境能有效促进教学活动的进行，直接影响教师和学生的身心活动。结合物联网技术的特点，可以对教室环境变化情况进行实时综合检测。实验选择其对教学活动影响较大的两方面因素，即教室温度与光照情况作为实验监测对

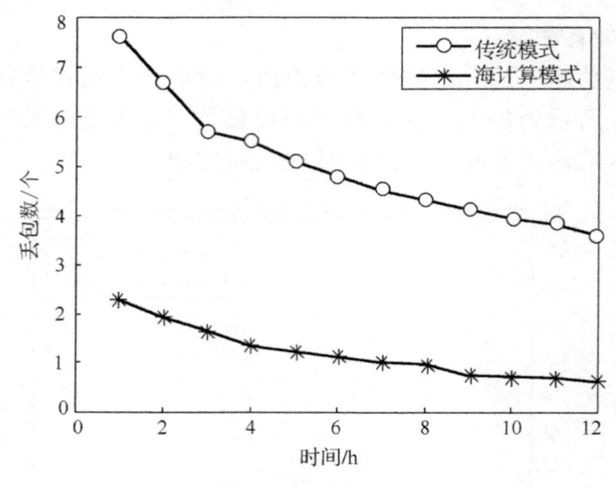

图 7-14　网络性能对比图

象，分别用两组不同的传感器监测所选教室内温度与光照变化情况来检验智能节点的稳定性。图 7-15 所示为智慧教室内光照变化情况，图 7-16 所示为室内温度变化情况。

根据图 7-15 与图 7-16 所示，不同传感器在相同教室区域、相同部署位置以及相同工作时间内，由于自身能量消耗以及设备产热问题的存在，所监测的数据在误差允许范围内无明显差异。两组传感器在教室环境相同的情况下，海计算模式下的智慧教室因为摒弃了对智能终端的依赖，在耗电量和丢包率等方面的性能与未加入海计算模式的智慧教室相比有了明显的提高。

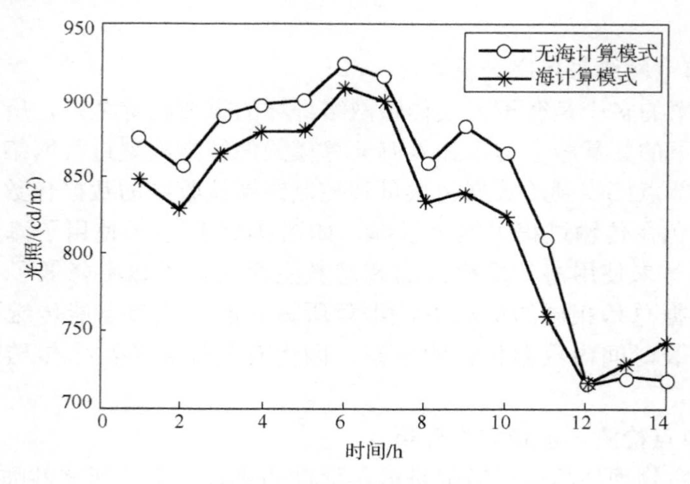

图 7-15　教室光照对比图

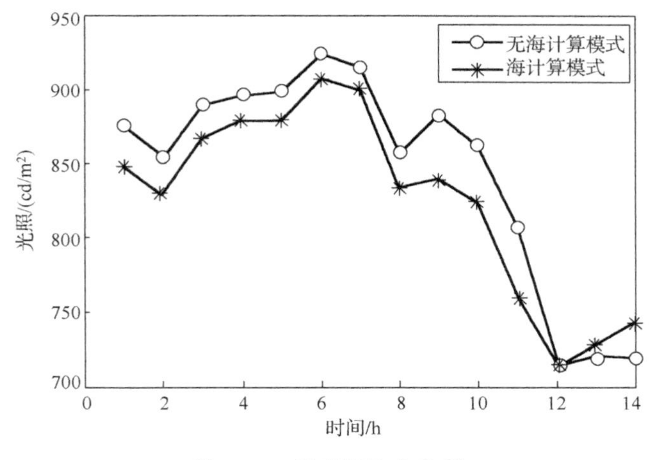

图 7-16　温度读取实验图

7.2.5　云海结合的智慧教室系统设计

1. 云海结合的智慧教室体系架构

将智慧教室与云平台相融合，借助云平台强大的后台处理能力，管理人员可以随时随地的对教学楼内的教室进行监测；管理人员还可以通过各种终端设备进入管理界面对教室进行远程监测，无需通过特定的网络才能进入系统。

智慧教室的技术基础是物联网技术，而物联网技术是一种物理结构的网络，具有底层感知周围信息的时空性与实时性，能够实现物理世界与信息世界的相互连接。物联网技术可以将后端的数据存储与管理交由云计算进行，而将物联网技术中的数据感知以及处理交由海计算技术进行，实现云海结合的智慧教室系统。根据物联网技术的特点，智能前端通过实时监测周围环境的信息及时做出感知与反馈并对感知到的数据进行记录，然后上传至中央控制器进行数据保存。云计算更加注重后端的建设，为用户提供进行数据存储与信息处理的应用平台。将海计算与云计算相结合能够提高物联网技术对数据信息的综合处理能力。

以智慧教室为实验背景，将海计算与云计算相结合，构建一个云海结合的智慧教室教学系统，以期给高校师生带来新的智慧教室用户体验，图 7-17 所示为云海结合后的智慧教室框架图。

图 7-17 所示为智慧教室的云海结合平台。根据海计算的特点，智能节点之间相互连接进行信息的传递与交换，最终将信息数据发送回中央控制节点进行存储。中央控制节点选用时下较为流行的树莓派微型计算机。树莓派微型计算机拥有强大的处理能力且内置 WiFi 模块，完全胜任智慧教室的智能终端节点。智能节点将感知到的教室环境数据传送给中央控制节点，中央控制节点通过 WiFi 接入互联网，将

记录的数据通过互联网上传至物联网云平台。用户可以通过云平台对上传的数据进行分析处理，同时中央控制节点也作为辅助节点参加智慧教室智能节点的管理。当底层设备不能正常工作时，用户可以通过物联网云平台对中央节点发出控制命令，直接作用于智慧教室的智能终端设备，实现智慧教室的远程控制。

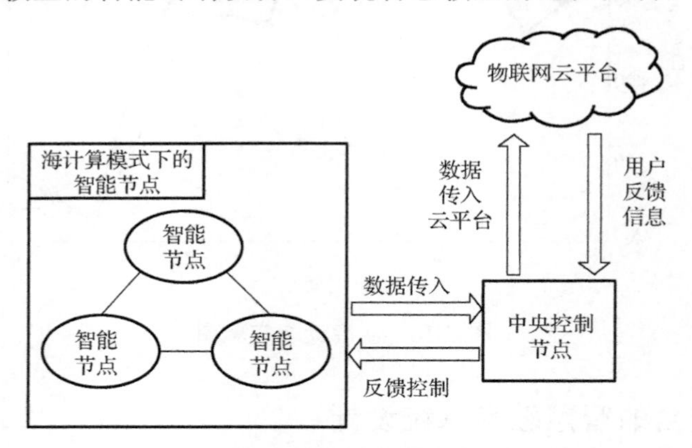

图 7-17　云海模式下智慧教室结构图

2. 云海结合的智慧教室系统功能展示

(1)基于云平台的智慧教室环境数据实时获取与显示。

图 7-18 所示为登录平台后查看到的智慧教室温度实时数据，图 7-19 所示为智慧教室内实测湿度显示图。

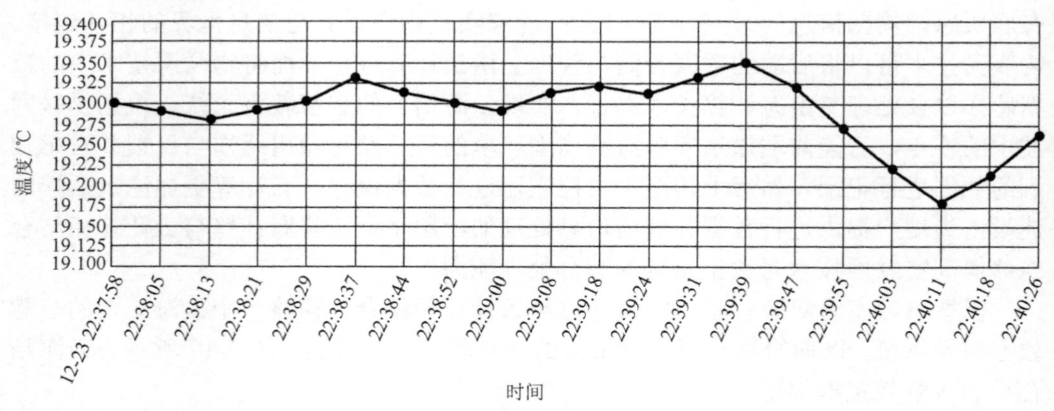

图 7-18　云平台检测温度数据

(2)虚拟开关。

当智能节点处于不能工作的状态时，由智能终端节点(辅助节点)代替智能节点完成教室内的控制工作。本节以教室内灯光控制为例对远程控制进行了实验验证说明。

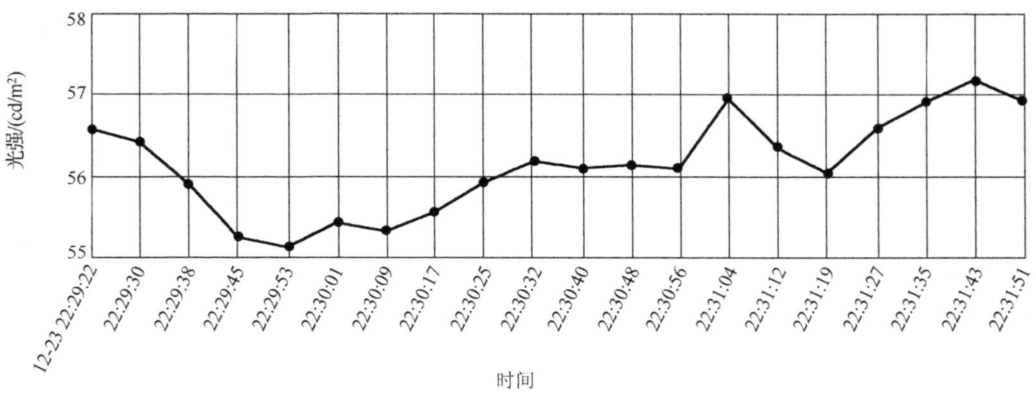

图 7-19　云平台检测湿度数据

通过对虚拟的开关进行动作指令，可远程控制教室内的灯光开关。

图 7-20 所示为手机移动端对智慧教室中灯光实施控制的远程控制开关。管理人员除了可以登录云平台外，还可以通过移动端来对灯光进行控制。只要节点位于设计的局域网内，就可以通过移动端对教室内的光源进行控制。

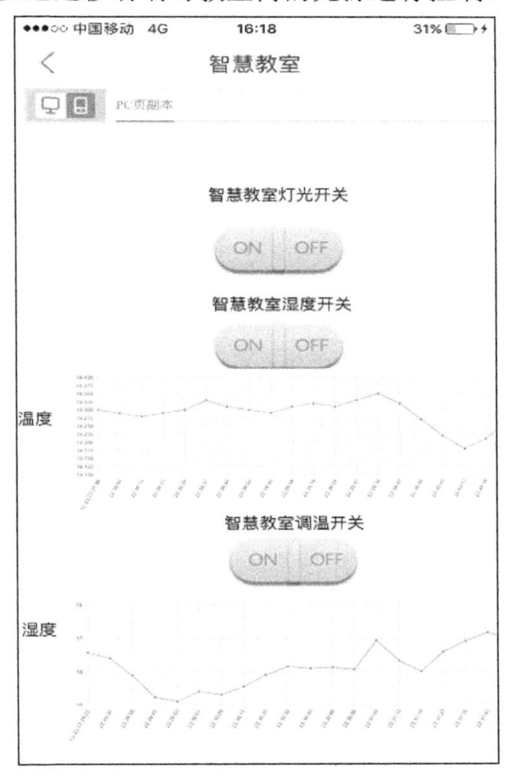

图 7-20　移动端远程开关

7.3 智慧校园概述

物联网与教育结合的一个典型应用便是智慧校园和智慧教室。将物联网技术引入到校园环境中，可以使校园中的每个实体互联互通，能够即时获取、自动识别师生的身份信息和进行考勤管理，对教学环境和安全保障系统进行监测；基于物联网的设备通过连接网络，进行智能化控制，可以实现对教学环境和安全系统进行智慧化管理，也便于开拓更广泛的学习空间，能够根据学生的兴趣爱好，提供更为人性化、科学化的教学资源。

7.3.1 智慧校园概念

智慧校园是指以物联网为基础，以各种应用服务系统为载体而构建的集教学、科研、管理及校园生活为一体的智能化和智慧化教学、学习和生活环境[5]。主要利用物联网、云计算及虚拟化等新技术来改变学校师生、工作人员和校园资源相互交互的方式，将学校的教学、科研、管理与校园资源和应用系统进行整合，以提高应用交互的明确性、灵活性和响应速度，从而实现智慧化服务和管理的校园模式。

智慧校园的建设要以服务教师、服务学生、服务教学和科研工作为方向，以优化高校教学应用、提高师生服务为核心，以资源整合、信息共享为主线，以打造标准、高效、统一、智能的管理服务平台和信息服务平台为重点，在前期数字高校的建设与发展的基础上，以物联网和云计算平台为依托，综合全面地进一步提高校园信息化应用与服务水平。

7.3.2 基于物联网的智慧校园参考体系架构

智慧校园的基本构架主要由校园网及其后台系统、应用层智能处理端、传感器网络和用户控制端等几部分组成[6]，如图 7-21 所示。

物联网的信息管理中心主要依托已有的校园网，包括各种服务器和数据库。传感器网络终端数据通过密钥认证，由读卡器识别，经过无线通信链路和物联网的网关传输到实验室信息化管理中心。用户控制端可以通过便携电脑、手机等终端设备获取需要的信息。智能处理端可以在第一时间内对从传感器网络得到的数据进行分析诊断，并智能的发送相应的操作命令去控制应用终端设备。

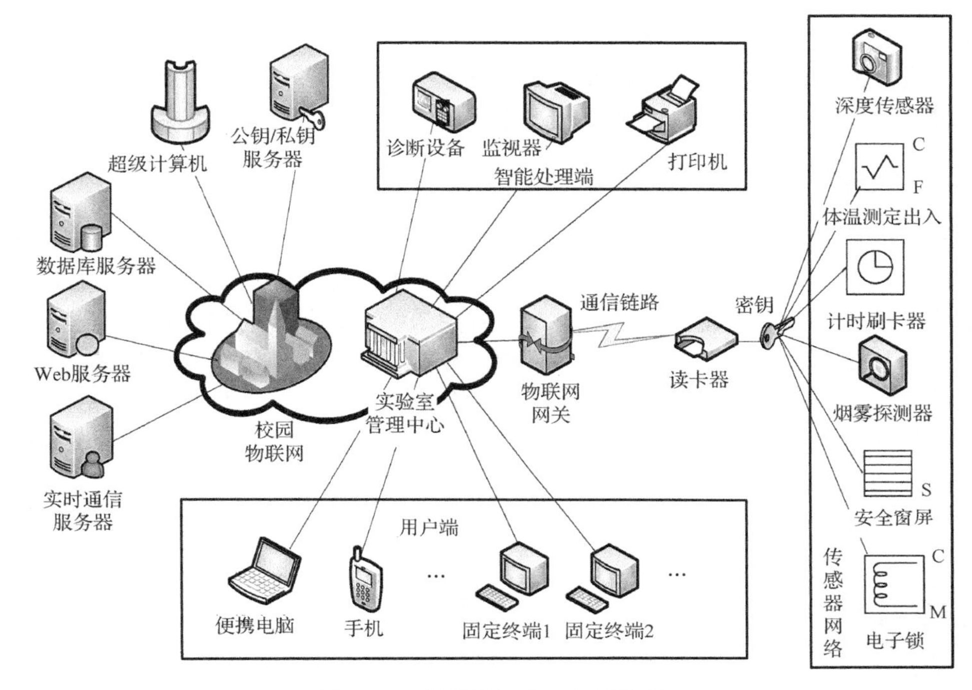

图 7-21　智慧校园参考体系构架

7.4　基于 6LoWPAN 的 IPv6 智慧校园物联网系统

7.4.1　基于 IPv6 和物联网的智慧校园建设需求

随着我国教育体制改革的不断深入，各高校校园 IPv4 网逐渐出现了宽带瓶颈、安全管理和多业务需求等问题，原有的校园网组网方案已经不能满足当前校园网用户需求。同时，随着我国下一代互联网示范工程(China's Next Generation Internet，CNGI)核心网 CERNET2 的建成，它成为目前世界上规模最大的纯 IPv6 互联网主干网，已经为全国 200 余所高校和科研单位提供 IPv6 接入服务，IPv6 技术及相关的设备都已趋于成熟，因此，基于 IPv6 协议的下一代互联网及 IPv6 校园网建设已迫在眉睫，研究和设计基于 IPv6 的智慧校园网络具有十分重要的意义。

IPv6 智慧校园网络建设中面临着诸多挑战。首先，物联网作为 IPv6 智慧校园网络中的主要技术，缺乏统一的 IPv6 通信标准，现有的 TCP/IP 协议栈不能满足这一需求，需要一种新型的协议栈来解决物体之间、物体与人之间的互联问题。其次，物联网底层使用的是 IEEE802.15.4 协议，而 IEEE802.15.4 的物理层可负载使用的报文长度非常有限，想要 IPv6 运行在 IEEE802.15.4 上需要提高负载的传输效率，把报头进行压缩。最后，物联网底层网络一般会受到能量的限制，而传统的地址自动配置方案(如 DHCP)会给整个物联网络带来较高的能量和带宽消耗、通信延迟，以及存储空间的占用，所以，需要研究适用于物联网的新的地址自动配置方案。

7.4.2 智慧校园物联网系统设计

本节以云南师范大学校园为例完成智慧校园物联网系统设计。云南师范大学校园内的基础设施包含办公楼、教学楼、实验楼、体育馆、宿舍、图书馆、校医院、地下停车场，以及网络管理中心等。每一栋建筑物内都架设有局域网，这些局域网再由汇聚层交换机接入到校园核心网络中。校园核心网由多组交换机组成，负责连接服务器群、网管中心、互联网及校园内的各局域网。服务器群的作用是为整个校园网提供信息的存储与调用，而网管中心除对整个网络的信息传递、IP 地址分配、用户权限和服务器调用等功能进行集中管理外，还负责规划校园网的安全策略，以保证整个校园内的网络正常运行，如图 7-22 所示。

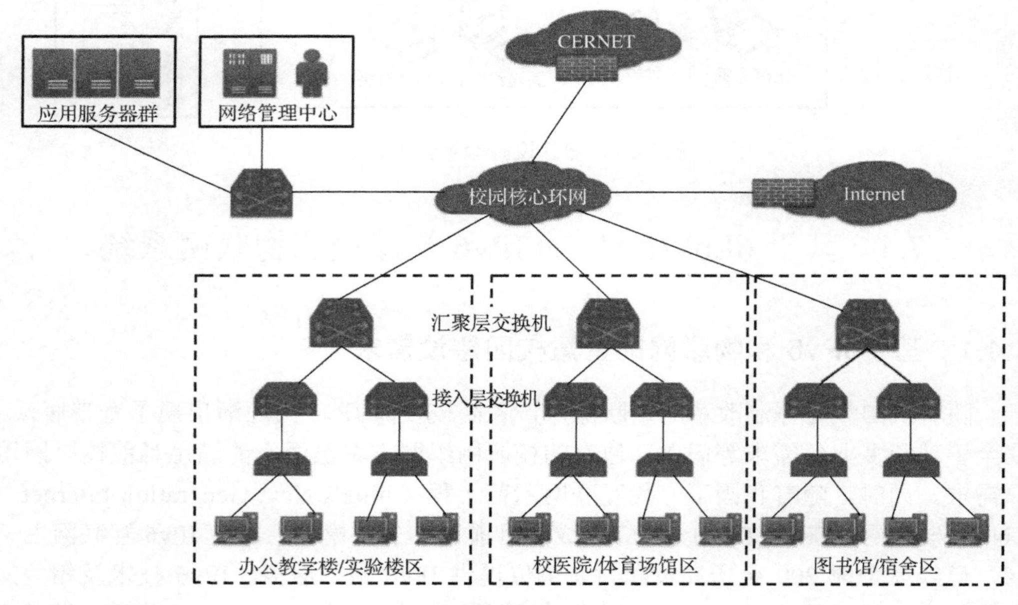

图 7-22 现有校园网架构

结合现有校园物联网建设的使用环境，提出基于 6LoWPAN 技术的智慧校园物联网系统总体构架，6LoWPAN 智慧校园物联网系统总体构架分为六层，即自上而下分为综合服务层、业务应用层、支撑平台层、硬件支持层、网络融合层和智能感知层。总体架构如图 7-23 所示。

(1) 智能感知层。通过 6LoWPAN 传感器节点、视频监控、RFID 标签、智能手持设备等设备和技术对校园环境进行智能感知，并将感知到的数据通过融合的 6LoWPAN 网络传播给终端用户，达到智能化管理校园的目标。

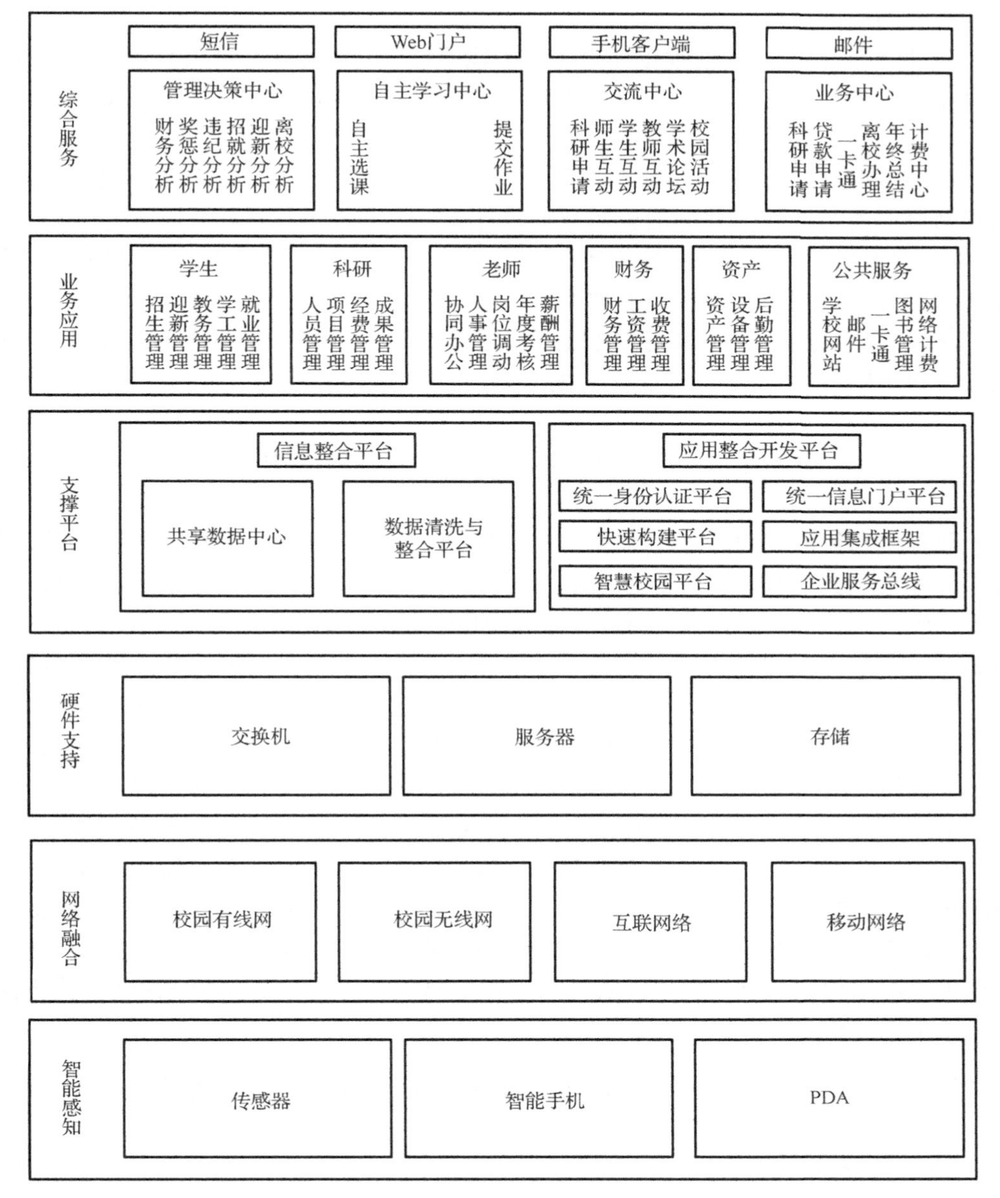

图 7-23　基于 6LoWPAN 技术的智慧校园物联网系统总体构架

(2) 网络融合层。通过对学院现有的无线网、有线网、WLAN、移动网络和 6LoWPAN 网络等进行融合，完成多种异构网络间的无缝连接。无缝连接的异构网络结构能实现人与人、人与物、物与物的信息交流，然后进行智能化的管理与控制，使智慧校园的使用环境更加稳定健康，从而实现基于 6LoWPAN 的智能感知网络与智慧校园网络的统一认证。

(3)硬件支持层。通过虚拟化技术，实现云计算与云存储，将校园网内大量计算和存储资源统一管理、协同工作，为各类信息化应用提供公共的运行环境，提供智能的、统一的、高效的按需服务。

(4)支撑平台层。支撑平台在智慧校园网络软件平台前提下，对各类校园感知信息和网络中的其他综合业务的应用数据进行智能化的管理。

(5)业务应用层。根据学校的实际应用情况，设置规划了面向学生、教师、科研、资产、财务等在内的多种应用管理系统。

(6)综合服务层。综合服务是智慧校园的最终表现形式，在架构下面五层的基础上，构建了短信、WEB 门户、手机客户端等综合服务平台。

7.5　智慧校园精细化信息动态推送

教育信息化的建设随着信息技术的发展有了显著成果，智慧校园作为一种全新的教育环境，在建设教育信息化中承担着重要角色。然而，越来越多的技术融入智慧校园中，使校园逐渐成为一个信息繁杂的区域，不仅造成了信息浪费，还会由于信息过量而影响在校师生的日常生活和学习；与此同时，信息冗余也不利于教育信息化的建设。这使得智慧校园的发展步入了校园信息化发展过快和校园信息冗余的两难之地。因此，如何有效利用校园信息，使校园信息能够在其有效时期内充分发挥有效价值，进一步提升信息利用率，同时可以满足教育信息化的建设，满足智慧校园的发展，满足在校师生的日常需求，是智慧校园中有待解决的迫切难题。

作者所在研究团队就此问题开展了相关研究，研究如何在智慧校园环境下实现精细化定位，尤其是室内的精细化定位，当前的室内定位精度尚不能完全满足要求。因此首先提出一种基于 *K*-means 聚类的 WLAN 室内三维定位方法，并提出一种基于权重矩阵的协同过滤算法，以实现精细化信息推送，最后以 APP 系统呈现校园精细化及个性化信息推送。

7.5.1　基于 *K*-means 聚类的 WLAN 室内三维定位算法(*K*-ER)

1. 指纹数据库的建立与预处理

指纹数据库是定位算法的基础，它囊括了在离线阶段建立的所有参考点位置上所有无线接入点(access point，AP)的信号强度数据信息。指纹数据库的数据越丰富，采集的参考点越多，则定位精度相对越精确[7]。参考点的位置可按照定位精度的要求和具体环境来设定[8]。*K*-means 聚类算法可以有效利用欧氏距离进行聚类处理，在用 *K*-means 聚类算法对指纹数据库中的数据进行处理时，需要注意的是聚类目标是参考点，聚类处理的数据是在各个参考点处接收到的各个 AP 的接收信号强度指示(received signal strength indication，RSSI)值，具体过程如下。

(1) 在 J 个参考点中选取 k 个参考点作为聚类中心，代表不同的楼层，记为 $C=(CP_1,CP_2,\cdots,CP_k)$。

(2) 在剩下的 J-k 个参考点中，分别计算每个参考点到某个聚类中心的欧氏距离，并将欧氏距离较小的 x 个参考点聚类在该聚类中心附近形成一个聚类。

(3) 重复(2)，形成 k 个聚类，使每个类中都有各自的聚类中心和成员。

(4) 利用公式 $CP_i^*=\dfrac{1}{x}\sum_{p=1}^{x}RSS_{ip}$ 计算新的聚类中心，得到 $C^*=(CP_1^*,CP_2^*,\cdots,CP_k^*)$。其中，$i$ 表示第 i 个聚类，　$i=1,2\cdots k$，x 表示第 i 个聚类中成员的个数，RSS_{ip} 表示第 i 个聚类中第 p 个成员的 RSSI 值。

(5) 若 $C=C^*$，则表示聚类趋于稳定，否则令 $C=C^*$，返回(2)。

由于 AP 信号在经过楼层时会有明显的信号衰减，因此同一个 AP 信号在不同楼层会呈现出明显的差异，但是仍然存在信号值，利用相同楼层的 AP 信号值较大，相邻楼层 AP 信号逐渐降低的原理，根据当下位置接收到的所有 RSSI 值，在聚类的同时实现楼层定位，同时利用聚类的输出结果实现平面定位。

2. 相似度计算

在一些传统的经典算法中，如 *K* 近邻法、加权 *K* 近邻法都是以欧氏距离为标准来计算待测点和参考点之间的相似度。欧氏距离的计算公式为

$$K(x,i)=\sqrt{\sum_{j=1}^{j}(RSS_{sj}-RSS_{ij})^2} \tag{7-1}$$

其中，$i=1,2,\cdots,I$，表示有 I 个参考点，$j=1,2,\cdots,J$，表示有 J 个 AP，RSS_{sj} 表示待测位置上第 j 个 AP 的 RSSI 值，RSS_{ij} 表示指纹库中第 i 个参考点的第 j 个 AP 的 RSSI 值。

指纹定位算法的计算对象虽然是在两点之间，但是其实际计算数据却是这两个点处收集到的数据集合，所以从某一个方面来说为了分析这两个点之间的相关程度，可以从分析代表这两个点的两个数据集合入手。Pearson 相关系数是用来衡量两个数据集合之间相关程度的系数，此外，相关系数是一个无量纲的量，用它来描述两点之间的相关关系，不受单位影响[9]。因此，将相关系数引入到 *K*-ER 算法中来衡量待测点和参考点之间的相关关系，将相关关系应用在指纹算法中，相关系数的计算公式为

$$R(x,i)=\sum_{i=1}^{I}\frac{\sum_{j=1}^{J}RSS_{ij}RSS_{xj}-\frac{\sum_{j=1}^{J}RSS_{ij}\sum_{j=1}^{J}RSS_{xj}}{J}}{\sqrt{\left(\sum_{j=1}^{J}RSS_{ij}{}^{2}-\frac{\left(\sum_{j=1}^{J}RSS_{ij}\right)^{2}}{J}\right)\left(\sum_{j=1}^{J}RSS_{xj}{}^{2}-\frac{\left(\sum_{j=1}^{J}RSS_{xj}\right)^{2}}{J}\right)}} \tag{7-2}$$

其中，I 表示在实验区内有 I 个参考点，J 表示在实验区内有 J 个可用 AP，RSS_{ij} 表示第 i 个参考点处收集的第 j 个 AP 的 RSSI 值，RSS_{xj} 表示待测位置处收集到的第 j 个 AP 的 RSSI 值，$R(x,i)$ 表示待测点和第 i 个参考点的相关系数，相关系数越大则表明两点之间的相关关系越大，反之则表明相关关系越小。

结合式(7-1)和式(7-2)，保留传统加权 K 近邻法中的相似度计算方法，综合得到的最终相似度如式(7-3)所示：

$$zm(x,i)=\partial\times R(x,i)+(1-\partial)\times K(x,i)\qquad i=1,2,3,\cdots,k \tag{7-3}$$

$R(x,i)$ 和 $K(x,i)$ 分别代表了两种不同算法下待测点相对于同一个参考点的相似度值，为了平衡两种算法，引入 ∂ 作为调节参数，其最优取值需要通过具体实验结果分析得到。

$zm(x,i)$ 所表示的是相似度的综合结果，可将不同位置信息的具体 RSSI 值和欧氏距离都体现出来。为了将此时每个位置上的综合相似度值大小映射到对应的位置信息上，需要将 $zm(x,i)$ 融入权重的计算公式中，如式(7-4)所示：

$$w(x,i)=\frac{zm(x,i)}{\sum_{i=1}^{k}zm(x,i)}\qquad i=1,2,3,\cdots,k \tag{7-4}$$

$w(x,i)$ 表示参考点 i 对估算待测点位置所做的贡献，而这样的参考点有 k 个，因此存在 k 个 $w(x,i)$，最终的预测点坐标为

$$(x,y)=\sum_{i=1}^{k}w(x,i)\times(x_i,y_i) \tag{7-5}$$

(x,y) 表示最终预测出的待测点的位置坐标。

3. *K*-ER 算法流程

本算法利用欧氏距离和 RSSI 相关系数相结合，根据聚类结果来计算待测点在指纹库中 K 个最相似的点。其基本思想是：首先通过 K-means 聚类算法对指纹数据库进行预处理，使相近的点形成聚类，相关程度不大的点彼此远离，以此将各个楼层标注出来；其次将待测点与聚类中心做运算，以此来找到与待测点相关程度最大

的类并作为目标类，完成楼层定位；然后计算该类中成员与待测点的相关程度大小，并根据相关程度大小对不同成员加以不同权重；最后根据该类成员的坐标位置估算出待测点的位置坐标，完成平面定位。具体算法流程如图 7-24 所示，算法描述如下。

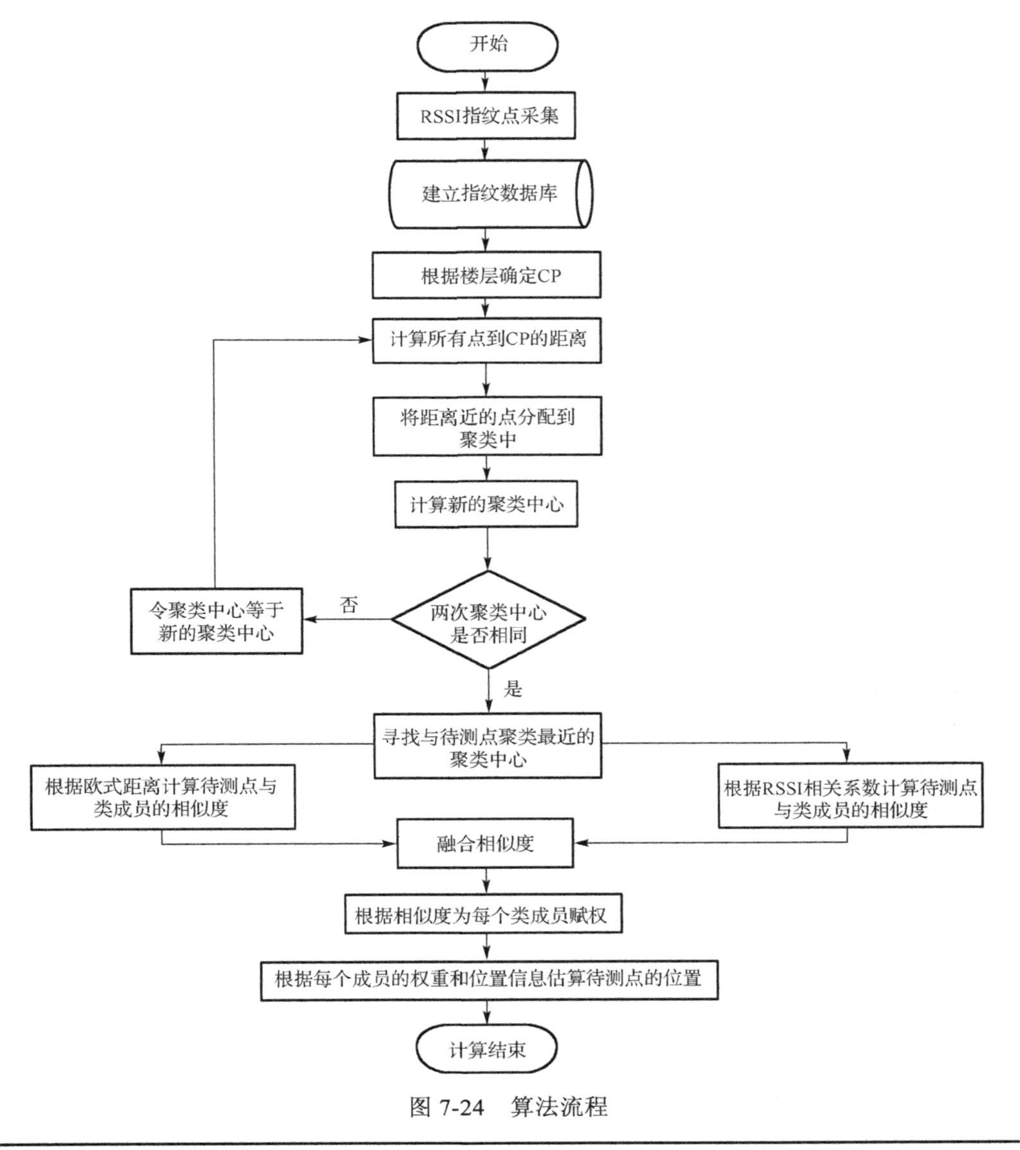

图 7-24　算法流程

算法 7.1　*K*-ER 算法

输入：聚类中心集合 CP，原始 RSSI 指纹数据库 S，待测点 RSSI 值 a

输出：position of a　　　/输出待测点的位置

```
1. Input  cp_1,cp_2,…,cp_i        /根据楼层确定聚类中心
2. For each  cp  in  CP           /以聚类中心集合中每个聚类中心进行聚类
3. For each  s in  S              /计算每一个参考点和聚类中心的欧氏距离进行聚类
4. Calculate Euclidean distance  d[i]
5. End for
6. If  cp!=mean(d[])              /如果聚类中心不等于成员平均值
7. cp=mean(d[])                   /令成员平均值为新的聚类中重新聚类
8. do 重新聚类
9. until  cp==mean(d[])
10. cluster( j′ )                 /完成聚类
11. End for
12. Update  J′                    /更新聚类中心集合
13. For each  j′  in  J′
14. Calculate sim with  a,s[i]      /计算待测点和每个聚类中心的相似度
15. End for
16. Select the maximum  s  in  s[];
                        /筛选出于待测点相似度最大的聚类中心，完成三维定位
17. For each member in  j′
18. Calculate sim with  a  by K-ER, z[i]     /根据 K-ER 算法计算待测点和相似度
最大的聚类中心所在类的类成员之间的相似度
19. End for
20. Wight each member in  j′  by z[i];      /根据每个待测点和每个成员之间的相
似度对每个成员加权
21. Output position of  a       /输出待测点的位置
```

4. 算法测试及结果分析

1) 实验设置

选取云南师范大学民族教育信息化教育部重点实验室同析楼一号楼进行实验验证，实验区域包括同析楼一号楼的二楼、三楼和四楼的楼道走廊，首先对实验区进行网格化处理，以地面瓷砖为标准，每块瓷砖占地面积 $0.6\text{m}\times0.6\text{m}$，以每个参考点映射周围三块瓷砖为标准进行实验，在每个楼道走廊内取 3 个 AP，三层楼共计 9 个 AP，每个楼道走廊取 5 个已知参考点，三层楼共计 15 个已知参考点，每层楼实验用地面积 $0.6\times0.6\times21\times5$ 平方米，实验区域及参考点和 AP 布置如图 7-25 所示。

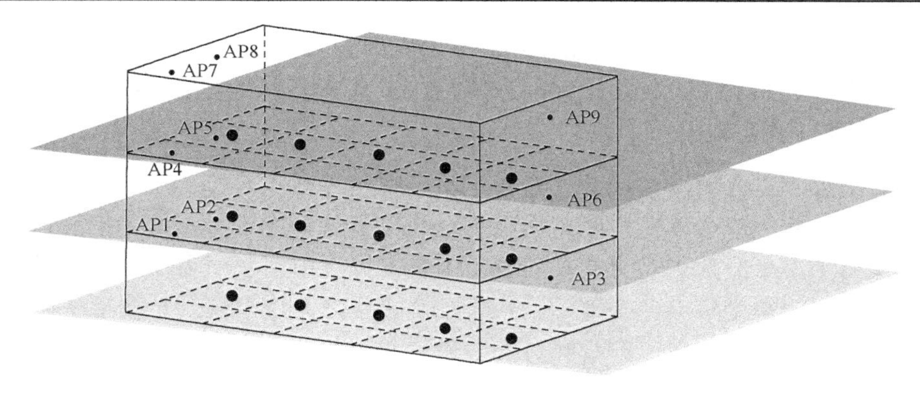

图 7-25　实验区参考点及 AP 布设

实验区内用到的 AP 相关信息如表 7-3 所示。

表 7-3　AP 信息表

编号	SSID	MAC 地址
1	CMCCEDU	06:27:1d:10:35:73
2	CMCCWEB	00:27:1d:10:35:73
3	ChinaNet	cc:53:b5:f6:d8:20
4	CMCCEDU	06:27:1d:06:44:eb
5	CMCCWEB	00:27:1d:06:44:eb
6	ChinaNet	cc:53:b5:f6:d8:40
7	CMCCEDU	06:27:1d:10:35:48
8	CMCCWEB	00:27:1d:10:35:48
9	ChinaNet	cc:53:b5:f6:d8:60

2) AP 信号稳定性测试

指纹数据库的建立是实现定位的基础，在采样时，由于 RSSI 值是随时变化的，同一位置的同一 AP 信号值在不同时间都是不同的，因此需要先测 AP 信号的稳定性。随机选择某一个 AP 在某一个位置的信号强度做测试，每隔 10s 扫描一次信号强度，这里选择 AP3 进行测试，如图 7-26 所示。

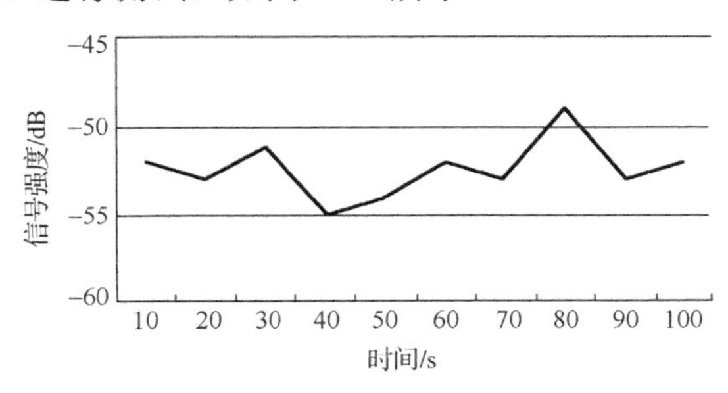

图 7-26　AP3 信号变化

如图 7-26 所示，信号的变化在−55～−47 之间，信号虽然存在波动，但是其波动幅度并不大，相对来说较为稳定，因此可以多次采集数据，用平均值来降低波动带来的影响。

3) 基于 *K*-means 的指纹数据库建立

K-means 聚类算法以欧氏距离实现了空间聚类，完成了对大数据集的处理，但是 k 值即聚类中心个数的确定却是随机的。在本算法中，由于需要通过聚类完成楼层定位，需要使每个聚类中心都可以代表一个楼层，允许出现一个楼层映射多个聚类中心，但不可以一个聚类中心映射多个楼层，因此 k 的确定方法如下：

设 F_N 表示楼层数，则 $k \geqslant F_N$。

根据杨善林等[10]得出的结论，k 满足 $k \leqslant \sqrt{\mathrm{AP}_N}$，其中，$\mathrm{AP}_N$ 表示 AP 的个数。因此，本节中的 k 的取值范围为 $3 \leqslant k \leqslant \sqrt{15}$。

完成聚类后的参考点如图 7-27 所示，相同形状表示属于同一个类的成员。

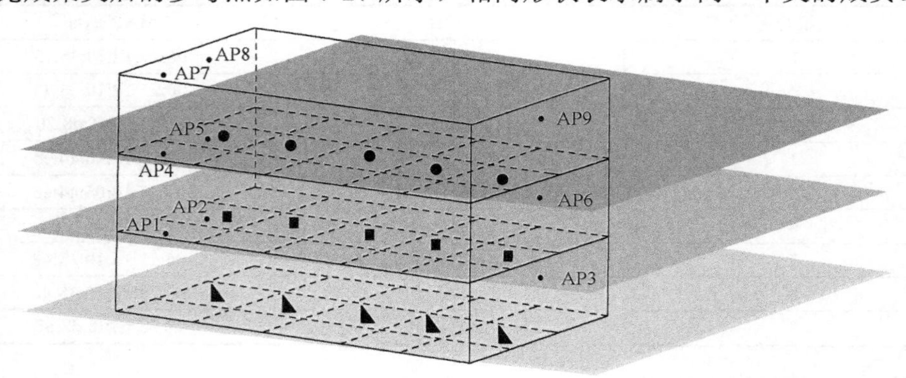

图 7-27 聚类后的参考点

如图 7-27 所示，在每个收敛的类中，每个聚类中心映射了一个楼层，但是存在一种现象，即有可能在某个类里面并不是所有成员都是属于同一个楼层，如图 7-28 所示，这是因为某些参考点的位置处所接收到的相邻楼层的 AP 信号较强，而同一楼层的 AP 信号较弱，*K*-means 算法将相似度近的参考点完成了聚类，但是绝大多数的成员都是和聚类中心在同一个楼层，如果待测点能够和这个聚类中心相匹配则表明在该楼层。

4) ∂ 调节参数的最优取值

∂ 是用来调节本算法中的欧氏距离和 RSSI 相关系数的调节参数，∂ 作为可调节参数，其取值范围在[0,1]之间，以 10 个待测点为例，每次增加 0.2 来改变 ∂ 值，以定位准确率来选取出 ∂ 的最优取值。实验结果如图 7-29 所示。

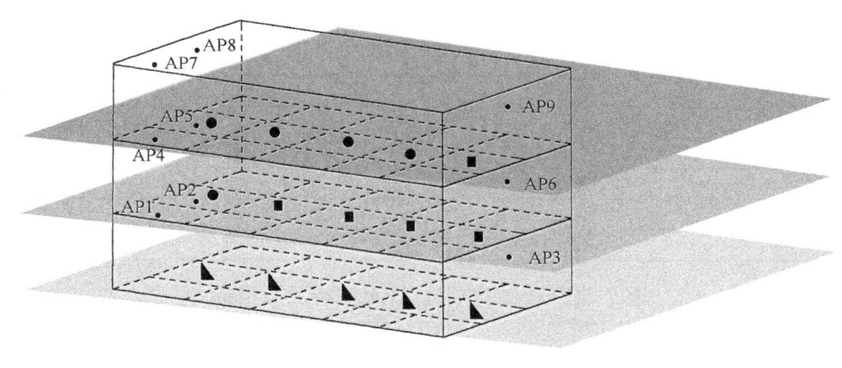

图 7-28　不在同一楼层的聚类结果

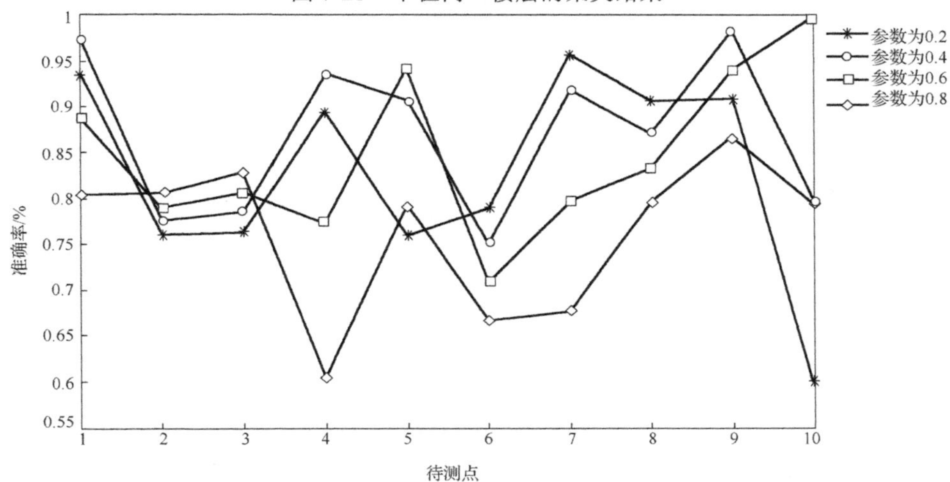

图 7-29　随 ∂ 变化的准确率值

由图 7-29 可以看出，该算法的准确率普遍在 0.6 以上。当 ∂ 取 0.2、0.6 和 0.8 时，准确率波动较大，且相对其他取值准确率较低；当 ∂ 取 0.4 时，算法准确率普遍较高，持续保持在 0.78～0.95 之间，波动较小。因此本算法中以 0.4 作为调节欧氏距离和 RSSI 相关系数的参数值。

5) 算法性能测试

在实验区域收集 10 个待测点的信号强度值，分别以传统的加权 K 近邻(weighted K nearest neighbor，WKNN)算法、RSSI 相关系数和我们提出的 K-ER 算法进行定位计算，将实验结果进行对比分析。在多次实验中发现，由于传统算法未将指纹数据库聚类收敛，需要多次将权重结果进行迭代，因而会出现权重值为小数点后超过五位以上的情况。当出现这种情况时计算机会保留为小数点后四位，使计算结果出现误差，因此在设置待测点实际坐标时，将 Y 坐标全部设置为相同的数值来测试权重值是否为 1，待测点坐标如表 7-4 所示，三种定位方法计算出的待测点坐标如表 7-5 所示。

表 7-4 待测点实际坐标表

点号	坐标	点号	坐标
1	(10.3,0.9,3)	6	(10.8,0.9,4)
2	(10.4,0.9,2)	7	(10.3,0.9,4)
3	(11.6,0.9,2)	8	(11.3,0.9,4)
4	(10.8,0.9,2)	9	(9.3,0.9,3)
5	(9.7,0.9,2)	10	(9.5,0.9,3)

表 7-5 三种定位算法计算的待测点坐标

点号	WKNN 算法	RSSI 相关系数	*K*-ER 算法
1	(9.0166， 0.8987,2.0000)	(11.8491,0.8992,3.0000)	(10.8761,0.9000,3.0000)
2	(8.2325,0.9000,3.0000)	(11.9970,0.8983,3.0000)	(9.0235,0.9000,2.0000)
3	(10.1484,0.8869,3.0000)	(13.7603,0.8562,2.0000)	(10.9590,0.9000,2.0000)
4	(12.6630,0.9000,3.0000)	(9.2284,0.8930,3.0000)	(10.2622,0.9000,2.0000)
5	(11.6486,0.8952,3.0000)	(11.0925,0.8520,1.0000)	(10.6369,0.9000,2.0000)
6	(8.4252,0.8963,2.0000)	(9.2342,0.8251,3.0000)	(10.2490,0.9000,4.0000)
7	(8.6546,0.8000,3.0000)	(9.6631,0.8956,2.0000)	(9.8197,0.9000,4.0000)
8	(14.2620,0.8251,3.0000)	(12.9421,0.8105,3.0000)	(10.5701,0.9000,4.0000)
9	(11.2932,0.8511,3.0000)	(8.2642,0.8225,3.0000,)	(9.9358,0.9000,3.0000)
10	(8.0056,0.8895,3.0000)	(10.7905,0.8362,2.0000)	(10.2977,0.9000,3.0000)

(1)平面定位精度分析。

从表 7-5 中的 *Y* 坐标可以看出，在平面定位时，由于没有在定位之前对指纹数据库进行聚类收敛处理，在计算待测点的坐标时容易出现误差，权重在迭代的过程中由于计算机的自动四舍五入偏小，使得定位准确率降低，三种算法的准确率平均数如图 7-30 所示。

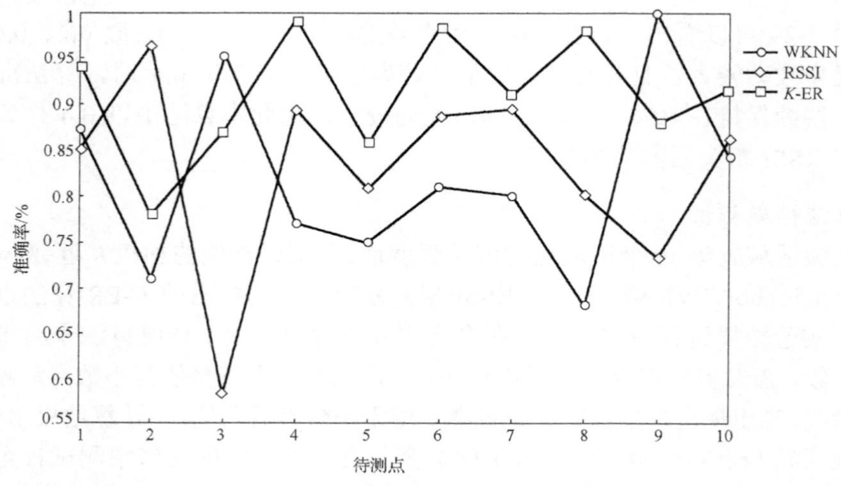

图 7-30 三种算法平面定位准确率对比图

由图 7-30 可知，WKNN 算法和 RSSI 相关系数的平面定位准确率分别为 81.90%和 82.80%，*K*-ER 定位算法准确率提升到了 91.13%，有效地提升了平面定位准确率。WKNN 和 RSSI 的定位误差普遍大于 1.5m，分别是 1.8890m 和 1.7640m，而 *K*-ER 算法的定位将误差减小到 1m 范围内，具体数值为 0.9309m，并且波动不大，稳定性明显好于 WKNN 和 RSSI，如图 7-31 所示。

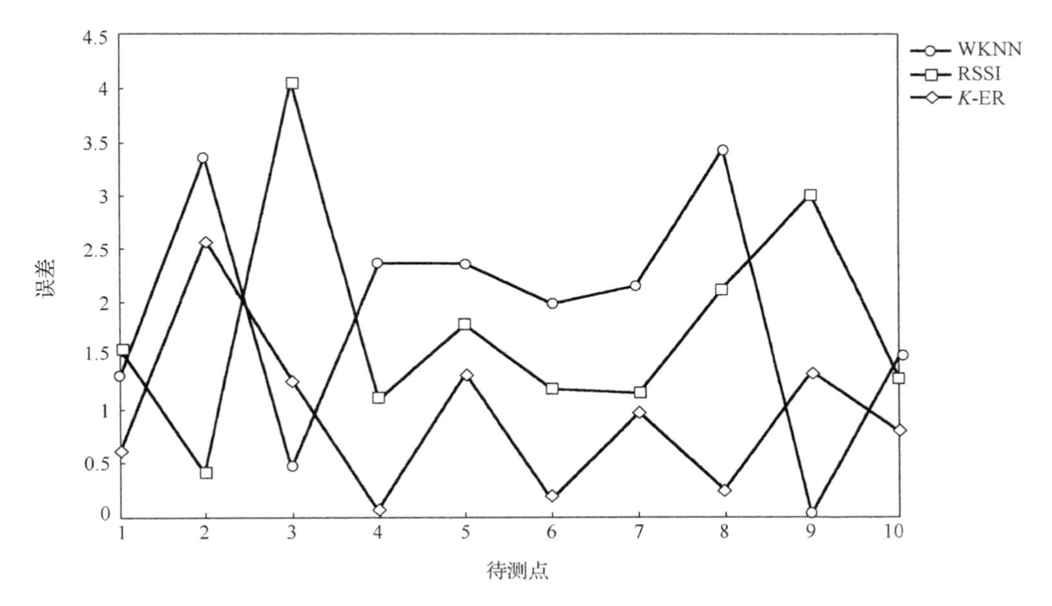

图 7-31　三种算法定位误差对比图

(2) 三维定位准确率分析。

由于本算法中涉及的三维定位是以楼层为单位的，因此将 *Z* 坐标设置为整数。对其进行改进，在聚类阶段就将不同楼层的参考点做了不同的聚类，但是考虑到在楼道的某些角落接收到的隔层的 AP 信号依然较强，并且在这些角落中分布着已知参考点，此时若以这类点为聚类中心，就会出现类成员包含两个楼层的参考点。但是经过大量的实验发现，在此类情况中绝大多数的类成员都和聚类中心在同一个楼层，因此当待测点和此类聚类中心相匹配时，只需对最后的 *Z* 坐标以四舍五入处理就可以得出聚类中心的 *Z* 坐标，即待测点的 *Z* 坐标。

通过表 7-5 可以看出，由于缺少聚类处理，WKNN 算法和 RSSI 相关系数不能准确完成三维定位，分别只达到 20%和 30%的准确率，本节改进算法的 *K*-ER 在三维定位上有显著优势，准确率高到 100%，如图 7-32 所示。

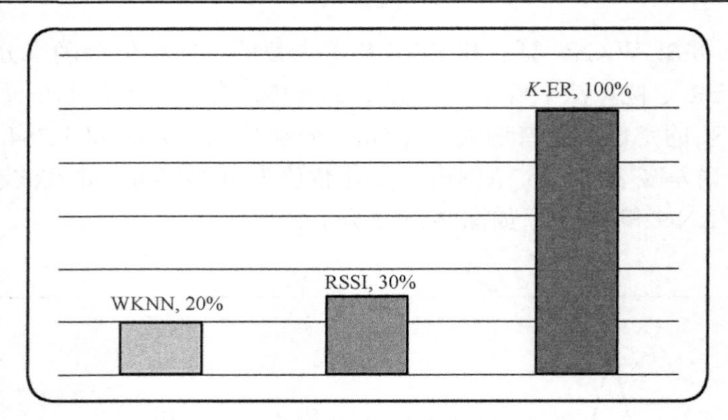

图 7-32　三种算法三维定位准确率对比图

7.5.2　基于权重矩阵的协同过滤信息推荐算法

1. 权重矩阵描述及权重计算

针对评分矩阵的数据没有完整的标准，在改进相似度的计算过程中，我们将矩阵中的数据改为完全通过计算得来的数据，一方面减少了用户在消费过程中额外评分的操作，另一方面可以将数据进一步精确化，如表 7-6 所示。权重矩阵可以用一个 $m \times n$ 的矩阵 $\boldsymbol{W}(m,n)$ 来表示，其中，m 行表示有 m 个用户，n 列表示有 n 个可访问项目，$\boldsymbol{W}(i,j)$ 表示用户 i 对项目 j 的权重。

表 7-6　权重矩阵

	Item1	Item 2	…	item j	…	Item n
User 1	$\boldsymbol{W}(1,2)$	$\boldsymbol{W}(1,2)$	…	$\boldsymbol{W}(1,j)$	…	$\boldsymbol{W}(1,n)$
User 2	$\boldsymbol{W}(2,1)$	$\boldsymbol{W}(2,2)$	…	$\boldsymbol{W}(2,j)$	…	$\boldsymbol{W}(2,n)$
...	…	…	…	…	…	…
User i	$\boldsymbol{W}(i,1)$	$\boldsymbol{W}(i,2)$	…	$\boldsymbol{W}(i,j)$	…	$\boldsymbol{W}(i,n)$
…	…	…	…	…	…	…
User m	$\boldsymbol{W}(m,1)$	$\boldsymbol{W}(m,2)$	…	$\boldsymbol{W}(m,j)$	…	$\boldsymbol{W}(m,n)$

权重反映出用户所访问的项目在所有项目中可能被用户访问的概率，权重越大则说明用户对该项目的兴趣度越高，反之则越小。根据权重的大小可以方便有效的反映出用户的兴趣度所在。本算法中主要将用户兴趣度分为两大方面：①显式权重，显式信息主要体现在用户选择的兴趣标签；②隐式权重，隐式信息主要表现在用户对某个标签的访问时长、访问频数等方面。通过综合这两个方面的计算，得出用户对每个访问过的项目的权重，由此综合计算出用户的兴趣度所在。

2. 用户显式权重计算

显式权重主要是由用户自己标注的项目反映的。在项目系统中有用户、项目、权重和情景四重关系，可以表示为$<U_i,I_i,W_i,S_i>$，意为用户U_i在情景S_i下项目I_i的权重为W_i，考虑到用户在不同情景下对相同项目的权重有可能是不同的，例如，用户U_i喜欢“可乐”这个商品，但是商店 A 的“可乐”是“冰的”，而商店 B 的“可乐”通常是“常温的”，而用户多次在商店 A 购买“冰可乐”，那么对于同一个项目“可乐”，不同的情景商店 A 和商店 B 其对应的权重是不同的。因此，用户标注过的项目即可以通过“用户-情景”来获取，但是用户在初次标注时并不能具体对每个不同情景下的项目做出区分，同一个项目在不同情境下会被用户多次标注，项目的标注次数越多，则说明用户对该类项目兴趣越高。

(1)构建项目-情景矩阵，反映出同一个项目多次被标注的情况，如式(7-6)所示：

$$U_{is}=\begin{cases}0\\1\end{cases}\tag{7-6}$$

其中，U_{is}表示用户在情景s下对项目i的标注，标注后对应的项目元素值为 1，否则为 0。

(2)每个项目在所有情境下被标注的频数在该用户所有标注过的项目里所占的比例反映了该项目的重要程度，即所占的权重大小，如式(7-7)所示：

$$F_{iu}=i_u\ /\sum_i^n i_u\tag{7-7}$$

其中，F_{iu}表示用户u对项目i的显式权重，分子i_u表示用户u对所有情景下的项目i的标注，分母表示用户所做的所有标注。

3. 用户隐式权重计算

用户隐式权重主要是通过用户使用记录、行为信息等历史信息来计算的。由于用户在标记显式信息时并没有具体的消费体验，所以显式权重并不能完全体现出用户的需求，相反，隐式权重从用户的使用情况着手计算，更能详细地体现出用户的兴趣所在。本研究中在挖掘用户隐式权重时主要从用户历史数据和用户访问行为来进行，在考虑到保护用户隐私的前提下，数据挖掘并没有使用用户的消费记录而是使用用户对商品的访问记录，因此隐式权重计算主要分为用户停留情景项、访问项目频次项和时效因子，在考虑用户的兴趣会随着时间的变化而变化这一情况后，又加入了时间权重项。

(1)用户停留地点项是为了让推荐系统的信息更精确化，在基于不同情景的前提下，可以让推荐的信息更加趋近于用户的需求。在某一个情景停留的次数越多，说明该用户对于该情景上的项目越感兴趣，这样在推荐的过程中就应该推荐更多这个情景下的项目给用户。因此访问一个情景的频次反映了用户对某个地点的感兴趣程度，如式(7-8)所示：

$$R(u_s) = \sum u_s / \sum_{s=1}^{N} u_s \tag{7-8}$$

其中，$R(u_s)$表示用户对地点s的访问频次在所有地点中所占的比例，分子表示用户u对地点s的所有访问次数，分母表示用户u对所有地点的访问次数。

(2) 访问项目频次项能够准确地显示出用户访问次数最多和访问次数较少的项目，访问某一个项目频次在所有访问项目频次所占的比例可以充分地显示出用户对该项目的兴趣度，所占比例越大，兴趣度越大，相反则兴趣度越小；同时，与用户停留地点项相结合，确定到某一个具体的情境下，可以更加准确地找到用户的兴趣所在，如式(7-9)所示：

$$R(u_{si}) = \sum u_{si} / \sum_{i=1}^{N} u_{si} \tag{7-9}$$

其中，$R(u_{si})$表示的是用户u在情景s下对项目i的访问频数在所有访问中所占的比例。分子表示用户u在s情景下对项目i的访问次数，分母表示用户u在情景s下对所有项目的访问次数。

(3) 时效因子是考虑了保护用户隐私的情况下引进的一个特殊项，为了保护用户隐私，在数据挖掘的过程中并没有使用用户的购买记录而是用户对商品的访问记录，有效利用传感器设备可以准确地测出用户在某类商品的停驻时间，当时长达到一定的长度后，可以记为该用户对该类商品有一定的兴趣，而长度达不到预定值则判定用户只是浏览了商品，但是并没有对该商品产生兴趣，如式(7-10)所示：

$$\lambda t = \begin{cases} 0 & \Delta t < \dfrac{1}{12} \\ 1 - \dfrac{\Delta t}{3} & \dfrac{1}{12} \leqslant \Delta t \leqslant 3 \\ 1 & \Delta t \geqslant 3 \end{cases} \tag{7-10}$$

其中，Δt表示时效因子，当用户在某一个项目前停留的时间不足 30 秒时，认为用户不对该项目感兴趣，则记为 0；当停留时间在 30 秒至 5 分钟时，认为用户对该类项目较为感兴趣，其感兴趣度为$1-\dfrac{\Delta t}{3}$，Δt为用户停留的具体时间；而当用户停留时间超过 5 分钟则认为用户对该类项目非常感兴趣，记为 1[11]。

(4) 时间权重是从用户的信息价值衰减来考虑的，将信息被遗忘的过程当作信息价值衰减的过程，即信息被遗忘的程度代表着信息对当前推荐所具有的参考价值。因此，相关学者提出利用时间加权函数$f(t)$来使其值保持在(0,1]之间[12]，如式(7-11)

所示：

$$f(t) = \mathrm{e}^{\lambda - t} \tag{7-11}$$

其中，$f(t)$ 表示时间权重，e为自然对数，$\lambda = \frac{\ln 0.5}{T}$，$T$ 为信息的半衰期，t 表示了用户上一次访问距现在的时长，即 $t = t_{\text{now}} - t_{u,i}$，$t_{u,i}$ 为用户上一次评分的时间。时效因子充分考虑了用户兴趣度随时间动态衰减的影响，有效提高了隐式权重的准确度。

综上，用户隐式权重 P_{iu} 的递归公式可表达为式(7-12)：

$$P_{iu} = R(u_s)\ \&\ R(u_{si})\ \&\ \lambda t\ \&\ f(t) \tag{7-12}$$

显式权重反映了用户本身的需求，是用户自己做出的明确选择，伴随着用户的使用过程，通过数据挖掘和算法计算，逐渐挖掘出用户隐式的兴趣所在，这两个方面缺一不可，都是表明用户对一个项目的兴趣度的关键指数，因此引入参数 ∂，如式(7-13)所示：

$$W_{iu} = \partial \times F_{iu} + (1 - \partial) \times P_{iu} \tag{7-13}$$

当用户的显式信息能够充分表明用户的兴趣所在和当用户的使用记录不足计算出隐式权重时，参数 ∂ 的值偏大，而当用户的显式信息不能明确地表明用户兴趣和已经通过大量的用户历史记录计算出用户隐式权重时，该参数应该偏小。

4. 基于权重矩阵的相似度度量方法

在常见的推荐系统中，通常只考虑从用户共同评分项目来计算用户间的相似度，但是这样很容易出现误差，同时浪费了共同评分之外的可用数据。如果两个用户的共同评分之外的项目很多，那么用户的相似度应该是偏小的，但是这样的信息并没有在传统的相似度算法中体现出来。因此，我们从用户间的共同评分项目和共同评分项目之外的评分项两个方向入手，提出一种新的相似度度量方法。

1) 相关相似性

传统的相关相似性在计算相似度时使用了用户间的共同评分项目，使用了用户平均评分计算多个邻居用户和同一个目标用户的相似度，每个邻居用户和目标用户的共同评分项目是不同的，计算相似度的时候强调了利用用户间共同评分项目，但是在计算的过程中却使用了用户所有项目的平均分，这显然是不合理的。

因此本节提出了基于权重矩阵的相关相似性计算方法。因为是基于权重矩阵的计算，所以不用考虑用户评分不一致带来的误差。其次在传统的相关相似性的基础上提出将邻居用户的所有项目平均分改成和目标用户共同项目的平均分，但是考虑到会同时有多个用户需要和同一个目标用户开展计算，为了让目标用户的邻居用户集更加精密，在计算过程中目标用户的平均分采用目标用户所有项目的平均值，如式(7-14)所示：

$$\mathrm{SIM}(i,j)=\frac{\sum_{C}(R_i-\overline{R_i})(R_j-\overline{R_{j\in C}})}{\sqrt{\sum_{C}(R_i-\overline{R_i})^2}\sqrt{\sum_{C}(R_j-\overline{R_{j\in C}})^2}} \tag{7-14}$$

其中，$\mathrm{SIM}(i,j)$ 表示目标用户 i 和邻居用户 j 之间的相似度，C 表示用户 i 和用户 j 之间的共同权重项目集合，R_i 表示用户 i 的权重值，$\overline{R_i}$ 表示用户 i 的所有有权重项目的权重评分值，R_j 表示用户 j 的权重值，$\overline{R_{j\in C}}$ 表示用户 j 和用户 i 的共同权重项集合中 j 用户的权重平均值。

2) Tanimoto 系数

为了能从整体上衡量用户间的相似度，不仅要从用户间共同有权重的项目考虑，还要考虑到这之外的项目。原则上来说，当两个用户之间共同有权重的项目在这两个用户的所有项目中所占的比例越高，这两个用户的相似度也就越高。因此本算法中考虑使用 Tanimoto 系数，用该系数来从整体上反映用户之间的相似度。两个用户共同有权重的项目在这两个用户所有项目中所占的比例用 Tanimoto 系数描述，如式(7-15)所示：

$$T(i,j)=\frac{Q_i\cap Q_j}{Q_i\cup Q_j} \tag{7-15}$$

其中，$T(i,j)$ 表示用户 i 和用户 j 的 Tanimoto 系数，Q_i 表示用户 i 的所有有权重的项目的集合，Q_j 表示用户 j 的所有有权重的项目的集合，分子表示用户 i 和用户 j 有共同权重的项目集合，分母表示用户 i 和用户 j 的所有有权重的项目集合。

然而单纯的 $T(i,j)$ 仅仅体现了用户的权重分配上的差异，并不足以体现出权重大小的差异。为了保持 $T(i,j)$ 本身在权重分配比例上的优势，对其系数的运算保持不变，但是同时将权重的具体数值也体现在该系数中，如式(7-16)所示：

$$\mathrm{TQ}(i,j)=\frac{\sum_{C_{ij}}(R_i+R_j)}{\sum_{E_{ij}}(R_i+R_j)} \tag{7-16}$$

其中，$\mathrm{TQ}(i,j)$ 表示改进过后的系数，C_{ij} 表示用户 i 和用户 j 的共同有权重项目的集合，E_{ij} 表示用户 i 和用户 j 的所有有权重项目的集合。R_i 和 R_j 分别表示用户 i 和用户 j 对某个项目的具体权重值。

综上，本节从用户共同有权重的项目和其他项目两个方面入手计算了用户间的相似度，最终引进介于[0,1]之间的调节系数 β，将 $\mathrm{SIM}(i,j)$ 和 $\mathrm{TQ}(i,j)$ 综合起来，如式(7-17)所示：

$$ZM(i,j)=\beta\times SIM(i,j)+(1-\beta)\times TQ(i,j) \tag{7-17}$$

其中，$ZM(i,j)$为用户 i 和用户 j 之间的相似度，β 的取值需要在实验中具体分析不同的取值对相似度的影响来确定。

5. 算法测试

1) 实验设置

由于我们在改进算法的过程中将协同过滤算法的评分矩阵改为更为精确的权重矩阵，当前在测试协同过滤算法中用得比较广泛的 Movielens 测试数据集[13]并不完全适合，因此，本节通过 MATLAB 实验产生一系列模拟数据以完成测试。利用 MATLAB 仿真实验模拟出共计 1000 万条权重数据，其中包含了 10000 个用户对 1000 个项目的权重值，权重值为 0 到 1 之间的小数，数值越大表示用户对项目的兴趣度越高。

这里采用的衡量标准为平均绝对偏差(mean absolute error, MAE)，平均绝对偏差是评价推荐算法的重要标准之一，通过计算预测权重和用户实际权重之间的偏差来衡量预测的准确性，MAE 值越小，表明其算法的准确性越高。平均绝对偏差的计算公式如式(7-18)所示：

$$MAE=\frac{\sum_{j=1}^{|C_i|}|p_{ij}-r_{ij}|}{C_i} \tag{7-18}$$

其中，C_i 表示用户候选推荐项目数，p_{ij} 表示用户 U_i 对项目 j 的预测权重，r_{ij} 表示用户 U_i 对项目 j 的实际权重。

2) 实验分析

(1) 调整参数∂取得的 MAE 对比。

上文提出的相似度度量方法中的∂为可调节参数，用来调节隐式权重和显式权重在权重矩阵中所占的比例。∂作为调节参数，其取值在[0,1]之间，以 100 个用户为例，以每次增加 0.25 为单位改变∂取值，实验结果如图 7-33 所示。

由图 7-33 可以看出，随着∂的增大，MAE 也随之增大。当∂取 0.25 时，MAE 的值最小，表明当∂取 0.25 时，预测的权重值和实际权重的偏差最小，也说明了算法在此时的预测准确性最高。从∂的最优取值可以发现，用户的兴趣度多随着时间的变化而变化，随着用户的使用，用户的隐式兴趣在用户的兴趣度中所占的比例逐渐趋于 0.75，表明本算法可以从用户的使用记录中挖掘出用户的潜在兴趣所在，并向用户产生推荐信息。

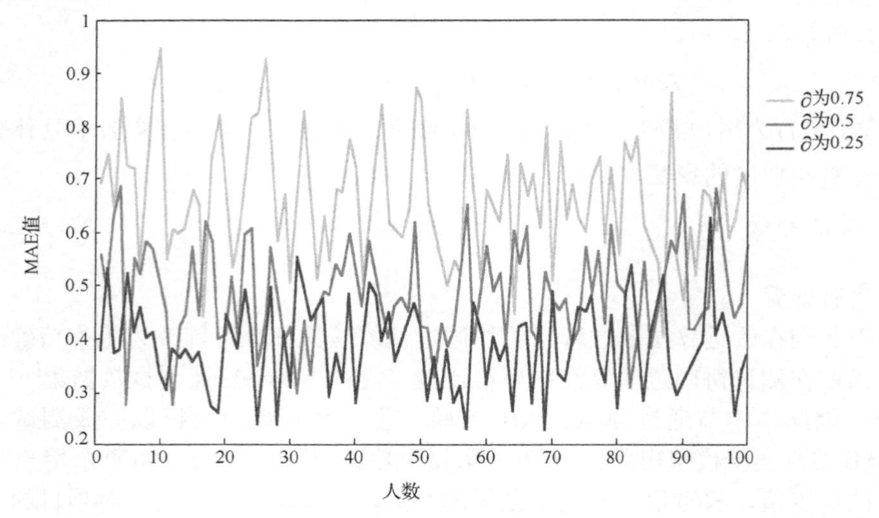

图 7-33　∂ 因子对 MAE 的影响

(2) 调整参数 β 取得的 MAE 对比。

上文提出的相似度度量方法是基于相关相似性和 Tanimoto 系数两种相似度度量方法改进的，因此需要参数 β 来调节改进算法中相关相似性和 Tanimoto 两种方法的不同重要程度，该参数的取值在[0,1]之间，每次取 0.1 变化，观察 β 在 0.2 到 0.6 之间时 MAE 值的变化。为了能直观的体现出 β 的最优取值，故提取各组数据的平均值、中值、众数和标准差综合体现出 β 参数的最优取值，如图 7-34 所示。

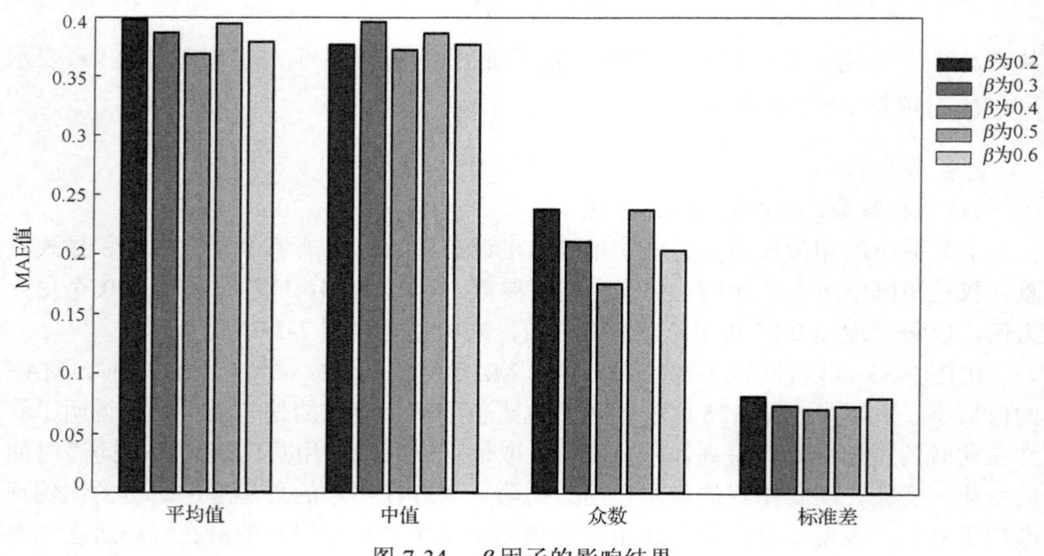

图 7-34　β 因子的影响结果

由图 7-34 中的平均值、中值、众数和标准差可以看出，当β取 0.4 时，MAE 的平均值、中值、众数都是最小的，说明此时的β是最优取值，同时标准差也相对较小，说明此时算法的波动不大，较为稳定。因此，当β取 0.4 时算法计算出的预测权重和实际权重的偏差是最小的，表明算法的推荐效果也是最好的；同时，由β的最优取值为 0.4 可以看出，相关相似性和 Tanimoto 系数在本算法中占有的重要程度是相似的，表明本算法综合相关相似性 Tanimoto 系数，可以从不同方面体现出不同数据对用户相似度有不同的影响。

(3) 平均绝对方差(MAE)对比。

为了进一步检验提出算法的有效性，本节以传统算法和近期由其他研究者提出的新算法作为对照来衡量我们提出的改进算法。其中，传统算法取余弦相似性(COS)，修正的余弦相似性(adjusted cosine，ACOS)和相关相似性(pearson correlation coefficient，PCC)，新出现的算法采用文献[14]中提出的新算法(proposed CF)，计算 MAE 值作为相似度度量标准，邻居用户个数从 5 增加到 40，间隔为 5，然后与我们提出的基于权重矩阵的相似度度量方法(based on weight matrix similarity measure collaborative filtering recommendation，BWS CF)相比较，如图 7-35 所示。

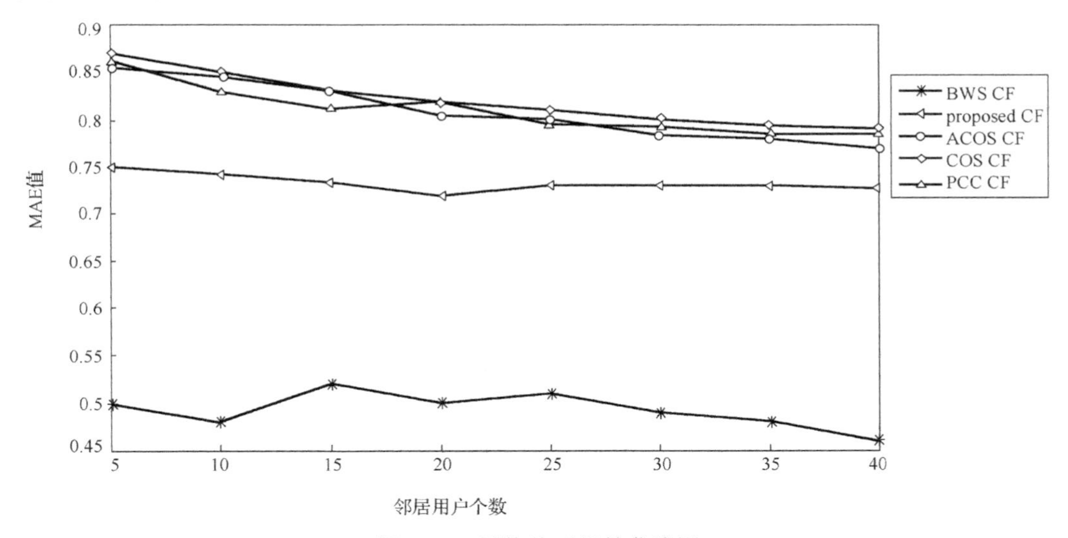

图 7-35　平均绝对误差曲线图

通过图 7-35 结果对比可知，传统的推荐算法 MAE 值谱表较大，在 0.85 上下波动；文献[14]中提出的算法相对传统算法有较为明显的提升，MAE 值处于 0.75 附近，并且 MAE 值不受邻居用户的人数影响；而本书提出的改进算法的 MAE 显著低于其他几种算法，MAE 值普遍低于 0.55。这表明，相对其他算法，改进算法有更为准确的推荐信息。同时结合图 7-33 和图 7-34 共同分析可知，基于权重矩阵的相似度度量算法的 MAE 值普遍较小，充分表明基于权重矩阵的相似度度量方法表现出更好的推荐结果。

7.5.3 智慧校园精细化动态信息推送 APP 系统

1. 系统总体构架设计

面向智慧校园的推送系统的主要受众对象是在校大学生，其主要目的是为了方便学生在校的学习、生活、工作，根据此目的可以将本推送系统主要划分为信息展示、室内推荐和室外推荐三大模块，如图 7-36 所示。

可将本系统分为客户端、服务器和数据库三个部分，如图 7-37 所示。通过数据收集阶段收集需要用到的数据来为数据库和服务端提供数据，客户端向服务器上传当前的数据，服务器通过与数据库中的数据进行交流、计算，将定位结果返还给客户端。

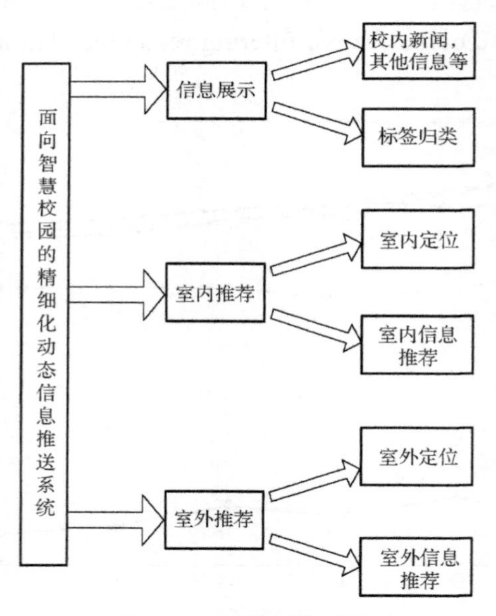

图 7-36　系统功能模块

2. 客户端系统功能设计

客户端是用户与系统产生交互的主要平台，同时作为定位算法和推荐算法提供输入信息的主要来源，其主要功能包括：获取当前位置的 RSSI 值和 MAC 地址、将当前获取的数据上传至服务器端、接收服务器端发来的信息、校内信息展示、显示定位结果等功能。为了将系统功能呈现在客户端上供用户使用，可将客户端的主要模块划分为首页、室内定位及推荐、室外定位及推荐三个部分，分别如图 7-38～图 7-40 所示。

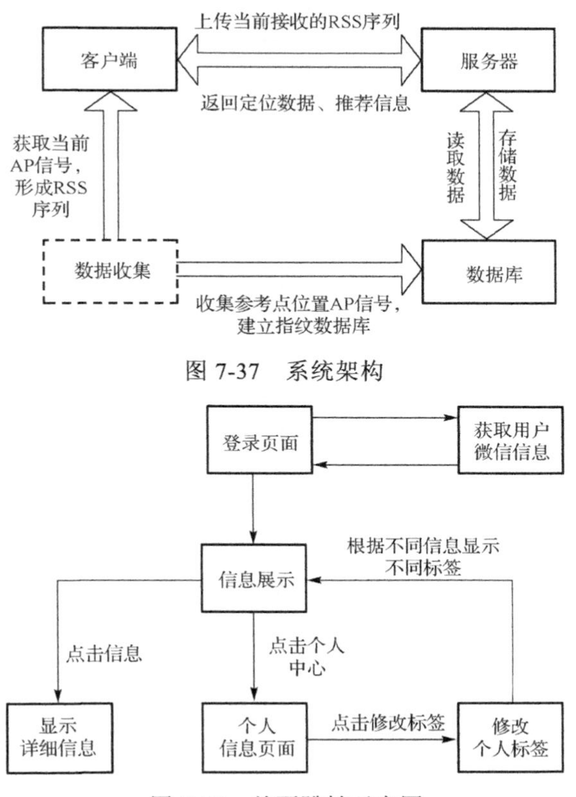

图 7-37　系统架构

图 7-38　首页跳转示意图

为了能够有效保证系统功能的正常运行，需要让服务器和数据库完成数据入库、数据预处理、用户数据管理和定位算法、推荐算法运行及结果输出等工作，而这些工作都是紧密围绕系统的功能展开的。

3. 数据库的设计

为了让系统中的算法运行更加流畅、准确，必须保证算法的数据来源真实有效。系统在离线阶段采取的数据是算法的数据来源，此阶段采取的数据庞大、类型多样，为了能够方便有效的管理这些数据，需要设计和构建所需数据库。下面给出相关的 E-R 图和数据表等的设计。

1) E-R 图设计

E-R 图是将现实世界抽象成概念模型的工具。在本推送系统中主要存在 WiFi 信号、地图、用户和推荐项目四种不同的实体，如图 7-41 所示。

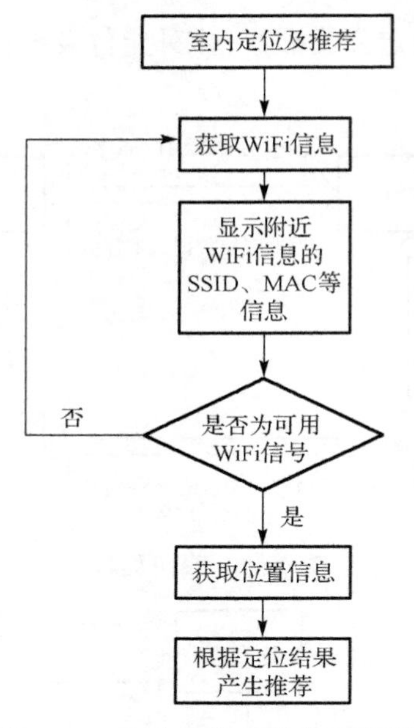

图 7-39　室内定位及推荐示意图

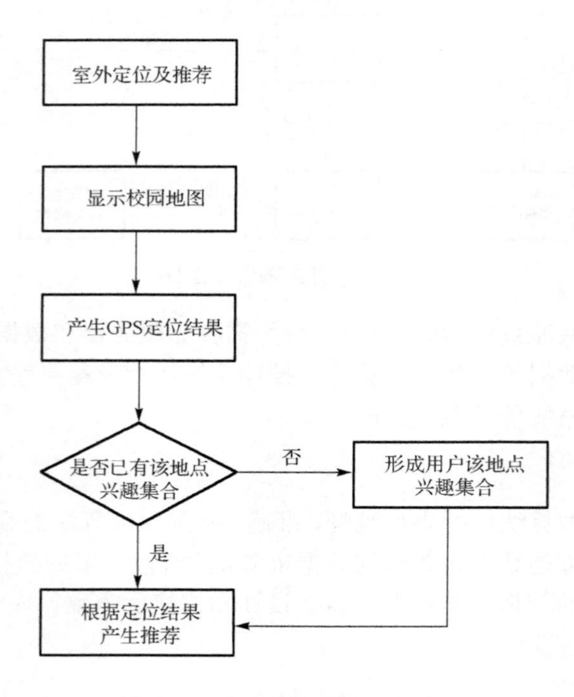

图 7-40　室外定位及推荐示意图

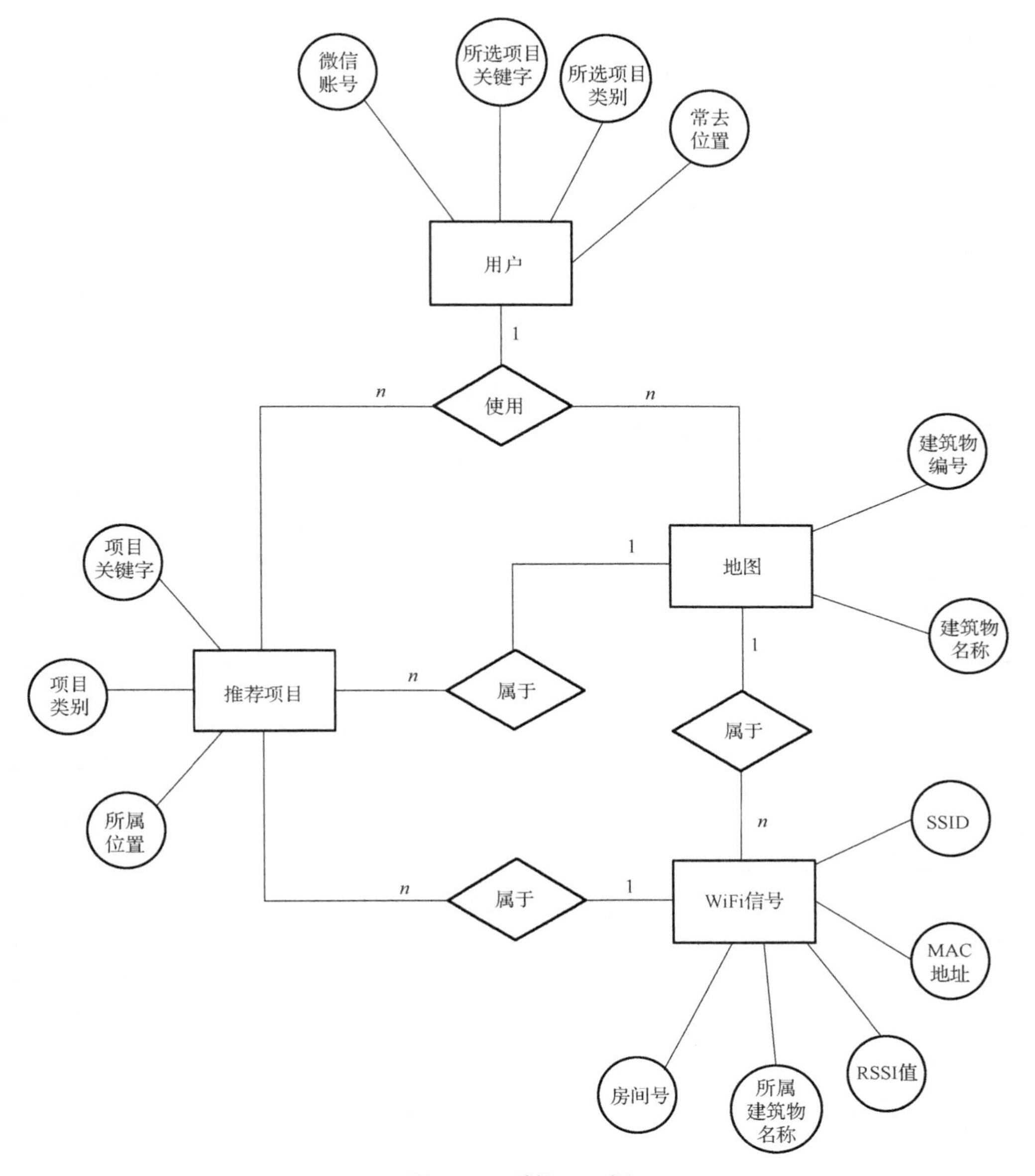

图 7-41　系统 E-R 图

用户实体包含了用户登录姓名、登录密码、所选项目关键字、所选项目类别、常去位置四个主要属性；地图通过百度地图 API 调取校内地图，但是需要根据校内具体位置进行编号和命名，因此地图包含了位置编号和位置名称两个属性；WiFi 信号所包含的属性包括了 SSID、MAC 地址、RSSI 值、所属建筑物等属性；推荐项目包含了关键字、类别和所属位置三个属性。

如图 7-41 所示，四种不同实物之间存在映射关系，用户所选的项目关键字、项目类别来自推荐项目下的项目关键字和项目类别属性，用户常去位置来自地图下的建筑物名称和 WiFi 信号下的房间号，推荐项目下的所属位置来自地图下的建筑物名称和 WiFi 信号下的房间号。通过这些关系，将四种实物有效联系在一起，并且达到可以通过用户的具体所处环境来计算用户当下需求并产生推荐的目的。

2) 数据库基本表设计

由上节中可以看出四种不同实物之间的关系，根据其关系和不同实物下的属性可以设计出以下四张数据表，用于存放不同的数据，如表 7-7～表 7-10 所示。

表 7-7　WiFi 信息表

字段名	数据类型	字段大小	是否为主键	是否为空	说明
ID	Int	20	是	否	
SSID	Char	20	否	否	Ip 名
MAC	Char	50	否	否	Ip 物理地址
RSSI	Char	20	否	否	信号强度值
Buildname	Char	50	否	否	所属建筑物
Housename	Char	20	否	否	房间号

表 7-8　地图信息表

字段名	数据类型	字段大小	是否为主键	是否为空	说明
Id	Int	20	是	否	
Buildid	Int	20	否	否	建筑物编号
Buildname	Char	50	否	否	建筑物名称

表 7-9　用户信息表

字段名	数据类型	字段大小	是否为主键	是否为空	说明
Id	Int	20	是	否	
Username	Char	20	否	否	用户名
Password	Char	20	否	否	密码
Itemkeyword	Char	100	否	否	项目关键字
Itemtype	Char	100	否	否	项目类型
Places	Char	200	否	否	常去位置

表 7-10　推荐项目信息表

字段名	数据类型	字段大小	是否为主键	是否为空	说明
Id	Int	20	是	否	
Itemkeyword	Char	100	否	否	项目关键字
Itemtype	Char	100	否	否	项目类型
Place	Char	50	否	否	所属位置

4. 系统展示及结果分析

本系统客户端选择以 OPPO A73 作为测试机，服务器端部署在互联网络中，端口为 8888，测试实例选取大学校园，下面分别给出室外定位及推荐结果、室内定位及推荐结果展示。

1) 室外定位及信息推荐

(1) 室外定位。

室外定位及信息推荐是相对于整个校园来说的，在本系统中通过校内的定位和用户的使用可以收集用户的使用记录，并根据用户的使用记录来为用户推荐可能满足用户在当下环境中所需要的信息。

室外定位以百度地图为基础，在校园内的定位较为准确，能够实时根据用户的移动而改变定位结果，定位结果如图 7-42 所示，当在同一个位置的逗留时间超过一定时长后，会默认用户对于该位置是感兴趣的，结合前面提出的算法，向用户产生满足用户需求的推荐信息。推荐结果如图 7-43 所示。

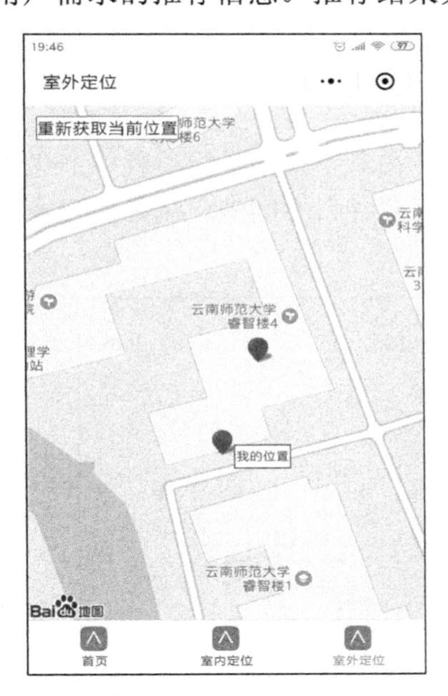

图 7-42 室外定位图

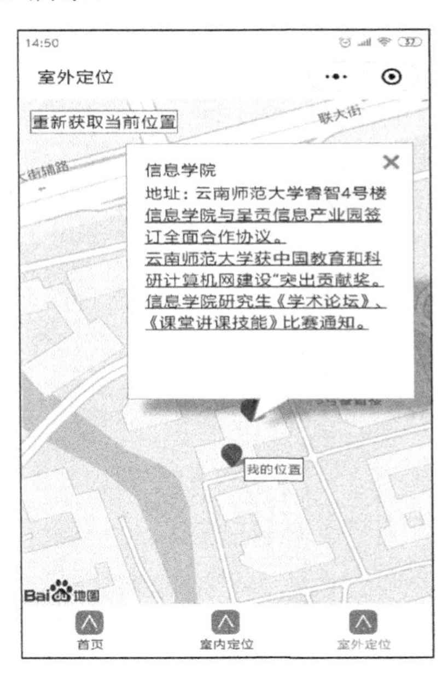

图 7-43 室外信息推荐图

(2) 同一个用户位于不同位置推荐对比。

当同一个用户处于不同的位置时，系统会针对该位置结合用户的兴趣爱好为该用户推荐不同的信息，如图 7-44 所示。从图中可以看出，本系统以位置信息为基础，针对用户所处的不同位置可以为用户提供满足当下位置的信息。

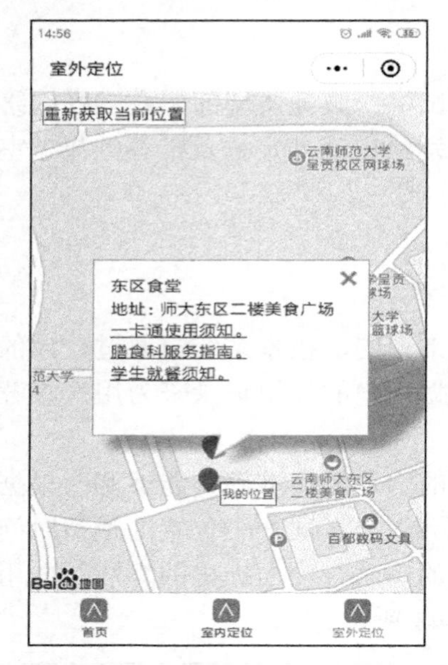

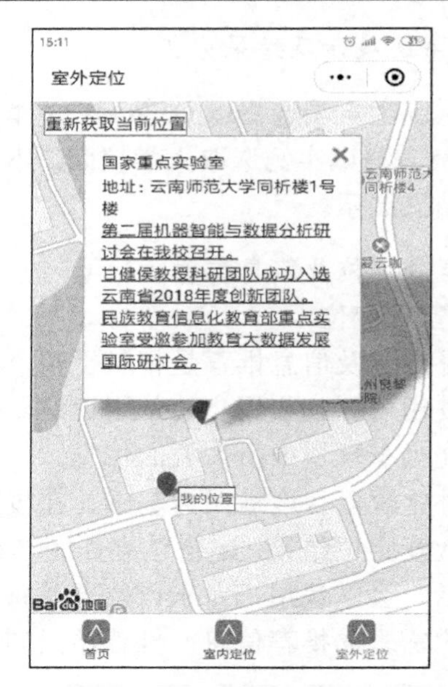

图 7-44　同一用户位于不同位置信息推荐对比图

(3)不同用户位于同一个位置推荐对比。

当不同的用户位于同一位置，由于不同用户在对系统的使用过程中产生不同的信息，系统会根据不同用户的不同爱好，为其推荐各自不同的、满足用户需求的信息，如图 7-45 所示。

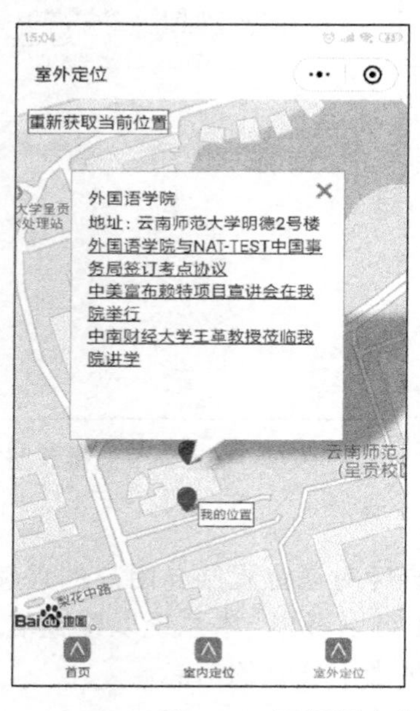

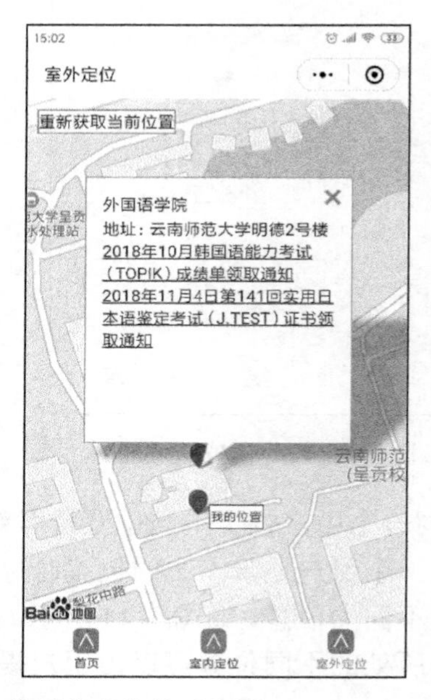

图 7-45　不同用户位于同一位置信息推荐对比图

综上，当用户在校园中打开本系统后，系统会利用 GPS 定位技术判断用户所在的位置，并根据用户所在的位置为用户推荐适用于当下环境的信息，并且由于不同用户在不同地点有过不同的历史行为信息，本系统会根据这些不同的历史行为信息为不同用户推荐不同的信息。

2) 室内定位及信息推荐

在室内定位时需要考虑众多因素，如墙壁、楼层、桌椅等物体对信号的阻隔，参考点的部署方式等众多因素，同时关于室内定位精度、三维定位等问题已在前文做了详细的讨论，本书提出的三维定位方法能将室内定位精度控制在 1m 范围内，成功实现三维楼层定位。

(1) 室内定位。

室内定位的环境和数据采集时的环境一样，实验建筑物以校内图书馆为例，在室内定位的结果如图 7-46 所示。当在同一个位置的逗留时间超过一定时长后，会默认用户对于该位置是感兴趣的，结合前面提出的推荐算法向用户产生满足用户需求的推荐信息，推荐结果如图 7-47 所示。

图 7-46　室内定位图

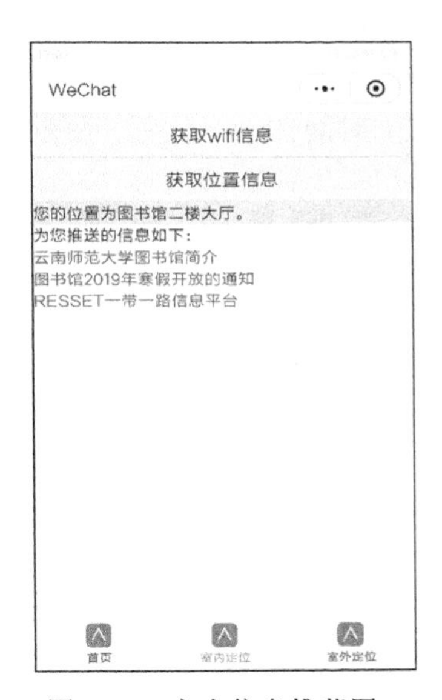

图 7-47　室内信息推荐图

(2) 同一用户位于不同位置推荐对比。

当同一用户在建筑物内不同楼层时，系统需要根据用户在不同楼层的行为为用户根据不同楼层推荐不同的信息，如图 7-48 所示。当同一用户处在不同楼层的不同行为被系统检测到后，会根据用户所处不同的楼层为用户推荐不同的信息。

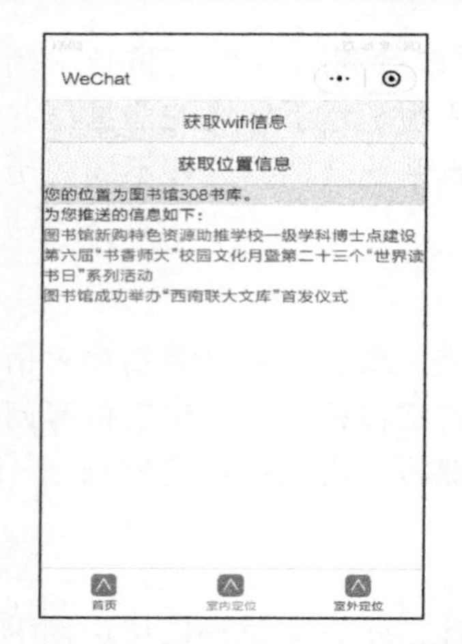

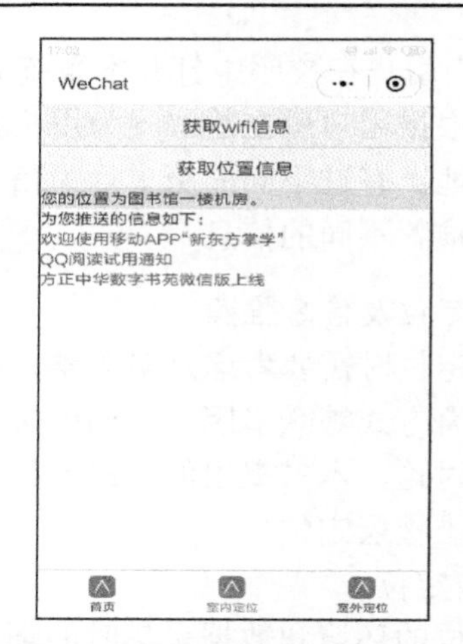

图 7-48　同一用户位于不同位置信息推荐对比图

(3)不同用户位于同一位置推荐对比。

当不同用户位于同一建筑物类同一位置时，系统根据不同用户的不同兴趣，结合当下所在的位置为用户推荐不同的信息。如图 7-49 所示。当不同用户在建筑物类同一位置时，由于系统在收集用户历史行为信息时获取到的信息的不同，即使是不同用户同一时间在同一位置，系统也会严格根据用户的需求为不同用户推荐不同的、可满足用户当下需求的信息。

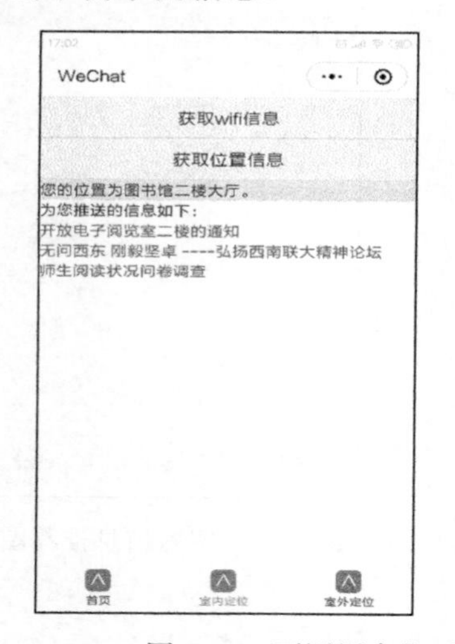

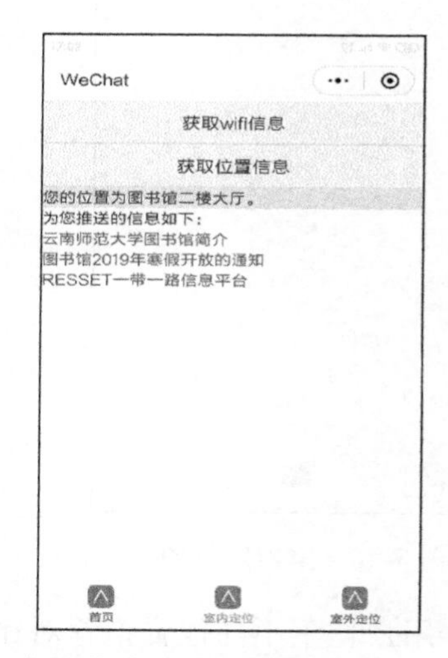

图 7-49　不同用户位于同一位置信息推荐对比图

综上，当用户在室内打开本系统，系统会根据当前接受的 WiFi 信号来计算用户的位置，并会根据用户当下的位置为用户推荐不同的信息，同时会根据不同用户的历史行为信息为不同用户提供不同的信息。

7.6 本章小结

物联网技术在教育领域里的应用，能够实现人机交互、人与人的交互和人与社会的交互，使教育环境中的每一个物体都能够互联互通，使基于物联网的教育环境更加数字化、网络化、信息化和智能化，能够实现物理世界与虚拟世界的互联互通。物联网技术的应用，使区域内的各个学校可以共享优秀的教学资源，这对提高学校教学质量、师资水平有非常重要的作用。基于物联网的教学环境和教育系统，能够及时收集师生之间的信息，分析问题并解决问题，提高教与学的质量。本章呈现了当前物联网在教育领域应用的部分研究及成果，探讨了新型的智慧教室及智慧校园的构建方法，并针对智慧校园中的个性化信息推送，基于物联网技术实现其精细化动态信息推送等，希望为教育信息化和智能化的推进提供技术参考。

参考文献

[1] 沈萍萍,王波，戴旭，等. 智慧教室监控管理架构分析[J]. 电脑知识与技术，2016,12(30): 213-214.

[2] 王姣龙. 物联网与云计算、海计算的关系[J]. 物联网技术,2012, (02):15-19.

[3] 江毓君. 我国物联网在智慧校园中的应用研究[J]. 中国医学教育技术,2015,29(04):371-375.

[4] 孙凝晖，徐志伟，李国杰. 海计算：物联网的新型计算模型[J]. 中国计算机学会通讯，2010, 6(7): 52-57.

[5] 陈颖. 基于情境感知的智慧校园体系及运营模式探究[D]. 北京：北京交通大学，2013.

[6] 海涛，王钧，廖炜斌，等. 基于物联网的高校实验室信息化管理技术[J]. 实验室研究与探索,2012, 31(9):166-169.

[7] 王阳. 基于 Android 的室内 WiFi 定位系统设计与实现[D]. 南京：南京大学, 2016.

[8] 孔港港，杨力，孙聃石，等. 一种基于位置指纹定位的 *K*-均值聚类算法的改进[J]. 全球定位系统, 2016,41(5):89-92.

[9] 谢明文. 关于协方差、相关系数与相关性的关系[J]. 数理统计与管理,2004,5(23):33-36.

[10] 杨善林，李永森，胡笑凯，等. *K*-means 算法中的 *k* 值最优化问题研究[J]. 系统工程理论与实践, 2006, 2(2): 97-101.

[11] 葛桂丽. 基于情景感知的个性化民族文化教育信息推送服务研究[D]. 昆明：云南师范大学, 2016.

[12] 曹芳芳. 基于时间权重的协同过滤推荐算法研究[D]. 大连：大连理工大学, 2015.

[13] MovieLens dataset[EB/OL]. [2019-7-16].https://grouplens.org/datasets/movielens/.

[14] 刑长征，金媛. 填补法和改进相似度相结合的协同过滤算法[J]. 计算机应用研究，2019, 36(06):1-5.